U0212581

长江三峡工程文物保护
项目报告　丙种第八号

重庆市文化
遗产书系

忠县石宝寨

重庆市文物局　重庆市移民局　编著

文物出版社

封面设计 张希广

责任印制 陈 杰

责任编辑 周 成 陈 峰

图书在版编目（CIP）数据

忠县石宝寨 / 重庆市文物局, 重庆市移民局编著.
—北京 : 文物出版社, 2012.12
（长江三峡工程文物保护项目报告. 丙种 ; 8）
ISBN 978-7-5010-3600-4

Ⅰ.①忠… Ⅱ.①重… ②重… Ⅲ.①古建筑
–维修–研究报告–忠县 Ⅳ.①TU-87

中国版本图书馆 CIP 数据核字(2012)第 252569 号

忠 县 石 宝 寨

编 著 重庆市文物局
重庆市移民局
出版发行 文物出版社
地 址 北京东直门内北小街 2 号楼
邮政编码 100007
http://www.wenwu.com
E-mail:web@wenwu.com
制 版 河北华艺彩印有限责任公司
印 刷 北京鹏润伟业印刷有限公司
经 销 新华书店
版 次 2012 年 12 月第 1 版第 1 次印刷
开 本 880×1230 1/16
印 张 30.5
书 号 ISBN 978-7-5010-3600-4
定 价 360 元

Reports on the Cultural Relics Conservation
in the Three Gorges Dam Project
C(proceeding)Vol.8

Shibaozhai in Zhongxian County

Cultural Relics and Heritage Bureau of Chongqing
&
Resettlement Bureau of Chongqing

Cultural Relics Press

目　录

插图目录

实测设计与施工图目录

黑白图版目录

彩色图版目录

序　言

丰碑屹立石宝寨

——序三峡文物保护工程报告集《忠县石宝寨》

　　提起三峡文物保护工程，人们自然而然会想起"三大项"，即白鹤梁、石宝寨、张飞庙。1988年，国家公布白鹤梁为全国重点文物保护单位。而就在三峡文物抢救最为艰苦的2001年，国家又公布了忠县石宝寨、云阳张桓侯庙为全国重点文物保护单位。这给三峡文物保护工作者带来的压力是可想而知的。在与时间和三峡水位的赛跑中，三峡工程决定于2006年9月蓄水至156米，比原定的时间提前了一年，这对一直在倒计时的分分秒秒中煎熬的三峡文物人来讲无异于火上浇油。正是这一年，石宝寨保护工程的建设者们经受着百年一遇的高温和大旱。2006年9月15日11时，石宝寨156米水位以下工程全部完成，他们用电话向国务院三峡工程建设委员会办公室主任蒲海清和重庆市分管市长甘宇平报告说：我们终于没有拖三峡蓄水的后腿！在场的男人们含着泪水。

　　石宝寨文物保护工程就是这样干出来的。1992年，三峡工程被确定后，人们开始寻找石宝寨文物保护的方案。1999年，相关部门建议石宝寨列入三峡文物保护项目，2000年获得批准。此后是多个方案的对比、肯定、否定、修改、完善，耗时5年；保护工程施工，包括玉印山危岩治理、围堤护坡、人行交通桥、古建维修与环境园林、管理用房等5大项工程建设，耗时5年。2010年12月2日，国家文物局在石宝寨召开保护工程综合验收会，结论是：

　　该项工程属文物保护多学科、多专业参与的保护性构筑物及环境保护工程，工程涉及围堤护坡、危岩治理、交通悬索桥、堤内配套用房及环境绿化治理、本体维修等多项内容，是三峡文物保护的重点工程和工程难度大的工程。该项工程从设计、施工、监理、工程管理等方面做到了紧密结合和互相配合，从经历了四川5·12大地震后蓄水达175米水位和多项验收实际状况，可以认定：工程符合设计要求，满足相关专业的国家及地方行业规范、标准要求，工程质量合格、围堤内的环境绿化和配套用房建设与石宝寨的本体及环境相协调，文物得到了有效保护。该工程在控制管理方面，符合工程招投标制度的要求，有效控制了概算指标、各项工程专业监理到位，多项工程档案编制、归档完整规范。综合分析，该项工程是我国文物保护构筑物工程具有代表性的合格工程，为我国此类工程的开展起到了示范作用。通过验收。

　　这个结论，同样让在场的石宝寨文物保护工程的建设者们动情，他们知道，为石宝寨保护所付出的智慧与艰辛是值得的。

最早对石宝寨保护进行设计和研究的著名古建筑专家汤羽扬先生，对揭示石宝寨的文物价值并推进项目保护功莫大焉。她说，石宝寨是长江沿岸最高的古建筑，是南方地区高层穿斗木构架的杰作，是我国唯一的一座穿斗式木构高层古建筑，是我国现存最高的、层数最多的穿斗式木结构古建筑。它标志着我国长江上游地区民间建筑技术的高度成就，它是人工与自然的巧妙结合。石宝寨的这些人文价值，在工程中得到了精心的保护。这种保护一是体现在顽强坚持原址保护的原则，没有轻易向"异地保护、拆迁重建"妥协；二是充分尊重其依山面水的特点，花大力气固山治危、建堤挡水、护坡固本，该项目固山挡水工程在文物保护领域中可谓浩大。针对玉印山的核心地质泥岩层在高水位浸泡后可能出现软化问题，围堤护坡的作用是明显的，而且在营造山水形势方面也是成功的。三是对文物本体保护方面坚持少干预原则，对文物环境采取优化原则，对文物的利用和方便参观者方面采用人性化原则。今天的石宝寨，作为全国重点文物保护单位，它是传递历史价值、建筑技术与艺术价值的载体；作为独特的文化景观，它抒写着人与山水自然和谐的人文情怀，是传递天人相适这一精神遗产的载体；作为一座丰碑，它记载着三峡、三峡移民、三峡文物保护；它是一位历史老人，看晨昏更替，大江东去，不舍昼夜……

是为序。

王川平

2012年7月1日

于重庆中国三峡博物馆

前　言

石宝寨位于重庆东部忠县境内长江北岸的石宝镇西侧，地理坐标为东经108°11′01″，北纬30°25′18″。西距上游忠县县城37公里，东至下游万州城51公里。因其特殊的自然景观和独具匠心的人文景观有机地融为一体，成为长江沿岸一颗灿烂的明珠。原镇街道一字排列成斜长地带，蜿蜒坐落在滨江的丘陵山地上，紧临大江，屋宇栉比，林木葱茏，景色十分秀丽。石宝寨巨石突立古镇西头，寨与场镇融为一体，石宝镇环绕在玉印山周围，与石柱县的西沱古镇隔江遥望，是巴渝地区著名的风景旅游胜地。2001年6月25日，国务院公布石宝寨为全国重点文物保护单位。

原场镇街道位于海拔130～150米高程地段，处于三峡库区175米水位线的淹没范围之内。随着三峡移民搬迁，全镇就地后靠在山堡上重建新镇。石宝寨山体底部的高程亦在150～160米，仍处于库区淹没线内，其寨门的三分之二处将被淹没。

国家文物局曾组织有关专家，多次对石宝寨的保护问题，进行实地考察研究和评估，并拟定了多项保护方案。最后决定采用对石宝寨进行围堤护坡，原址保护工程方案，对寨体的危岩进行加固治理，对石宝寨上的古建筑群进行维修保护。

2001年11月重庆市文化局授权重庆峡江文物工程有限责任公司为重庆库区市级以上文物保护工程性项目的项目法人，对忠县石宝寨文物保护工程进行全过程管理。

石宝寨文物保护工程于2005年12月28日动工修建，2008年12月底全部完成，历时3年。

石宝寨文物保护工程主要分为危岩治理工程、围堤护坡工程、人行交通桥工程、古建维修及园林绿化工程、配套管理用房工程五个单项工程。

五个单项工程由设计、地勘、监理、政府监督部门和主管部门通过验收，工程全部合格。

1. 危岩治理工程于2007年3月7日通过验收；
2. 围堤护坡工程于2008年1月10日通过验收；
3. 人行交通桥工程于2007年9月18日通过验收；
4. 古建维修、园林绿化于2008年10月30日通过验收；
5. 配套管理用房于2009年3月20日通过验收。

　　2010年12月2日石宝寨文物保护工程由国务院三峡办、国家文物局、重庆市文物局、重庆市文广局三峡文物保护领导小组、重庆市移民局、忠县人民政府及有关部门和单位进行了综合验收。评价为该工程是我国文物保护构筑物工程具有代表性的合格工程。

　　石宝寨文物保护工程属国家重点文物保护项目，工程投资由国家三峡建设委员会于2005年11月25日批复投资概算，工程投资为9797.77万元，完工后进行财务总决算，实际工程总投资为9859.82万元。

第一篇

研究与勘察

一　石宝寨的历史沿革

石宝寨为一巨大的长方形岩石拔地而起，高数十米。四壁如削，屹立于长江之滨，形似一方印石，故名"玉印山"。山体分为上、下两层。下层岩体高20余米，长130余米，宽30米；上层岩体高50余米，长100米，宽约20米。岩体的长方面向南偏东，山顶平坦，山前河滩石上有恐龙尾椎化石，弯曲如鞭，故当地人称"霸王鞭"又俗称"鞭石"（插图一）（现存重庆自然博物馆），山后有"米石"俗称"流米洞"，山顶前端有泉水石洞，俗称"鸭子洞"（插图二）。因四石共此山而名"石宝"。

据《四川通志》载："明末，谭宏起义自称武陵王，曾据此为寨。"故名"石宝寨"。

清代文人张船山曾对玉印山孤峰耸立有诗描述：

孑孑玉印山，屹立江水东。天作百丈台，秀削疑人工。四山卑卑尽跧伏，顽怪独撑断鳌足。谁拔孤

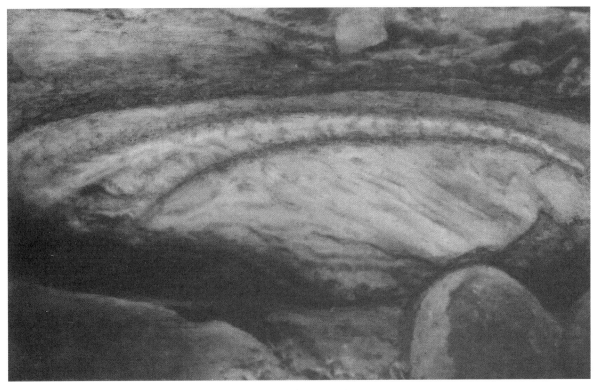

一　寨前的"霸王鞭"恐龙化石

二　鸭子洞

根出地中，非峰非岭岿然秃。共工头触天柱圻，遥看绝顶平如截。云里微闻梵贝声，山僧矫健真飞鹘。……

据清道光六年（1826年）《忠州直隶州志》载："天子殿在玉印山峰，前明知州尹愉建。康熙中、乾隆初重修。有钟万历建庙铸。"可知山顶"绀宇凌霄"的天子殿，始建于明万历年间（1572~1619年），是石宝寨现存最早的建筑。

寨楼的建造，则晚于天子殿。据《忠州直隶州志·山川》载："玉印山、在州东九十里大江之北，一名石宝山，（巨）石凌空，四遭如削，形如累累之印，无路可上，乾隆初年土人创建岑楼，磐石若谷，贯铁索于壁，攀援而跻，历年久远。嘉庆二十四年贡生邓洪愿等更新旧制，楼冠山巅，游人轳转螺旋，不事依附之劳，直达最高顶上。上有阆若，殿前一穴，春夏之交时出气，可瞄目于咫尺间。殿后翠竹千竿，清泉寒洌。斗室内祀东岳神，神座后即《通志》所载'米石'在焉。石后平坦如砥，俯瞰江流，风景最为明媚。"由此可知寨楼是嘉庆二十四年（1795年）始建，在此以前人们是手攀铁索，脚踩陡直的石级和石孔上下顶峰，如《州志》所述："铁索累累贯山巅，一步一蹲仅容趾。"至今寨楼第七层地坪至顶峰，还保留一段陡峭的"链子口"山路，为古时登山道路遗址。而乾隆时期乡人所建的"岑楼"，只是寨楼的雏形，还不能直达峰顶。

至清中期的嘉庆年间，已形成石宝寨建筑群的雏形。又据寨楼前清同治四年（1865年）《新修百子殿碑》记载"咸丰四年春三月，邓君得意，邀集乡街绅耆，共议兴修寨楼和殿宇"的倡议。该碑又载："自咸丰二年起至同治元年止总共收涉基钱卅九串四百卅二文。"碑文最后还刻上参加这次修建工匠们的大名："木匠宋兴昌、砖匠谭人发、石匠邓一义、塑匠敖永怀、晏金顺、本山主持僧性空。"同时寨前修建了石砌步道，并在步道上新建一座石坊。

　　1951年至1981年，石宝寨属忠县文化馆管理。

　　1956年维修时增建了一层寨楼的阁廊。

　　1967年寨顶魁星阁遭雷击。

　　1979年11月经国家旅游局批准对外开放（插图三、四）。

三　20世纪20年代的石宝寨　（法国人拉蒂伯格　摄于1932年）

四　20世纪70年代的石宝寨

1980年7月四川省人民政府公布为省级重点文物保护单位。

1980年12月重修魁星阁时以钢筋混凝土柱、枋替换了原建筑的木柱、木枋构架，并用绿琉璃瓦替换了原来的灰筒瓦。

1981年成立忠县文物管理所，对石宝寨进行日常管理维修保护和接待游客等项工作。

2001年6月25日国务院公布为全国重点文物保护单位。

2001年10月国家旅游局评定为全国4A级旅游景区。

2008年被誉为"新巴渝十二景"之一。

以下是石宝寨历代的碑文与诗词（由忠县文物局提供）：

登玉印山五绝

明　杜一经

缓步上石来，清风透满怀。

此景堪图画，别是一天台。

碑文之一

尝观宇宙间，峻岭危峰，奇崖秀石所在，多有其间。或羽客栖息于其上，或浮屠建兰若于其中，一时仙客骚人，游览所及，为之留题，遂成胜境。未尝不叹天地之留其奇以示人，乃造物者之无尽藏也。

虽然名胜之区，固足奇矣，唯我石宝寨，名曰"玉印山"为尤奇焉。平地矗立，四面如刀，截然毫无边际，高直数十丈，中可容数千人。览其形胜，每有江月何年之感。自康熙年间，始建重楼飞阁、阎罗殿。嘉庆二十四年，吴君世元、孙君倬重修，迄今二十余年，殿宇颓败，楼阁就圮，且近寨数百步，湫隘嚣尘，为前人之所未备，不无遗恨。邓君得意，余姻兄也，前已于小溪桥，身任其事，捐资以及募化费数百万金钱，历数年之辛苦，而其事始成。里人额其匾曰："乐善不倦。"余亦尝手撰其事，泐之贞珉。今于延师课子之余，见玉印山之倾颓，而复将阎罗会之余资，更复募化，辉煌殿宇，补葺楼台，相其地势之高下，因其道路之委曲，鸠工砌石，浑厚以坚。右至文昌宫，左达崇圣寺，俨然有周道如坻之观，至登山凭眺，见夫山岚江气，联络不绝者，玉印山之朝景也；斜阳薄雾，掩映不穷者，玉印山之暮景也；前街后市，人烟错杂者，又玉印山之足以触目……咸曰：如此盛事，不可无文以纪邓君之功。请序余，余曰：是矣……邓君之坦易也，济人利物，邓君之殷怀也，此二者足以为序，犹不足以……吾独于指挥工作，服其内敛之聪明；宵旰经营，服其性情之专一，一经募化，众皆踊跃，又其公正之足以服人也。自一日而百年，百年而千古，睹其遗绪，未有不想见邓君之为人也，已是为序。

廪生罗廷宦拜撰并书

道光二十七年丁未岁孟秋月上浣立

碑文之二

蜀中山水之盛，甲于天下。自峨峰岷岭迤逦而来，扶舆磅礴之气，钟于东南，兀然孤峰拔地，矗立于大江之滨，载诸志，乘名号"玉印山"。前人创危楼高阁，层累而上，庙宇花宫，巍然焕然。内奉释迦文佛、观音大士、五殿阎罗像。且燕客有堂，参禅有室，前贤名宦，旧作犹存。船山张公，长歌七律，云汀陶公、刺史五公、匾额碑铭以及仙客骚人，览胜题咏，泐诸石壁，炳烺可观。数百年来，歌楼舞馆，不无碎瓦颓垣之伤。况孤峰绝顶，岂能经风雨之飘摇其间，虽有修培，势难久而不敝，迄今殿宇渐就倾圮，神像亦损光辉，及崇圣脚庵，非复昔日观美，于咸丰四年春三月，邓君得意，吾烟兄也，邀集乡街绅耆，共议兴修出其阎罗两会，公项六百余金，以为始基之助。将故观旧址，去故更新，列像诸神，装金绘彩。又以规模稍隘，不足以壮观，瞻拓其地势，增修两廊，东南岳神十二殿、爱河桥、崇圣脚庵，一律缮葺至排楼宝塔，一切赖其修理，工程浩大，非小补所能观厥成。呜呼！所谓乐善不倦，得意兄诚足以当之矣。前次修寨楼、砌寨基、修桥梁，废精劳神，以勒石赞其功焉。今塑神绘像，辉煌庙宇，皆邓君指挥以成其事。余深知其为人，目见其事，是以为之，记其本末，始终垂之金石，庶后世而下传之千百年，其事其人，皆不朽焉云耳。

廪生罗廷宦拜撰

清同治二年岁次癸亥仲春月中浣吉旦

登石宝寨七古

清 张问陶

孑孑玉印山，屹立江水东，天作百丈台，秀削疑人工。四山卑卑尽跧伏，顽怪独撑断鳌足。谁拔孤根出地中？非峰非岭岚然秃。共工头触天柱折，遥看绝顶平如截。云里微闻梵贝声，山僧矫健真飞鹘。

桓桓石柱秦将军，大杀流贼如天神。百年父老指山哭，尚忆桃花马上人。

石宝寨七古
清 王尔鉴

巍然巨石如悬嶙（山名），壁立岩峭高万丈。四面无路可攀援，层楼飞阁梯云上。绝顶红开绀雨宫，云飞树杪来天风。天地混漾度云彩，泉深下与江波通。屏山环绕都罗拜，孤根撑天耸云外。巍峨难卑五丁移，秽杂胡作豺狼寨。嗟哉二潭殊猖狂！已污瑶洞玉池光。复据斯石负侯印，一时背叛终灭亡。山灵助顺不助逆，灵石肯为叛者役？神兵鬼斧剧诛歼，一洗污秽江天碧。只今石宝犹屹然，月白清风挺江干。磨既不磷涅不淄，尼珠光照万年斯。

登石宝寨七古
清 熊文稷

犖确巨石临江起，云岩风窦天半里。四周绝巘不可攀，山腰石壁题云几（山半岩畔有云几记三字）。铁索累累贯山巅，一步一蹲仅容趾。振衣直上最高峰，山巅平平竟如坻。江水滔滔自西来，艛艓浮江如去矢。尔来江涨失滩声，小溪溪水入江水。万家烟火环江干，人语哄哄出村市。纵目江南草色青，众山罗列可俯视。梗化小丑休跳梁，石穴焉能产秬秠？吁嗟乎！

国家承平靖烽烟，我来登临大喜欢。

共勉之
杨铮

乡民望治本情殷，一出厅成气象新，
首目办公加整顿，系看市镇即繁荣。
频年教育早蜚声，物望攸归喜得人，
务众同心资倚重，地方建设期果兴。

民国二十七年十二月

蒲县长出巡本区

知公到处有人迎，清慎勤廉著政声，
巡视民间知疾苦，一庭化雨慰苍生，
巡遍区乡游印山，登临不仅同游观，
高瞻远瞩勤谘访，专为县人策治安。

民国二十七年十二月

每晨

苦练精神维此人，鸡鸣起床教诸生，

游行整队天初晓，唤醒街民自梦惊。

战时教育重精神，一代从前偏尚文，

课外游行登印山，自为楷模训童军。

邓校长玉械，创办女学，不畏艰难，不为私，兴学有谁知，全凭硕画与经验，岂仅堪为中学师，女学创图自强，为奸倭寇扫掳抢，非为一姓谋文化，民族精神期发扬。

本镇女校长，一勤一能，以示表彰。

四戒

杨铮

铮自承之区务至今迄三年，自惭德薄，不能转移风俗，特撰碑语，以资警惕。

戒好讼

世人好讼终多凶，诂训照然今昔同，

动辄骄横争意气，不知败诉悔无穷，

告人无不坏良心，良心坏尽不是人，

虚为刁诬视魍魉，钱财耗费败声名。

戒烟毒

烟毒最凶害匪轻，世人一世误终身，

岂伟人兮勿介意，戒期快到难生存。

戒赌博

呼卢喝来斗奸心，炫智夸才逞技能，

耗费精神决胜负，终为浪子败家声。

戒酗酒

一舒鹤觞倾百盏，当筵闹扰讵知非，

汹横骂座恣狂势，动辄取辱带酒归。

民国二十七年十二月

石宝寨十石十景

"文笔"一支安天下，虎尾"钢鞭"镇大江。

"关刀"偃月斩蛟龙，"玉印"丝穗系长江。

"金鸡"唱鸣鱼来翔，"燕窝"石内珍珠藏。

"精猴"欲纵扑彩蝶，"蛤蟆"惊恐青蛇伤。

"灵牌"阅尽沧桑事，"毡帽"一顶自荫凉。

（民间流传）

为石宝寨题诗

宝石女娲采，不才未补天，

岂甘没荒野，飞峙大江边，

波涛听日夜，风雨经流年，

危楼照朝暾，画阁迷夕烟，

巍然接云汉，气象雄万千，

我本石宝子，江湖长巅连，

故土寻旧迹，梦寝五十年，

何日挽白发，倚石谱古弦，

喜看梯云直上九重天，绝顶凌虚吐云烟，大地作纸抽长剑，且驱雷霆写彩篇。

石宝寨余之故乡也，少年时，常随师友，攀危楼，登绝顶，听长辈津津乐道，石宝掌故。据云此石，乃女娲所采，补天后遗下者，神话奇妙，莫不动容犹忆。登高望远，一揽江山之胜，每兴咏叹之，惜乎，学术才陋，辄未成章。余年方弱冠，即告别石宝，负笈京门，其后南北奔走，献身解放事业，迄今五十年矣。今故乡人来嘱，余为新修故迹，题咏补壁，情不可却，因急就旧体古诗一首，书以应之。

一九七九年十月为石宝寨补壁

老马识途

为石宝寨题诗

汪国瑜

飞来玉印峙江边，翼角腾羣十二檐，

竖架云梯凭岫巇，横陈绀宇抱青天。

孤崖只叹人踌躇，峭壁犹观鸟逶旋，

险径须攀堪远望，巫峰隐绰隔轻烟。

一九八○年十月孟秋

（汪国瑜　清华大学教授）

二　石宝寨的地理环境

（一）地理位置

石宝寨位于重庆市东部，忠县境内长江北岸石宝镇的玉印山，西距忠县县城37公里，东至万州区51公里。石宝寨集玉印山特殊的自然景观和独具匠心的人文景观于一体。

玉印山山体平面略呈椭圆形状，山顶高程为208～211.04米（黄海高程，下同），山顶平台西南至东北向长约100米，宽约20米，玉印山158米高程以上孤峰拔起，危岩壁立，158～170米高程以下为坡地，坡地较为平缓。石宝镇环绕在玉印山周围，街道地面高程一般为150～160米。

三峡水库建成蓄水后，全年大部分时间玉印山四面环水，石宝寨将以另一种自然风貌耸立于三峡库区。

（二）自然环境

石宝寨位于忠县县城和万州区之间，地处川东平行岭峪区，该地区自新构造期以来，长期处于间歇性上升状态，并经构造剥蚀作用，形成多级夷平面，在后期水流侵蚀和多组构造卸荷裂隙作用下，缓倾厚层砂岩和泥岩出露地段形成石坝和石台。石坝侧壁陡峻，危岩重叠，石宝寨所在地玉印山即为其中石坝之一。

该区内长江总体流向东北，在玉印山附近受北西向构造裂隙控制，折身东南，玉印山位于长江北岸拐点处。玉印山所在地石宝镇绕山布置（三峡水库蓄水后石宝镇迁移他处），玉印山下部支撑岩体为泥岩，表层风化深度达5～20米，受水浸泡易软化，受水冲刷易崩塌。石宝寨倚靠玉印山而建造，天子殿、魁星阁建于玉印山山顶。

（三）三峡水库蓄水后对玉印山的影响

三峡水库蓄水前，石宝寨一带在枯水季节，长江水位118米，1980年长江洪水洪峰水位149米，1981年洪水洪峰水位150米。石宝寨一般地面高程150～160米，"必自卑"石坊门地面标高169.38米，寨楼楼门地面高程173.07米，位于建库前天然洪水位之上。

三峡水库建成蓄水后，正常蓄水位为173.24米，最高风浪线175.44米，汛期防洪限制水位143.24米，百年一遇洪水位173.54米。水库蓄水后，石宝镇街道位于正常蓄水位以下，石宝寨周围全镇迁移，玉印山将成为"库中之岛"，距陆地白石岩约300米，"必自卑"、石宝寨寨门和寨楼一层地面处于防洪限制水位和正常蓄水位年份水位变化区，寨门地面淹没水深1.93米。汛期防洪限制水位143.24米，玉印山高耸直立之气势仍以原有风貌展现于世人，汛后水库蓄水到正常蓄水位173.24米高程，玉印山凌云之势有所削减，成为库中之石岛。

玉印山目前天然地下水位在148~158.0高程，玉印山下部泥岩有7~15米处于天然地下水位以上，三峡水库蓄水后，正常蓄水位173.24米，地下水位若上升至173.24米高程，则水位上升约17~27米，处在该区域内的泥岩（尤其是表层强风化岩体）泡水后将产生软化和崩解，使玉印山变形加剧，危及上部直立岩体和古建筑安全。

三峡水库蓄水前后地表、地下水位变化情况参见下图（插图五）。

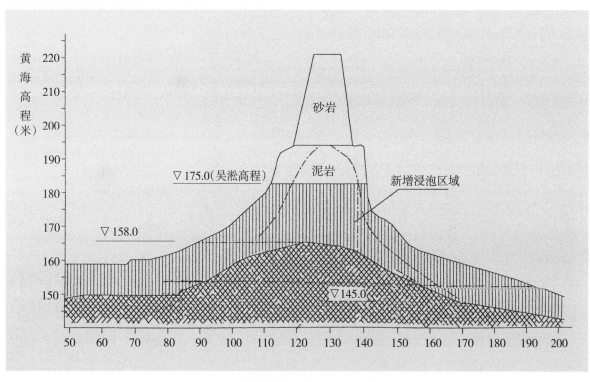

五 三峡水库蓄水后地下水位上升图

三 石宝寨建筑的特点

石宝寨建筑有五大特点，虽屋宇不多，错落起伏亦不复杂，但在处理手法上却是丰富多彩，灵活巧妙，无论在中轴线的安排、大门位置、楼梯布局、外形处理、窗洞装修上都颇具特色，能破除常规独具匠心，大胆创新巧妙处理（插图六）。

1. 轴线安排

由于山形地势，加上是不同时期的增修扩建，寨楼和魁星阁上下两组建筑并不因循常规硬安排在一

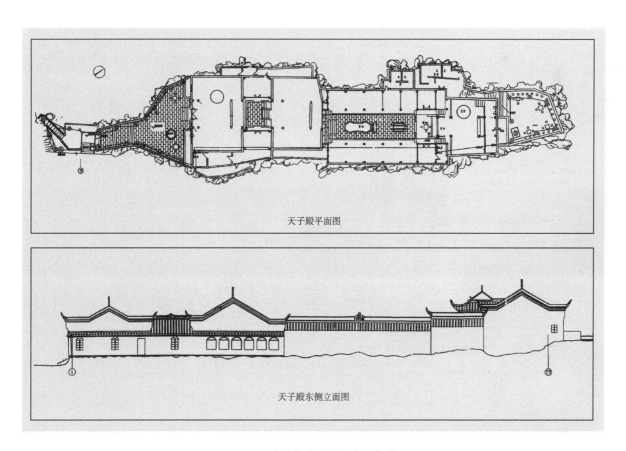

天子殿平面图

天子殿东侧立面图

六 天子殿平面、侧立面示意图

条轴线上，而是稍加错移就山形构筑。远望起来仍然形体统一气势浑成。山顶殿宇修建也因地制宜，随山形走向分布房屋与院落轴线，至使前后两个内院不能建在同一条中轴线上，而将后殿与正殿的轴线向南偏移一米多，但从正殿后望庭院东端的后殿并无不自然的感觉，反而因轴线稍微偏斜更增加了透视上的灵动感。天子殿与魁星阁两组建筑也互不应对，而是通过阶梯平台的几次转折把两者联系起来，也给人一种十分自然和谐的感觉。

2. 大门位置

按照传统情况，大门一般是正对主体建筑的，而石宝寨建筑在这点上也大胆突破了常规。寨楼前面山门，首先就不对中，山墙也不对称，这是因为山势局促而需让出上楼台阶的空间位置。至于山顶上几处建筑出入口的大门、绀宇凌霄殿的大门以及后殿的后门等，正因为这些不对称处理，反而增添了建筑的活泼气氛，其效果远比大门对中的处理更显得亲切近人（插图七、八）。

3. 楼梯布局

由于寨楼逐层往上的平面面积缩小，楼梯的位置不可能安排在一条垂直线上，但在处理各层楼梯的布局上却也考虑了功能要求，因结构限制而巧妙地互换上下楼梯的位置，安排有横有竖、有斜有直，并适当地就势布置观赏路线，设置一些塑像、台座、碑刻、挂屏等上下穿插其中，亦感非常自然灵活（插图九、一〇）。

七　天子殿大门

八　寨楼大门

九　三楼的柱、枋和楼梯

一〇　四楼楼梯

4. 外形处理

楼阁虽紧倚悬崖而各层飞檐都采取了三方四角处理，使每层出檐都保持了完美的形式。檐角处都用斜撑角梁支承角戗，作翼角飞展起翘之式，更显得出檐深远，轻快凌空。这样的十二层重檐飞腾在玉印山边，更加衬托出玉印山孤峰的高峻和挺拔。上部魁星阁三层立于山顶平台上，既增加了楼阁的高耸感觉，又突显了飞阁凌空的清晰轮廓，尤其站在侧面远望，三层阁尖高耸天穹，也加强了石宝寨各面的视角导向效果。

寨门和两侧高低墙的配置，山顶殿宇墙面的色彩处理，各殿正脊上的宝顶和脊兽，马头山墙的布置，都很具南方建筑特色，在白粉墙上饰以红蓝二色的边线突出檐脊，再配上青瓦花脊，黑中有白，素中带彩，简洁明了，重点突出。尤以山顶南北两面山墙顶部墙檐下，绘一长条水平蓝红色带装饰的处理更为出色。

蜿蜒在玉印山顶的天子殿，高低起伏，错落有致，形式和内容非常统一。通过山顶建筑两侧墙面及轮廓线的处理，把整个天子殿的大、小、主、次面貌，全盘托出在游人面前。从轮廓造型上看，一塔一殿把整个玉印山装饰得玲珑剔透，使无声的孤峰巨石由此而生辉增色（插图一一、一二）。

5. 窗洞装饰

石宝寨的楼阁，每层正面檐间木板墙上多设计为圆形窗洞（插图一三）。窗洞不装饰窗扇，便于游人眺望。窗洞的直径一律为1.3米，规格标准、形式统一，各层间又随面宽不同而安置不同数目的窗洞。第二层至第五层均设三个窗洞，间以方格棂窗配置，第六层主体为二个窗洞，七至九层均为一个窗洞，层层递减，窗洞数目虽有多和少的变化，然风格极为协调统一。这些窗洞与巉岩嶙峋的巨石孤峰对比显得分外柔和轻快，尤其从远处透着薄雾烟霭望去，给人倍增仙界幻境之神秘感。这种采用圆形窗洞

一一　石宝寨背面

一二　石宝寨侧面

的处理手法，在四川民间一些庙宇殿堂建筑中常可见到，但像这样连续重叠运用在高层楼阁上尚属少见，故更显其特色。综上各点评述，石宝寨不愧誉为渝东地区的一颗建筑明珠。

石宝寨寨楼、楼门、魁星阁布置在玉印山临长江面的上游一侧，显然这是经前人反复推敲，精心安排的。乘船顺长江而下时，首先看到玉印山的窄面，魁星阁玉立山巅，上顶青天，下接崇楼；峰顶绀宇殿黄坊、白墙、青瓦隐现于绿树丛中，勾人遐想，欲穷究竟。继而船转向玉印山正面，魁星阁与寨楼融成一座十二层高的楼阁，下倚悬崖，上凌云宵，气魄更是非凡。逆流而上时，先是看到孤峰突立，尖塔白墙掩映于绿树中，构成了丰富优美的天际轮廓线。及近，则见崇楼倚于危岩，飞阁缀以圆窗，使人必欲登楼远眺而后快。船虽远行，回顾玉印山这一天然和人文景观的结合体，依然回味无穷。

一三　寨楼窗洞排列

四 石宝寨的历史、艺术和旅游价值

石宝寨是长江沿岸最高的木构建筑，其独具匠心的艺术造型和高超的环境处理手法享誉大江南北，为世人瞩目的长江景观（插图一四）。各建筑物与其所倚靠的玉印山体共同形成了一个有机的整体，充分体现了人工与自然的巧妙结合，也是"天人合一"理念的最好体现。无玉印山、九层高的寨楼无存在的价值，无寨楼，玉印山体无神韵，无魁星阁，寨楼无凌空之势；无横陈峰顶的"绀宇凌霄"殿宇，十二层的高阁则显孤单落寞，而寨前的青石板步道及石牌坊也增添了极好的点景作用。它既满足了上山的交通，又体现了对人的关怀，它们将一个毫无生命力的石山，变成了生气蓬勃的人间美景。巧妙灵活、因地制宜的总体布局，精巧完美的建筑处理，使建筑与自然环境的巧妙结合，体现了渝东地方工匠大师们的伟大创造。体现了古人利用地形地势高超的营建手法。石宝寨九层高的寨楼是南方地区高层穿斗木构架的建造杰作，是一份宝贵的历史文化遗产（插图一五~一八）。

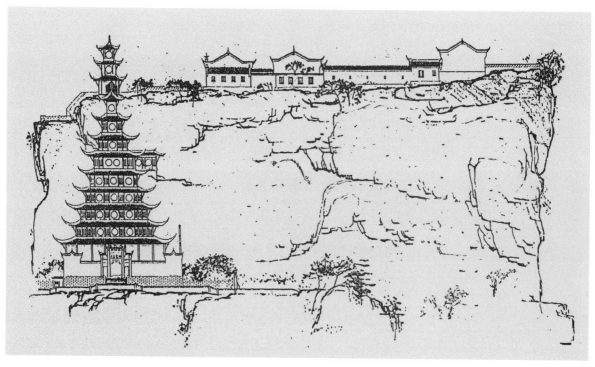

一四 石宝寨正立面示意图

一五 天子殿大门

一六 "必自卑"石牌坊

一七　九层寨楼和魁星阁

一八　魁星阁

我国保存下来的高层木结构建筑极少，只有山西的应县释迦木塔和河北承德的普宁寺大乘阁。而石宝寨十二层高的寨楼和魁星阁，是我国现存最高的木构架建筑，有十分重要的建筑艺术和历史价值。

石宝寨九层寨楼全部采用穿斗式木构架，进深和面宽开间的柱子排列较密，用多道横向和竖向的穿枋将各层柱子紧密地联系起来，构成了寨楼高层的框架体系，使整个木结构传力系统简洁、牢固，将寨楼倚靠于玉印山体，寨楼层层上收，又紧靠山体倾斜，保证了高层寨楼的稳定和坚固。寨楼建成已过百年风霜，尚无明显的变形和残损，仍屹立于大江之滨。

寨楼是我国唯一的一座穿斗式木结构高层建筑，也是我国现存最高、层数最多的穿斗式木结构。这标志着我国巴渝地区民间建筑技术的高超成果。为新三峡库区的旅游，保存了一处巴渝古代建筑风貌的美丽景点，深受中外游客的赞美，把石宝寨誉为渝东地区长江沿岸的一颗灿烂的建筑明珠是十分恰当的。

游人对石宝寨的崎丽风光、楼阁殿宇建筑极感兴趣，颇觉奇特，评价较高。他们说：游览长江风光，三峡是高潮，石宝寨是奇巧，是少有的名景胜地。

由于三峡库区水位升高，石宝寨经过这次围堤护坡、危岩治理和古建维修工程，使石宝寨能在原址上进行保护，既保存了原有的风貌特色，又增添了石宝寨瑰丽的新姿——一个硕大的"石宝寨盆景"新貌，将浮现在库区平湖的水面上（插图一九）。

一九　石宝寨新貌

五　石宝寨文物保护工程的内容

主要保护内容：从文物保护角度，石宝寨门楼、上山甬道、"必自卑"等建筑依玉印山而作，玉印山山体既是古建筑的基础，同时古建筑与玉印山融为一体构成了石宝寨人文景观。因此，石宝寨的保护不仅仅是古建筑保护、还应包括玉印山山体和一定区域内的环境景观保护。

三峡水库建成蓄水对石宝寨文物的淹没影响，直接涉及的古建筑有："必自卑"、石宝寨寨门、上山甬道。另一方面，周边绿地淹没、玉印山山体下部浸泡于水库中，山脚堆积体失稳、山体变形、危岩崩塌将间接危及古建筑物的安全和石宝寨周边的环境。因此，石宝寨文物保护任务是：

1. 保证玉印山山体稳定和控制山体的变形；

2. 采取必要的工程措施，防止库水淹没重要的古建筑；

3. 对危岩体进行加固处理；

4. 根据具体情况对古建筑进行加固处理：

5. 对玉印山周边主要环境条件进行适当保护；

6. 修建必要的对外交通通道；

7. 配套建设必要的运行维护管理设施。

六　石宝寨文物保护工程的主要任务及保护方案

（一）主要保护任务

三峡大坝位于湖北省宜昌县三斗坪镇，三峡工程正常蓄水位173.24米（吴淞高程175米），汛期防洪限制水位143.24米，枯季最低消落水位153.24米。三峡水库建成蓄水后，全年大部分时间玉印山四面环水。三峡水库正常蓄水位时，库水将淹至石宝寨寨楼第一层楼面。

为有效地保护这一文化遗产，使之继续向人们展示大自然的鬼斧神工之造化和先辈们的聪明才智，石宝寨被列为三峡工程淹没区文物保护规划重点项目之一。

大凡历史遗传下来的古建筑文物，与其独有自然景观相互依存，相互映衬。失去奇特的自然环境，无论从考古、科学和观赏价值方面都大为失色，石宝寨依托玉印山独有自然山体，加上古人巧夺天工的建筑构思，将建筑与大自然融为一体，形成一道供世人观赏的风景线，因此石宝寨文物保护不仅仅是古建筑的保护，玉印山及其自然风貌（尤其是上部悬崖绝壁之气势）也应加以保护。

石宝寨的主要建筑物大多构筑于玉印山顶，位于三峡水库正常蓄水位以上，石宝寨楼门最大淹没深度仅1.93米，唯有"必自卑"和石门洞淹没深度相对较大。由于三峡水库蓄水后，存在库水对玉印山山体冲蚀而危及山坡稳定的问题，以及玉印山山体内地下水位的上升导致山体下部岩石软化变形危及上部古建筑物的安全问题，因此，石宝寨的文物保护一方面应首先保护玉印山山体的稳定，以确保古建筑的安全，另一方面，也应对三峡水库淹没区以下的有价值的文物实施就地保护。与此同时，还应兼顾其自然景观的保护工程与协调。

1. 保护文物载体——玉印山稳定

玉印山目前天然地下水位在148~158米高程间变动，玉印山下部泥岩有7~15米处于天然地下水位以上，三峡水库蓄水后，正常蓄水位173.24米，若不采取隔渗措施则地下水位将上升约17~27米，处在该区域内的泥岩（尤其是表层强风化岩体）泡水后将产生软化和崩解，使玉印山变形加剧，危及上部岩体和古建筑安全。

为研究保护方案，利用ANSYS软件对三峡水库蓄水后玉印山的山体变形问题进行了有限元计算分

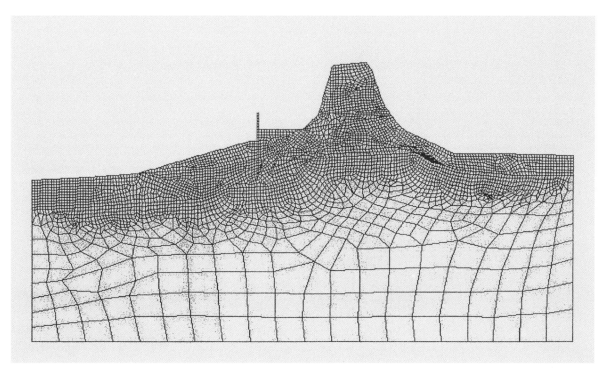

二〇 玉印山有限元计算网格图

析，有限元计算网格划分（插图二〇）。假定蓄水后，玉印山山体地下水位变化区145～173.24米高程岩体软化，岩石浸水软化系数取0.5。

计算结果表明：水库蓄水后，若下部水位变化区泥岩表层不进行任何加固和防水处理，地下水位上升，并随库水位周期性变化，岩体发生软化，山体垂直位移及水平位移分别达2.1厘米、3.2厘米（插图二一），且水平位移大于垂直位移，即变形后有向一边倾斜的趋势，变形性态差，对上部危岩和山体整体稳定不利。因此，应采取工程措施，减少山体周边岩体软化效应，控制山体变形。

根据玉印山的地质条件，玉印山的山体稳定主要涉及上部危岩稳定和下部支撑岩体(泥岩层)的稳定，为尽可能维持原有的自然景观宜以锚固措施为主，而下部泥岩则主要是三峡水库蓄水后，其岩体存在软化、崩解和风浪冲刷几方面问题，实质上是地表水、地下水防护问题。因此如何尽可能缩小三峡水库蓄水后地下水文地质条件与现状的差别，以减少影响山体变形的泥岩层的含水量变化，从而减小泥岩层的软化、崩解和风化是首先需要解决的问题之一。

2. 采取工程措施,防止水淹文物

从现阶段山体稳定来看，玉印山山体除局部危岩需进行锚固处理外，大体仍处于稳定状态。因此玉印山的山体稳定问题是重点解决泡水后泥岩的软化和风浪冲刷，以及减少围护区域的积水等问题，其关键在地下水处理，切断山体与水库水位变化的直接联系，防止泥岩处在干湿交替环境下加速风化和软化，防止大量地下水进入围堤内的低洼区域。设计方案从两个方面着手，一方面对山体上部现有危岩进行锚固处理，提高其稳定性；另一方面对下部泥岩层进行保护，防止风浪冲刷和地下水位变幅而加速岩体的软化和风化，主要工程措施如下：

（1）对上部岩体（包括危岩和变形后转化成危岩部分）采用锚固加固方案，对较为危险的岩体

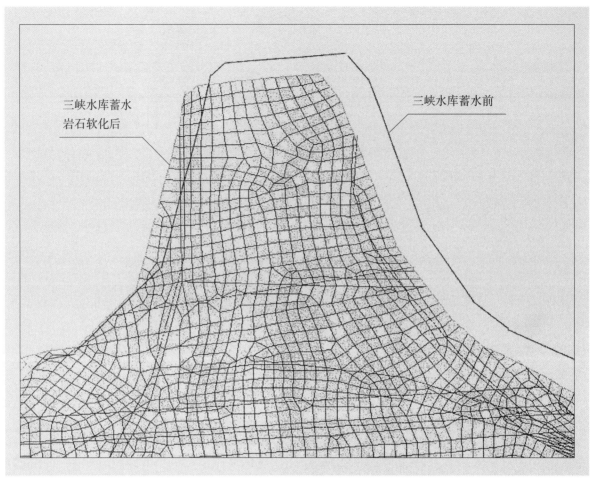

三峡水库蓄水
岩石软化后

三峡水库蓄水前

二一　玉印山山体变形图

适当采用预应力锚筋，对文物进行加固、修缮和防腐处理。

（2）　为了保持玉印山陡峻之势，背江侧采用混凝土面板贴坡加仰墙保护。由于临江部分文物位于三峡正常蓄水位以下，需采用围堤保护，以保护高程较低处的"必自卑"石坊门、青石板小路等。

（3）　为切断山体与库水的直接联系，护坡坡脚和围堤基础底部设置防渗体。

为减少三峡水位变化对山体地下水的影响，减少山体内地下水位的变化幅度，沿山体周围设排水廊道，山体四周设排水孔，将地下水排向廊道，以稳定山体内地下水位，并且保持在较低状态。

（4）　为确保边坡稳定，在现有山体较陡地段（坡比大于1∶1）加设土锚，以增强边坡稳定性。

（5）　对围堤周边一定区域进行适当的防护，防止库岸再造对保护工程造成威胁。

3. 检查岩石稳定，进行加固

受地形、岩性、构造控制，危岩体较为发育，主要分布于石宝寨所依托的玉印山顶部四周及东侧二层岩的巨厚层砂岩体中。由于砂岩层中央有数层相对软弱钙质砾岩，在多组裂隙的切割下，岩体被分割成大小不等的块体，形态多样，以柱状、块状、楔形状为主，次为壳状和不规则状。特别是在一组与玉印山长轴方向平行、倾向长江的张性卸荷裂隙的作用下，岩体被拉开4~14厘米，最宽处可达近40厘米；而下部的泥岩，强度低，易风化，呈凹陷状，危岩体变形较为明显，稳定性较差，在三峡水库建成蓄水后，将会引起地下水位的抬升，加速泥岩的风化，同时在暴雨的作用下，砂岩中的裂隙也会加宽加深，其稳定性较差，可能产生倾倒式、滑塌式或拉裂坠落式崩塌。

据调查统计，玉印山有危岩体33处，总方量4100立方米，其中小于100立方米的22处；100～200立方米的10处；大于1000立方米的1处。

因此危岩治理应先行施工、加固、排除安全隐患，保证行人安全。

4. 古建筑维修

石宝寨所有古建筑大多历史年代悠久，由于年久失修，加上三峡水库蓄水后不可避免使山体产生变形（尽管很小），为避免对古建筑产生破坏性影响，保持它原有的风貌，在保护玉印山稳定的同时，对上部古建筑进行加固和维修是必要的。

5. 解决内外交通

（1）　对外交通

三峡水库蓄水后，水位较高时，玉印山四面环水，结合环岛地形条件，为有利于文物保护，设计中不考虑车辆直接上岛，交通通道设置只考虑工程管理和参观游览人流进出要求，分别考虑了水路和陆地两类交通设施。

① 游船码头

石宝寨保护工程临江侧设有供船只停靠的码头，考虑到玉印山周边地形条件，码头规模按停靠小型游船设计，为便于上岛人流组织和管理，码头位置在满足停船要求的前提下，尽量靠近陆路交通桥。

② 交通桥

由于三峡水库运行期间水位变幅大，仅有水路交通难以保证在不同水位条件下交通畅通问题，在玉印山围堤东端与新石宝镇之间布置交通通道，承担新石宝镇至玉印山的陆路交通，考虑到有利于文物保护，通道空间和荷载主要考虑人员通行要求。

（2）　岛内交通

岛内石宝寨原道路包括青石板均予保留。结合围堤建设，形成环岛道路（临江侧宽5米，背江侧宽2.5米），临江侧挡墙外侧回填土成为亲水平台，通过东侧码头与环岛道路相连，在围堤的东南面，西北面和中间设计有进入寨楼的垂直交通的楼梯，在石宝寨正面，通过平台和楼梯形成寨楼和164.5米高程新建景观区的联系，从164.5米平台通过台阶可进入石宝寨游览，在围堤东南面，人流从东南进入"必自卑"游览石宝寨，或通过环岛路远眺石宝寨及长江，或通过码头踏步进入156.5米平面台。

6. 寨内景观与绿化

对石宝寨本体及周边地带应分别对待，共同营造适宜的环境，在加强本体保护的同时，应对周边环境精心设计，创造自然生态环境。

石宝寨位于长江北岸拐点处，其南侧临江，库区蓄水后，玉印山四面环水，形成长江中独特的自然人文景观，为了保护石宝寨这一独特文物，应尽可能多的保留原有地形、地貌、植被及树木，工程施工中对树木、地形、地貌尽可能少的破坏，完工后，可按设计要求进行环境的整治及恢复，景观设计原则上考虑自然古朴，与山石形态相统一，重现山体林木繁茂的环境景观。

在临近围堤面用本地高大乔木及灌木结合地形进行密植绿化，形成一个软化围堤的绿色屏障，重现林木繁茂的景观，有利于改善石宝寨视线效果，并通过园林设计提供游客一个休闲的场所。

7. 完善配套设施，有利于开发

三峡水库建成蓄水后，玉印山将成为"库中之岛"，在玉印山东端与新石宝镇之间，布置交通通道，承担新石宝镇与玉印山之间的陆路交通，考虑到有利于文物保护，通道空间和荷载主要考虑人员通行。同时，在新石宝镇的桥头修建与之配套的统一管理服务设施项目。有效地扩大了石宝镇的管理范围，为来参观的游客提供一个舒适的参观、学习、休息的环境，更好地推动石宝寨旅游事业的发展，取得良好的社会效益和经济效益。

（二）保护方案

石宝寨保护方案受国家文物局、重庆市文物局和当地政府的高度重视，对石宝寨的保护措施、保护方案进行了多次专门会议和专家评审会。设计方案由长江水利委员会长江勘察规划研究院设计，根据专家的意见和建议，对几套保护方案进行比较和分析，选择出合理、经济并达到保护目的的保护方案后上报国家文物局批复。

保护方案的比选。在方案设计阶段，根据石宝寨的人文景观、三峡工程蓄水后的环境条件、当时掌握的地质条件，在平面布置上曾提出过"大围"、"中围"、"小围"三个不同区域的保护方案（插图二二）。保护区域的大小涉及工程条件、工程费用和后期管理费用等诸方面的问题。

原忠县曾提出以石宝镇连云街、玉印街为轴线进行围堤保护的"大围"方案，围堤轴线长度1070米。由于该方案不仅挡水围堤工程量大，覆盖层深度达22米，坝基稳定、防渗工程处理难度大，后期排

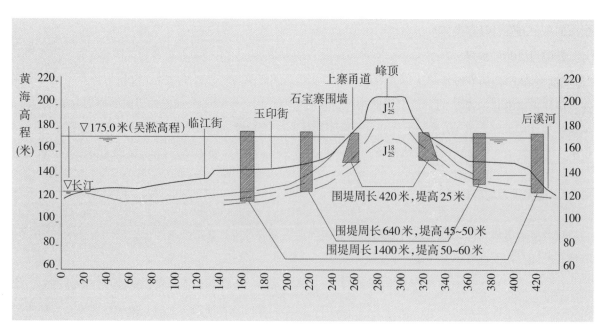

二二 围堤线路比较剖面示意图

水管理费用亦高，因此设计中未做深入研究。

以玉印山陡起处修堤圈护称之为"小围"方案，围堤本身置于坡度较陡的强风化岩体上。此方案存在以下几方面的问题：

①　若围堤基础坐落在下部的弱风化岩层，则垂直开挖深度达7～20米，不仅开挖深度大，基坑作业面难以形成，更主要的是削弱了玉印山的支撑岩体，危及上部岩体安全；

②　三峡水库汛期防洪限制水位145米，而围护体建基面高程一般在147米以上，基础以下部位岩体得不到妥善保护，受库水冲刷和剥蚀后，围护体自身的安全问题难以保证。

③　围护体位于山岩陡坡段。围护体施工后，在围堤自身重力作用下引起的山坡稳定问题有待进一步论证，故此本阶段对此方案仍不作深入论证。

中围方案若采用围堤保护形式，同大围方案一样存在基础处理难度大等问题。根据地形地质条件，针对三个方案，从对文物保护作用、工程投资、运行维护等方面综合比较，提出了背江侧采用贴坡加仰墙、临江侧采用围堤保护的方案作为推荐方案。

临江侧围堤采用衡重式挡水墙，基础采用实体混凝土，在实体混凝土内设置帷幕灌浆及排水廊道，围堤上部上下游面采用浆砌石砌筑，所用块石尽可能与玉印山山体的岩石材质同类且新鲜；在围堤中部设混凝土防渗层，厚度1米，防渗层与廊道基础整体浇筑。围堤每15米设一条永久变形缝，缝面设置止水和廊道周边止水。围堤堤顶高程176.24米，宽5米。外侧高程162.5米以上坡比1∶0.15，以下垂直；内侧高程167米以下坡比1∶0.8，以上垂直。为保证围堤基础稳定，在围堤外侧填筑压脚平台，平台顶高程162.5米，宽5米，平台外坡坡比1∶3，坡面设干砌石保护，干砌石下设碎石垫层，坡脚设脚槽。

背江侧坡面采用直接贴坡方案，贴坡在高程上分两级，高程152.24米～176.24米，采用混凝土贴坡方式对山体进行保护，坡面依山势而定，只进行局部修整；山坡坡度缓于1∶1时，贴坡厚度50厘米；当山坡坡度陡于1∶1时，贴坡厚度采用80厘米，并加设锚杆，贴坡混凝土下部设镇脚，镇脚内布置帷幕灌浆及排水廊道。

2003年1月16日，专家对围堤方案进行了评审，评审意见认为："推荐方案是对石宝寨文物保护较全面的一个方案，基本上体现了原形原貌的原则。"

2003年10月28日，国家文物局《关于石宝寨保护工程方案的批复》（文物保函[2003]879号）"原则同意在方案一（即贴坡围堤方案）基础上进行设计"，并认为方案"围堤选线应进一步计算、论证，应适当调整其外观设计，以与景观相协调"。

七　石宝寨文物保护工程的勘察

（一）保护工程的前期调查

重庆市忠县石宝寨保护工程的前期调查、了解工作很早就开始了，1998年北京建筑工程学院古建筑研究院对石宝寨进行了现状测绘，现状照片，现状摄像等工作，并做出现状报告。2000年建设部综合勘察研究设计院，开始对石宝寨的环境、地质情况进行了前期勘察工作，并做出了"重庆市忠县石宝寨山体保护工程专门岩土工程勘察报告"，提出了石宝寨玉印山地质灾害的危险性和防护措施建议：

1. 地质灾害危险性预测

玉印山在未来年代中，可能发生的地质灾害主要为由于裂隙切割所形成的孤立危岩体，当下部相对软弱岩体风化变形加剧时，产生崩塌式破坏。而且即使不修建三峡水库，在大气降水、人类活动和植物根胀作用下，都会不同程度引起玉印山山体变形，导致危岩崩塌。

而当三峡水库建成后，正常蓄水位为175米，库水将淹至石宝寨寨楼第一层地面，山体底部软弱岩层——紫红色薄层泥质粉砂岩和粉砂质泥岩处于库水常年水位变化区。而玉印山坡脚处强风化最深可达20多米，在水流冲刷下，山脚会进一步被削弱；尤其当未来库水每半年一次涨落达30米，紫红色薄层泥质粉砂岩和粉砂质泥岩在干湿交替环境下，将会加速风化变形，从而使上部的砂岩孤立危岩体最终导致崩塌破坏。

2. 防护处理措施建议

在三峡水库建成之前，必须对石宝寨所处玉印山进行加固和保护，以防治山体崩塌破坏，进而影响石宝寨文物古迹的安全。

保护的主体思路就是对山体上部危岩（砂岩）的处理和对山体下部支撑岩体(泥岩)的保护，并对山脚下强风化带的加固。

2.1危岩体的处理

建议根据每处危岩体的不同情况，采取剥离和加固的方法。加固方法中还可以考虑如支顶、预应力锚索、锚杆和锚喷等方式。

2.2 泥岩的保护

建议采用护坡防渗排水的方法。

2.3 强风化带的加固

建议采用注浆或帷幕灌浆的方法。

（二）保护工程地质详细勘察

石宝寨保护工程地质详细勘察由重庆南江地质工程勘察院承担，于2003年12月制定了详细勘察方案，2003年12月20日进场施工，2004年2月完成石宝寨保护工程"岩土勘察报告"，并通过审核。

1. 勘察的目的与任务

1.1 勘察的具体任务是：

1.1.1 充分利用已有资料，对石宝寨保护工程进行详细勘察，勘察工作精度1：500。

1.1.2 查明场地内地貌形态，发育阶段和微地貌特征，查明对建筑物稳定有影响的滑坡体的具体位置、规模和性状；

1.1.3 查明岩土的种类、成因、性质和软弱层的分布。在覆盖层地区查明其厚度及下伏基岩面的形态和坡度；

1.1.4 查明天然斜坡的工程地质条件，提出斜坡稳定性计算参数；确定人工边坡的最优开挖坡形和坡角；评价边坡的稳定性，预测因工程活动引起的边坡稳定性的变化；

1.1.5 查明岩体风化带在各部位的厚度及其特征；查明岩土的物理力学性质和软弱结构面的抗剪强度；

1.1.6 查明地下水的类型、水位、水压、补给和动态变化，岩土的透水性以及地下水的出露情况；

1.1.7 提出各类岩体的物理力学设计参数，并对围堤、仰挡土墙、交通桥、客运码头的稳定性作出评价。

1.2 完成工程量及质量评述

本次勘察采用了工程地质测绘、工程测量、工程钻探、工程物探、山地工程、水文地质试验、室内试验等综合手段。完成的主要实物工作量见下表（表1）。

表1 完成工作量统计表

工作项目		单位	工作量	备注
工程地质测绘（1：500）		Km²	0.4	
工程测量	剖面（1：200）	m/条	4485.71/25	
	定位点	个	177	
工程钻探	水平孔	m/孔	56.2/3	1240.14/61
	水上孔	m/孔	120.29/5	
	垂直孔	m/孔	868.65/47	
	利用孔	m/孔	195/6	
工程物探	高密度电法	m/条	1276/9	
山地工程	槽探	m³/个	230.7/11	
	浅井	m/个	25.4/3	

续表

工作项目		单位	工作量	备注
水文地质试验	提水	次/孔	2/2	
	压水	段次/孔	4/2	
室内试验	岩样	组	16	
	土样	组	18	
	水样	组	2	

工程地质测绘：对拟建工程范围外20～50米范围内着重调查测绘地层岩性特征、岩层产状及结构面发育情况、不良地质现象、岩石风化破碎程度、地下水露头情况。比例尺1：500，图上误差不大于2毫米。

工程测量：测量基准点位于场地西侧，点号为S40和S43。用仪器定测地质断面、放测钻孔、槽探、浅井，精度满足测量规范要求。

工程钻探：勘探线主要沿石宝寨山体纵向布置，同时兼顾交通桥、客运码头轴线，间距50～80米，钻孔布置在围堤、围幕灌浆、浆砌石脚槽、交通桥、客运码头轴线上。各拟建物钻孔分布情况见表2。滑坡勘探线沿主滑方向布置3条纵剖面，间距30～50米，控制孔孔深进入滑动面以下8～10米，一般孔孔深进入滑动面以下5～8米。土层采取干钻，采心率85%～98%，基岩采用清水钻进，破碎岩层采心率85%～92%，完整岩层采心率88%～96%。严格控制回次进尺。松散堆积物回次进尺不能超过1米，滑带回次进尺不超过0.5米，基岩回次进尺不超过2米（表2）。

表2 钻孔分布情况表

拟建物	钻孔数（个）	控制孔		一般孔		间距（米）
		个数	进入中风化（米）	个数	进入中风化（米）	
围堤线	5	3	6～7.1	2	4～4.25	16.22～43.85
围幕灌浆线	3	2	5～8	1	3～5	30～50
浆砌石脚槽线	15	8	5～8.65	7	3～4.8	30～50
交通桥线	7	4	6.47～8.79	3	4.1～6.35	18.49～49.95
客运码头线	4	2	6.6～9.45	2	5～6.35	20.08～36.04

工程物探：为了查明围堤轴线基岩完整性、裂隙发育规律、滑坡体厚度，布置9条地面物探剖面。地面物探采用高密度电测深法，按规范操作，观测数据可靠，并对测试成果进行了地质解释。

山地工程：为了查明滑面深度、采取滑带土原状土样，布浅井3个，均及时地进行现场编录、拍照、取样；为了查明陡坡上的土体厚度及裂隙发育情况，顺坡向布置11个槽探，也进行现场编录、拍照。

水文地质试验：为了确定地下水位，对所有钻孔进行简易水文地质观测。为了解围堤轴线、帷幕灌浆线岩土层渗透性、富水性，在zk11、zk32作压水试验，试验分段进行，试段长度4.8～8米；在zk5、zk41作提水试验，提水延续、稳定时间均在4小时以上。

样品的采集与室内试验：取岩样9组，做天然密度、天然及饱和抗压强度、抗拉、抗剪试验；取8组粉质黏土，做物性、液塑限、压缩、抗剪强度试验，样品由重庆岩土工程检测中心按规范操作，数据可靠。

以上各项勘察工作满足规范要求，质量合格，经整理的勘察成果可供施工设计使用。

2. 场地地质环境条件

2.1　自然地理、水文气象

拟建区位于忠县石宝寨老场镇，属亚热带气候，温暖湿润，雨量充沛，具有冬暖、春早、夏热、秋雨连绵的特点。多年平均气温18.1℃，极端最低气温-2.9℃，极端最高气温42.1℃。多年平均相对湿度80％，绝对湿度17.6毫巴。区内多年平均降雨量1206.2毫米，最大平均降雨量达1378.3毫米，最小平均降雨量783.2毫米，最大日降雨量l78毫米（1981年7月23日），最大时降雨强度34毫米。降雨主要集中在5～9月，占全年降雨量的2/3，其中5～6月份及9月份多为小、中雨，总量小，但次数及延时长，7～8月份多为大暴雨，次数少，但降水量大。

据现场调查，石宝寨一带在枯水季节，长江水位118米，最高水位150米（1981年）。

2.2　地形地貌

场地属于川东皱褶带平行岭谷区，为典型的丘陵地貌形态，由于受单斜构造控制和长江、后溪河切割的影响，石宝寨一带在地形上起伏大，寨顶呈长条形，长100米左右，宽10～20米，寨顶四周悬崖峭壁，最高点209米，最低点为现在长江水位137米，所在斜坡呈折线形，上部为陡崖，崖高20～25米，分布高程184～209米；中部为陡坡或陡坎，地形坡度一般为35°～40°，分布高程155～184米；下部为缓坡，地形坡度10°左右，分布高程137～155米。

2.3　地层岩性

场地主要地层分布有：第四系崩坡积物（Q_4^{col+dl}）、残坡积物（Q_4^{el+dl}）、冲积物（Q_4^{al}）及侏罗系中统上沙溪庙组（J_{2s}）泥岩和砂岩。

第四系崩坡积物（Q_4^{col+dl}）：褐红、褐灰色粉质黏土夹块碎石，土、石比为8∶2～7∶3，块径0.5～1米，主要分布于石宝寨四周斜坡体上，厚4.8～9.5米。

第四系残坡积物（Q_4^{el+dl}）：褐红色粉质黏土，黏性较强，呈可塑状态，无摇震反应，稍有光泽，干强度、韧性中等，主要分布于石宝寨新场镇一带，厚2～5米。

第四系冲积物（Q_4^{al}）：暗灰色粉土夹少量砾石，含砂重，呈可塑状态，摇震反应中等，无光泽，干强度、韧性低，主要分布长江及后溪河沿岸漫滩一带，厚2～10.5米。

侏罗系中统上沙溪庙组（J2s）：由泥岩和砂岩、泥质砂岩不等厚互层组成。砂岩为灰白色，灰黄色，厚层、巨厚层，主要成分为石英、长石等，钙质胶结，细粒结构，夹多层钙质砂眼，抗风化能力强，分布于斜坡中上部；泥岩为紫红色，主要成分为黏土矿物和石英碎屑，泥质胶结，厚层状构造，局部夹砂岩条带，易风化，表层强风化带厚一般2～8米，分布于斜坡中下部，为拟建工程分布区；泥质砂岩为紫灰色，主要分布于斜坡下部。

2.4　地质构造及地震

石宝寨地处川东平行褶皱带，忠县向斜东北部扬起端，忠县向斜轴向北北东。岩层产状265°∠12°，无断裂。据地面调查区内主要发育有两组构造裂隙：①300°～310°∠84°～87°，裂面平直，裂隙宽一般2～4厘米，最宽可达25～30厘米，无充填或泥质物充填，间距1～3米，延伸3～10米，与石宝寨长轴方向近于一致；②30°～40°∠82°～85°，裂面较平直，呈闭合状，间距2～5米，与石宝寨短轴方向平行，①

切割②。此外，还有一组层面裂隙：265°∠12°。

自新构造期以来，长期的间歇性抬升，并经构造剥蚀、水流侵蚀和多组（主要是NE、NW两组）构造裂隙和层面裂隙卸荷作用影响，形成石宝寨现有的独特的地貌景观。据《建筑抗震设计规范》（GB 50011—2001），场区属抗震设防烈度6度区。地震加速度0.05米/秒，特征周期0.3秒，场地第四系覆盖层土质不均，拟建建筑围堤、码头、挡墙等范围土层厚度3~20米，为软弱~中软弱场地土，剪切波速为140米/秒，场地类别为Ⅱ类，属抗震不利地段：交通桥轴线土层厚1~4米，为软弱~中软弱场地土，剪切波速为160米/秒，场地类别为Ⅱ类，属抗震可建筑一般地段。

2.5 水文地质条件

长江及后溪河构成区内地表水系，是区内地表水和地下水的最低排泄基准面。场地地下水为第四系松散岩类孔隙水和基岩裂隙水。

2.5.1 松散岩类孔隙水

主要赋存于岸坡松散土层中，接受大气降水的补给，因土体厚度变化大，且后缘为石宝寨，因此补给条件较差。该类地下水除部分下渗补给基岩裂隙水外，大多顺斜坡运移并在堆积体前缘以井泉或渗水方式出露。地下水多无统一水位，水力坡度与地形坡度关系密切。据调查，场地南东侧分布一处泉（井）点，为第四系孔隙泉，容积法测得流量为0.08升/秒，受大气降水影响明显，其峰值流量仅滞后降雨数小时。

基岩裂隙水主要由风化裂隙形成地下水的运输通道和储水空间，接受大气降水补给，区内砂岩为含水层，泥岩为相对隔水层，补给条件差，径流条件与排泄条件较好，地下水随季节性变化明显，水量较小（表3）。

表3 压水试验成果一览表

试点编号	试验长度（m）	总压力（MPa）	压入水量（1/min）	钻孔半径（m）	岩性	位置	透水率	渗透参数（m/d）
zk11	8.7~13.5	0.3	0.144	0.55	泥岩中风化	灌浆线	0.1	0.093
zk11	14~22	0.3	0.768	0.55	泥岩中风化	灌浆线	0.32	0.33
zk32	6.5~11.5	0.3	0.18	0.55	泥岩中风化	围堤线	0.12	0.11
zk32	12~17	0.3	1.56	0.55	泥岩中风化	围堤线	1.04	0.97

2.6 不良地质作用

受地形、岩性、构造控制，危岩体较为发育，主要分布于石宝寨所依托的玉印山顶部四周及东侧二层岩的巨厚层砂岩体中。由于砂岩层中夹有数层相对软弱钙质砾岩，在多组裂隙的切割下，岩体被分割成大小不等的块体，形态多样，以柱状、块状、楔形状为主，次为壳状和不规则状。特别是在一组与玉印山长轴方向平行、倾向长江的张性卸荷裂隙的作用下，岩体被拉开4~14厘米，最宽处可达近40厘米；而下部的泥岩，强度低，易风化，呈凹陷状，危岩体变形较为明显，稳定性较差，近几年虽作过简单治理（填实凹腔、条石支挡），但效果不理想，调查中发现挡墙有多处凸起变形、水泥砂浆裂开、条石张开的现象。在三峡水库建成蓄水后，将会引起地下水位的抬升，加速泥岩的风化，同时在暴雨的作用下，砂岩中的裂隙也会加宽加深，其稳定性较差，可能产生倾倒式、滑塌式或拉裂坠落式崩塌。

据调查统计，玉印山有危岩体33处，总方量4100立方米，其中<100立方米的22处；100~200立方米的10处；>1000立方米的1处（陡崖西侧拐角处W13）。每处危岩体分布特征见下表（表4）。

表4　危岩特征一览表

编号	位置	形态	长×宽×高	规模（立方米）	裂隙	失稳方式	影响范围	定性评估	危害程度	崩向	变形破坏特征	防治建议
W01	山顶厕所正下方	不规则柱状	8×4×15	480	320°∠84°	坠落	下方即将建成的挡墙	极差	严重	320°	被裂隙切割与母岩基本脱离，裂隙近垂直，缝隙3~20厘米，无充填，且底部部分悬空。	支撑
W02	厕所下水道陡崖底部	不规则块状	3×1×3	9	320°∠87°	倾倒	下方即将建成的挡墙	差	较严重	304°	被裂隙切割与母岩基本脱离，缝宽5~10厘米，无充填，且底部有一钙质砂岩薄层。	锚索加固
W03	厕所下水道西侧	不规则柱状	5×3×15	225	315°∠86°	倾倒	下方即将建成的挡墙	极差	严重	310°	被裂隙切割与母岩基本脱离，缝宽2~30厘米，无充填，往下渐向外折曲，且底部有一钙质砂岩薄层。	锚索加固
W04	W02西侧下方	不规则块状	2.5×1×4	10	315°∠86°	倾倒	下方即将建成的挡墙	差	较严重	320°	两侧被裂隙切割，宽2~8厘米，仅顶端嵌入母岩，顶部有一钙质砂岩，底部浆砌块石已产生裂缝。	锚索加固
W05	W04上方，钙质砂岩层顶部石上上方	不规则柱状	4×2.5×10	100	316°∠87° 330°∠83°	倾倒	下方即将建成的挡墙	差	严重	325°	靠近母岩侧被裂隙切割，缝宽3~50厘米，缝中有凌乱的碎块，且底部岩质较碎。	锚索加固
W06	W04西侧浆砌块黄砂岩顶部至山顶	不规则柱状	4×3×6	72	325°∠78°	倾倒	下方即将建成的挡墙	差	较严重	311°	靠近母岩侧被裂隙切割，缝宽3~6厘米，与母岩基本脱离。	锚索加固
W07	W06西侧钙质砂岩顶部至山顶	不规则块状	3.2×2×5	32	300°∠83°	倾倒	下方即将建成的挡墙	极差	严重	319°	被宽约3~10厘米的裂缝切割，基本与母岩脱离，底部一厚约10~30厘米的钙质砂岩层。	锚索加固
W08	W07顶部	不规则柱状	3×2.5×7	52.5	220°∠80°	倾倒	下方即将建成的挡墙	较差	严重	311°	靠近母岩侧被宽约3~7厘米的裂缝切割，底部和中部均有一厚约10~30厘米的钙质砂岩层。	锚索加固
W09	W08西侧，距陡崖底1.2米至山顶	不规则长柱状	5×3.2×8	128	220°∠80° 30°∠84°	倾倒	下方即将建成的挡墙	差	较严重	310°	靠近母岩侧被宽约2~7厘米的裂缝切割，底部有一厚约20~50厘米的钙质砂岩层。	锚索加固
W10	鸭子洞北西侧黄桷树下	块状	3×2×4	24	320°∠70°	倾倒	下方即将建成的挡墙	差	严重	300°	裂缝宽约2~10厘米，无充填，斜靠与母岩分开，将其坐落于基岩上。	锚索加固
W11	W10西侧	不规则柱状	3×2×8	48	300°∠78° 160°∠82°	滑塌	下方即将建成的挡墙	较差	严重	296°	被两条裂隙切割，斜靠与母岩上，缝宽2~8厘米，无充填。	锚索加固
W12	7层楼背面西北角	倒三角楔形	5×4×3.5	70	120°∠85° 40°∠80°	倾倒	下方楼阁	极差	较严重	300°	部分危岩体凸出悬空，侧面有宽约2~5厘米的裂隙，易拉裂。	锚索加固
W13	链子口外西侧，浆砌块石上面	不规则柱状	10×8×15	1200	160°∠82°	倾倒	下方楼阁	极差	严重	140°	被一宽约2~6厘米的裂缝切割，与母岩基本脱离，底部有一钙质砂岩薄层。	锚索加固
W14	W13下方	不规则柱状	4×3.5×4	48	235°∠70°	倾倒	下方楼阁	较差	严重	240°	被一宽约3~8厘米的裂缝切割，缝隙弯曲，底部有一钙质砂岩薄层。	锚索加固

续表

编号	位置	形态	长×宽×高	规模（立方米）	裂隙	失稳方式	影响范围	定性评估	危害程度	崩向	变形破坏特征	防治建议
W15	链子口外W12下方	楔形	4×3×3	36	① 250°∠30° ②230°∠70°	倾倒	下方楼阁	差	严重	300°	裂隙②为钙质砂岩充填，面弯曲；被宽约2~8厘米的裂隙①切割，与侧面母岩基本脱离。	清除
W16	观音阁(6层)东角柱状叠落危岩体	不规则柱状	5×4×3.5	70	220° ∠87°	倾倒	下方楼阁	极差	严重	128°	前端部分悬空，底部有一厚约15厘米的钙质砂岩薄层。	锚索加固
W17	W16北侧下方约6米处	不规则柱状	2.5×2×14	70	140°∠80°	倾倒	下方楼阁	差	严重	143°	被宽约3~10厘米的裂缝切割，无充填，底部有钙质砂岩层薄层。	锚索加固
W18	前殿南侧黄桷树下，浆砌块石上部	不规则柱状	4×3×18	216	50°∠85° 160°∠80°	倾倒	下方人行道	差	严重	135°	被宽约3~10厘米的两条裂缝切割，无充填。	锚索加固
W19	W18东侧	不规则柱状	6×3×18	324	50°∠85° 230°∠85°	倾倒	下方人行道	差	严重	125°	被宽约3~10厘米的两条裂缝切割，无充填。底部为已有的浆砌块石。	锚索加固
W20	W19东侧，避雷针下方	块状	4×3×4	48	160° ∠81° 230°∠85°	倾倒	下方人行道和楼房	差	较严重	135°	被宽约3~7厘米的两条裂缝切割，无充填。底部为一钙质砂岩层薄层。	锚索加固
W21	W20东侧	长柱状	5×3×15	225	160° ∠81° 210° ∠80°	倾倒	下方人行道和楼房	差	严重	150°	被宽约3~12厘米的两条裂缝切割，无充填。底部为一钙质砂岩层薄层。	锚索加固
W22	丁房阕旁，浆砌块石上部	块状	5×3.5×4	70	110° ∠82° 310° ∠85°	倾倒	下方人形道和楼房	差	较严重	130°	被宽约3~6厘米的两条裂缝切割，无充填。底部为一钙质砂岩层薄层，且危岩部分悬空。	锚索加固
W23	丁房阕顶部西侧	不规则块状	5×3.5×4	70	210° ∠83° 310° ∠85°	坠落	下方人行道和丁房阕	差	严重	30°	底部因掉块形成小岩腔，岩腔高约2.1米，宽约1.3米，且被两组近垂直的裂隙切割，缝宽2~9厘米。	支撑
W24	W23西侧楼梯拐角处往下	不规则块状	5×3×4.5	67.5	220°∠81°	倾倒	下方人行道和丁房阕	差	严重	50°	被两组近垂直的裂缝切割，缝宽3~6厘米，无充填。且底部岩体角破碎。	锚索加固
W25	山顶厕所西侧黄桷树下	不规则块状	3.5×2×4	28	310° ∠82° 40° ∠76°	倾倒	下方即将建成的挡墙	差	严重	259°	被两组裂隙切割，缝宽3~7厘米，无充填。底部坐落于母岩上。	清除
W26	教花岩北西侧下方	柱状	6×3×8.3	149.4	130° ∠84° 155°∠85°	倾倒	下方人行道	差	较严重	330°	被两组裂隙切割，缝宽3~10厘米，与底部裂隙相交。	锚索加固
W27	三龙亭北东侧下方，W26西侧	块状	5×4×6.2	124	115°∠83°	坠落	下方人行道和藏宝阁	极差	严重	320°	被宽约3~8厘米的裂隙切割，无充填，几乎与母岩脱离，底部有一泥岩薄层。	支撑
W28	三龙亭后北东角黄桷树下	块状	3.5×3×6	63	①350° ∠80° ②290° ∠15°	滑塌	下方即将建成的挡墙	较差	严重	316°	底部因掉块形成小岩腔，且被两组近垂直的裂隙切割，与母岩基本脱离，掉块形成高约1.2米、宽约2米的小岩腔。	锚索加固

续表

编号	位置	形态	长×宽×高	规模（立方米）	裂隙	失稳方式	影响范围	定性评估	危害程度	崩向	变形破坏特征	防治建议
W29	三龙亭背面东南侧浆砌块石上方	块状	3×1.5×4.5	20.25	110° ∠79° 170° ∠80°	倾倒	下方即将建成的挡墙	极差	严重	130°	危岩后侧几乎与母岩脱离，底部为浆砌块石。	锚索加固
W30	藏宝阁北侧电线杆后约3.0米	柱状	3×2×5.5	33	210° ∠83° 110° ∠80°	倾倒	下方藏宝阁	差	严重	145°	被两组近垂直的裂隙切割，与母岩基本脱离。底部为一厚约5厘米的钙质砂岩。	锚索加固
W31	藏宝阁北角电线杆后约6.0米	上小下大柱状	3×2.5×5	37.5	120° ∠83° 60° ∠75°	倾倒	下方藏宝阁	较差	较严重	135°	被两组裂隙切割，与母岩基本脱离。	锚索加固
W32	藏宝阁西北角后侧黄桷树下	块状	5×2×5.3	53	120° ∠80°	滑塌	下方藏宝阁	较差	严重	130°	被宽约2~5厘米的裂隙切割，部分为泥质充填。	锚索加固
W33	W12东侧下方，陡崖底至向上约11米	上大下小的临块状	5×2×11	110	160° ∠83° 283° ∠78°	滑塌	下方即将建成的挡墙	差	严重	310°	被宽约2~7厘米的裂隙切割，无充填。	锚索加固

3. 主要工程地质问题

石宝寨保护工程不同于一般的建设工程，它既有建设任务，也有治理任务，对山体扰动小，人类工程活动较弱，不存在大开挖的环境边坡问题。场地主要工程问题为斜坡稳定性，即上部危岩、中部局部滑塌体及下部土质岸坡坍岸，此外临江侧存在填土边坡。

3.1 危岩稳定性评价

3.1.1 斜坡卸荷带

场地内斜坡上部由砂岩构成的岩质坡，高 20～25 米，裂隙较为发育，主要有两组近于垂直的构造裂隙及层面裂隙。选择斜坡不同走向进行赤平投影分析，结果表明：斜坡东侧、南东侧、北东侧稳定性较其他坡向好，与现场调查结果基本吻合。据现场调查访问，近几年来局部地段有小规模的块石崩塌，虽然已对下部的泥岩凹腔大多进行了简单地回填和支撑，但坐落在其上的危岩体未得到有效地治理，仍有变形失稳的可能。因此，对斜坡应进行局部加固处理。据水平钻孔、槽探及物探资料，北西侧、南西侧陡崖卸荷带宽在 3.606～10.024 米，北东及南东侧陡崖卸荷带宽在 4.34～8.82 米，其中以 4 米范围内较发育，密度 1.33 条/米。

3.1.2 危岩稳定性评价

场地内调查到的 33 处危岩，主要根据危岩体的受力情况及外倾结构面的贯穿情况、张开程度等进行稳定性判别，并辅以典型的危岩体作赤平投影分析对危岩体进行评价。各危岩点稳定性判别结果见下表（表5）。

表5 危岩稳定性评价结果统计表

稳定性	统计数	危岩点
稳定性极差	9	W01、W03、W07、W12、W1 3、W16、W21、W27、W29、
稳定性差	18	W02、W04、W05、W06、W09、W10、W15、Wl7、W18、W19、W20、W22、W23、W24、W25、W26、W30、33
稳定性较差	6	W08、W11、W14，W28、W31、W32

3.1.3 防治措施

稳定性极差的危岩体，破坏性结构面已经形成，近期发生破坏产生崩塌的概率很高，急需治理，对于稳定性差的危岩体，破坏结构面已基本形成，近期在暴雨等外界因素作用下，可能失稳产生崩塌，亦应进行治理，稳定性较差的危岩体，虽然破坏结构面尚未完全形成，但受各种因素尤其是降水、人类活动等影响，其破坏面将逐渐形成，对下部建构筑物构成较大威胁，亦应一并治理。同时加强监测、预警预报工作，防止对临江侧的堤防工程产生不利影响。治理措施以锚索加固为主，其次是清除、支撑、嵌缝等见下表（表6）。

表6 危岩防治措施建议一览表

措施	统计数	危岩点
锚索加固	29	W02、W03、W04、W05、W06、W07、W08、W09、W10、W11、W12、W13、W14、W16、Wl7、W18、W19、W20、W21、W22、W24、W26、W27、W29、W30、W31、W32、W33
支撑	2	W01、W23、W28
清除	2	W15、W25

3.2　滑塌体稳定性评价

石宝寨斜坡中部为陡坡或陡坎，坡度一般35°～42°，高20～30米，由泥岩夹砂岩构成的岩质坡，表层有0.5～1.8米的土层，基岩面倾角一般35°～47°，最陡的达67°，基岩强风化厚一般2～3米，局部地段厚达5～8米，稳定性较差，见滑塌体5处。其特征见下表（表7）。

表7　滑塌体特征一览表

滑塌体名称	平面形状	面积（m²）	体积（m³）	土层厚度（m）	地面坡度（°）	滑塌体厚度（m）	基岩强风化厚度（m）	基岩面倾角（°）	变形情况	防治建议
寨门西侧滑塌体（B1）	弓形	160	240	0.5～2.3	30	0.5～1	1～2	35	条石及栏杆变形	支挡
北西侧围墙拐角滑塌体（B2）	横展形	240	720	0.5～8.7	27～30	0.5～1.5	1～3.85	50～54	围墙拉裂	锚杆护坡
莲水池滑塌体（B3）	半圆形	80	200	0.5～7.3	37	0.5～2	1～2.1	67	莲水池地面变形	锚杆护坡
东侧山脊滑塌体（B4）	弓形	80	120	0.5～5	25～30	0.5～2.5	1～4.9	35	条石拉裂	支挡
必自卑下方滑塌体（B5）	弓形	300	450	1.2～3.5	38	1～2.5	2～4.8	55	围墙	锚杆护坡

3.2.1　寨门西侧滑塌体（B1）：位于进寨门的左边，分布高程172～179米，平面形状呈"弓形"，面积160平方米，体积240立方米，滑塌体平均厚度1.5米，表面土为崩坡积块粉质黏土夹块碎石土，基岩为泥岩，强风化厚度1～2米，地形坡度30°，基岩面倾角35°，均远大于土体的稳定休止角，而形成的局部塌滑（即土溜），致使条石及栏杆变形，目前稳定性较差，应进行支挡。

3.2.2　北西侧围墙拐角滑塌体（B2）：位于后溪河的南岸，分布高程152～165米，平面形状呈"横展形"，面积240平方米，体积480立方米，滑塌体平均厚度2米，表面土为崩坡积块粉质黏土夹块碎石土，基岩为泥岩，强风化厚度1.5～3.85米，地形坡度27°～30°，基岩面倾角50°～54°，均远远大于土体的稳定休止角，而形成的局部塌滑（即土溜），致使围墙拉裂，目前稳定性较差，应进行锚杆护坡。

3.2.3　莲水池滑塌体（B3）：位于场地北东侧，分布高程152～160米，平面形状呈"半圆形"，面积80平方米，体积160立方米，滑塌体平均厚度2.0米，表面土为崩坡积块粉质黏土夹块碎石土，基岩为泥岩，强风化厚度1～2.1米，地形坡度37°，基岩面倾角67°，均远远大于土体的稳定休止角，而形成的局部塌滑（即土溜），致使地面拉裂，目前稳定性较差，应进行锚杆护坡。

3.2.4　脊滑塌体（B4）：位于三龙亭的下方，分布高程162～170米，平面形状呈"弓形"，面积80平方米，体积120立方米，滑塌体平均厚度1.5米，表面土为崩坡积块粉质黏土夹块碎石土，基岩为泥岩，强风化厚度1～4.9米，地形坡度25°～30°，基岩面倾角32°，均远大于土体的稳定休止角，而形成的局部塌滑（即土溜），致使条石拉裂，目前稳定性较差，应进行支挡。

3.2.5　必自卑下方滑塌体（B5）：位于场地的南侧，分布高程150～158米，平面形状呈"弓形"，面积300平方米，体积450立方米，滑塌体平均厚度1.5米，表面土为崩坡积块粉质黏土夹块碎石土，基岩为泥岩，强风化厚度2～4.8米，地形坡度38°，基岩面倾角55°，均远远大于土体的稳定休止角，而形成的局部塌滑（即土溜），致使围墙拉裂，目前稳定性较差，应进行锚杆护坡。

3.3 岸坡评价

3.3.1 岸坡稳定性评价

场地内岸坡中下部为土质岸坡，中上部为岩质岸坡。岩质岸坡的稳定性前面已进行了评价，本节主要对下部土质岸坡进行评价。土质库岸按流域分为长江库岸和后溪河库岸。根据勘探与测绘资料，选取典型剖面进行稳定性计算。潜在的剪出口有一个或两个。虚拟滑面大致呈折线型，稳定性计算采用传递系数法。

稳定性分析计算结果（表8）表明：在在天然状态加载前岸坡均处于稳定状态，在最不利的条件下除18—18′剖面所在岸坡处于基本稳定状态外，其余岸坡均处于不稳定状态；加载后最不利的条件下均处于不稳定状态。

表8　斜坡稳定系数表

剖面编号	剪出位置	加载前		加载后	
		天然状态	饱和状态	天然状态	饱和状态
3–3′	A	1.397	1.096	1.362	1.083
	B	1.282	0.982	1.236	0.947
7–7′	A	1.427	1.014	1.396	1.01
18–18′	A	1.708	1.162	1.427	1.004
	B	1.605	1.076	1.447	1.013

3.3.2 坍岸评价

场地内库岸形态呈内凹折线形，大致分三段，上段为砂岩构成的陡崖，高程180米以上；中段为泥岩或泥质砂岩构成的陡坡或陡坎，高程155～180米；下段为土质缓坡，高程155米以下。石宝寨保护工程的拟建建筑布置在145~175米（即库水位变动带），如果按常规评价175米以上的岸坡再造宽度，本场地库岸再造非常轻微，基本对下部拟建建筑无影响。但是，在库水位变动带（高程145～175米）的土质缓坡，局部地段（后溪河南岸）库岸再造较为强烈，对其上的护坡工程影响较大。因此本次坍岸评价主要对蓄水后145米高程以上的库岸再造类型、再造宽度及再造程度进行评价。

三峡水库按高程145米蓄水位蓄水时，场地内库岸线长约1157米，其中长江库岸长500米，后溪河库岸长657米，均为土质库岸，在库水浸泡下强度降低，极易产生局部或整体滑移型库岸再造，库岸再造评价方法采用图解法。

3.4 填土边坡稳定性评价

临江侧围堤线外侧直接采用1：3放坡，将引起大量回填土，填土厚12～20米，进而形成人工填土边坡。根据勘察资料，填土区原地形坡度近后缘20°～25°中前缘10°左右。基岩面倾角同地形坡度近于一致。填土下伏土层为崩坡积粉质黏土夹块碎石，厚2～8米，基岩为泥岩、泥质砂岩。强风化厚3～6米。选择11–11′、12–12′、13–13′剖面进行加载后土质边坡稳定性验算（表9）。在饱和状态下均处于不稳定状态。

表9　填土边坡稳定系数表

剖面编号	剪出位置	加载前		加载后	
		天然状态	饱和状态	天然状态	饱和状态
3—3′	A	1.216	0.811	1.186	0.918
7—7′		1.278	0.845	1.231	0.788
18—18′	A	1.493	1.048	1.319	0.942

4．岩土工程地质评价

石宝寨保护工程主要建筑有围堤、围幕灌浆、挡墙、护坡、交通桥、客运码头等。这些建筑除干砌片石护坡布置在斜坡的下部外，其他布置在斜坡的中部，均受到斜坡上部危岩的威胁，故应对上部危岩进行加固处理。斜坡中部上的局部滑塌体大多分布于主要建筑物的下方，规模小，危害性小且便于处理。斜坡下部的土质岸坡分布在大多数建筑物的下方，无不利影响，而干砌片石护坡直接布置在岸坡上，其稳定性受塌岸的影响较大，因此干砌片石护坡应结合库岸防护一并考虑。下面就主要建筑物的岩土工程地质进行评价。

4.1　围堤岩土工程评价

4.1.1　围堤轴线稳定性评价

拟建堤轴线（含帷幕灌浆）位于石宝寨临江侧斜坡中部，地形坡度35°～42°表层土厚一般为1～2米，泥岩强风化2～3米，在zk27、zk29（藏宝阁以下）一带土层较厚，为2～9米，泥岩强风化6～11米。斜坡为切向坡，未见变形现象，稳定性较好。坝基开挖过程中，将形成高约12.6米的岩土质基坑边坡，应进行放坡处理。

西侧坝肩岩质边坡坡向南，为切向坡，自然边坡坡度角35°～45°，无不利结构面发育，坡体稳定。坝基基坑开挖时，在坝肩处将形成3～5米高的强风化岩质边坡，可能有零星强风化岩石掉块现象。

东侧坝肩岩质边坡主要为切向坡，坡向南东，有一组顺向裂隙发育，产状110°∠80°，有危岩两处，稳定性差，应对危岩进行治理。自然边坡坡度角35°～45°，坡体较稳定。基坑开挖时，在坝肩处将形成1.2～3.4米高的强风化岩质边坡，易产生强风化岩石垮塌现象。

4.1.2　持力层选择及基础型式建议

堤轴线第四系土层厚度不均，不宜作持力层。围堤底部为泥岩及泥质砂岩，基岩面倾角较大，强风化深度一般为4～8米，最深达14米（zk29），岩体破碎，亦不能作坝基持力层。中风化泥岩强度能满足基础荷载要求，岩体完整，渗透性差，是坝基理想的持力层，建议采用桩基础。

4.1.3　堤轴线渗漏问题

堤轴线岩体为Js泥岩，高密度电法地面物探及钻探表明，坝址处岩体完整，无断层及软弱夹层，基岩特征视电阻率为150～250Ω·m，据钻孔压水试验成果，坝基及坝肩透水率<1，泥岩渗透系数0.093～0.11m/d，为微透水层，渗漏条件差。但对表土层及强风化层应作防渗处理，防渗深度至中风化2～3米，以保护上部泥岩进一步软化、泥化，确保山体稳定。

4.2 帷幕灌浆线岩土工程评价

帷幕灌浆线位于临江侧和背江侧斜坡中部的下段，呈环状，高程在155~160米。背江侧地形坡度30°~48°，表层土厚一般为1~2米，泥岩强风化2~3米，在zk11附近，土层较厚，为5~8.7米，泥岩强风化3~5米，在zk16附近，土层厚1~2米，泥岩强风化3~7.45米。斜坡为切向坡，临江侧地形坡度30°~42°，表层土厚一般为1~6米，泥岩强风化2~7.4米，在zk29附近，土层较厚，为2.3~9米，泥岩强风化一般为4~8米，最深达14米，未见变形现象，稳定性较好。

4.3 挡墙岩土工程评价

4.3.1 挡墙稳定性评价

挡墙位于背江侧斜坡中部的上段，高程在167.24~176.24米。挡墙高9米左右，地形坡度35°~50°，表层土厚一般为1~2.5米，泥岩强风化2~5米，在西侧，土层厚1~3.2米，泥岩强风化3~7米，在东侧，土层厚1~3米，泥岩强风化8~12.15米。斜坡为切向坡，未见变形现象，稳定性较好。挡墙内侧采用人工填土，填至176.24米，形成宽4~20米的环行公路。故应考虑墙背土压力对挡墙的影响，且填土应分层碾压，压实系数达到0.95以上，填土材料采用透水性好的材料。

4.3.2 持力层选择及基础型式建议

挡墙第四系土层厚度不均，坡度较大，不宜作持力层。强风化基岩厚度较大，岩体破碎，亦不能作挡墙持力层。中风化泥岩强度高，是挡墙理想的持力层。东西两侧强风化深度大于5.0，宜采用桩基础，中部地段强风化深度2.5~5米，宜采用浅基础，基底摩擦系数取0.4。

4.4 护坡岩土工程评价

4.4.1 临江侧护坡

临江侧护坡位于围堤的下部，是在围堤的外侧填土至162.5米后采用1:3放坡至脚槽线，再用干砌片石护坡。原始地形较平缓，为土质岸坡，厚5~15米，坡度5°~10°，岩性为崩坡积物构成的碎块石土、冲积成因的粉土，下伏基岩为泥岩、泥质砂岩。根据前面的岸坡稳定性计算，临江侧岸坡在最不利的条件下加载前处于基本稳定状态，加载后处于不稳定状态，可能产生滑移型坍岸。故应将护坡与库岸结合考虑，建议采用格构护坡，空腔用大块石充填，节点锚固，锚固端进入基岩中风化层，土层厚度小于5米可用土锚，土层厚度大于5米应采取抗滑支挡措施，确保围堤的稳定，或者在围堤的第二级平台下采用桩基，岸坡后缘不加载，保留原有地貌形态。

4.4.2 背江侧护坡

背江侧护坡分两部分，一部分为陡坡上的混凝土或锚杆贴坡护坡，另一部分为斜坡下部土质岸坡上干砌片石护坡。前者稳定性较好，不受坍岸影响，后者受坍岸影响较大。原始地形下陡上缓，靠后溪河边地形坡度15°~25°，靠后溪河大桥以上近于一平台，地形坡度5°~10°，平台长150米左右，宽30~50米，为土质岸坡，厚度变化大，为4~20.2米，岩性为崩坡积物构成的碎块石土、冲积成因的粉土，下伏基岩为泥岩、泥质砂岩。根据前面的岸坡稳定性计算，背江侧岸坡在最不利的条件下加载前、后均处于不稳定状态，可能产生滑移型坍岸。故应将护坡与库岸结合考虑，建议采用格构护坡，空腔用大块石充填，节点锚固，锚固端进入基岩中风化层，土层厚度小于5米可用土锚，土层厚度大于5米应采取抗滑支挡措施。

4.5　客运码头岩土工程评价

4.5.1　稳定性评价

客运码头位于石宝寨东侧斜坡中下部，地形呈折线形，上陡下缓，上段坡度35°～40°，表层土厚一般为1～2米，泥岩强风化2～3米；下段坡度5°～10°，表层土厚一般为2.15～5.09米，泥岩强风化3.8～10.85米。土层为崩坡积的碎块石土，下伏的基岩为泥岩，基岩面倾角与地形坡度近于一致，无变形迹象，稳定性较好。拟建客运码头分两级平台，第一级平台标高162.5米，第二级平台标高176.24米，回填土厚度9～15.54米，经过前面填土边坡稳定性验算，在不利的状态下，填土边坡均处于不稳定状态，故应对填土进行分层碾压，要求压实系数达到0.95以上，并在前缘设置抗滑支挡。或者采用架空式码头，避免在土质边坡后缘加载。以上两个方案须在经济、技术等条件的比较后择优选取。

4.5.2　持力层选择及基础型式建议

客运码头第四系土层厚度不均，不宜作持力层。强风化基岩厚度较大，岩体破碎，亦不能作持力层。中风化泥岩强度高，是客运码头理想的持力层。强风化深度大于5，宜采用桩基础。

4.6　交通桥岩土工程评价

交通桥是石宝寨与新场镇相连接的唯一陆运交通要道。桥长230米，宽8米，桥面标高176.24米，桥下最低点标高156.24米，高差20米，为大型索桥。

4.6.1　石宝寨桥头工程地质评价

石宝寨桥头位于石宝寨所在的玉印山的东侧山脊，为砂泥岩互层组成的岩质坡，砂岩形成陡坎，坎高10米左右，裂隙较发育，分布有两处危岩（W29和W30），规模30～50立方米，据赤平投影分析，其稳定性均较差；泥岩形成陡坡，坡度35°～40°，表层土厚1.4～2.15米，下部泥岩强风化4.95～10.85米，见有局部滑塌现象，稳定性亦较差。故应对上部危岩进行加固处理，对下部斜坡进行放坡或采取支挡等防护措施。基础持力层宜选择中风化泥岩。强风化层深度大于5米，基础型式采用桩基。

4.6.2　新场镇桥头工程地质评价

新场镇桥头地形较平缓，坡度10°～20°，表层土厚0～4米，局部基岩裸露，下部泥岩强风化厚1.7～6米，未见变形迹象，稳定性好。基础持力层选择中风化泥岩，基础型式采用独立基础或桩基础。

4.6.3　两桥头之间工程地质评价

两桥头之间地形较平缓，坡度10°左右，表层土厚0.0～1.95米，局部基岩裸露，下部泥岩强风化厚6.35～9.45米，未见变形迹象，稳定性好。基础持力层选择中风化泥岩，基础型式采用桩基础。

5.　结论建议

5.1　结论

5.1.1　拟建区位于红层丘陵河谷地貌，为砂泥岩不等厚互层产出，地形上呈长条形桌状，构造部位为忠县向斜轴向北北东，地质构造简单，岩层平缓，无断层从场内穿过，裂隙较发育，不良地质作用较强烈，测区地震设防烈度Ⅵ度，属区域构造相对稳定区。

5.1.2　拟建区斜坡呈折线形，上部为陡崖，中部为陡坡或陡坎，下部为缓坡。陡崖上分布有33处危岩，缓坡上有局部坍岸现象，中部陡坡上五处滑塌体。石宝寨保护工程包含上部危岩加固、下部干砌片石护坡的治理工程和中部临江侧围堤、背江侧锚杆护坡与直立挡墙及帷幕灌浆、石宝寨东南侧交通桥与客运码头的建设工程。拟建工程对山体斜坡扰动小，人类工程活动较弱，对上部危岩及下部岸坡进行治理后适宜于围堤、护坡、挡墙、桥梁、码头等拟建建筑物建设。

5.1.3　拟建区内水文地质条件简单，地下水较贫乏，流量 1～2t/d，水质分析表明，地下水对砼无腐蚀性。

5.1.4　护坡穿过土质岸坡中部，在最不利的工况下，加载前后溪河南侧岸坡处于不稳定状态，长江岸坡处于基本稳定状态，应对后溪河南侧岸坡进行库岸抗滑支挡防护治理；加载后，长江岸坡也处于不稳定状态，可能产生滑移型坍岸，故应对长江岸坡进行库岸抗滑支挡防护治理。

5.2　建议

5.2.1　围堤第二级平台外侧不宜直接放坡，避免斜坡后缘加载，建议采用贴坡保护，坝肩基坑边坡应按容许坡度值放坡。

5.2.2　挡土墙内侧填土至环行路标高176.24米，设计时土体推力按强背土土压力考虑，且填土应分层碾压，压实系数达0.95以上，填土材料采用透水性好的材料。

5.2.3　建议脚槽线靠后移，防止对岸坡产生不利影响。

5.2.4　建议客运码头采用架空式码头，避免在土质边坡后缘加载。

5.2.5　建议帷幕灌浆至基岩中风化2～3米。

（三）　地质灾害危险性评估

石宝寨保护工程地质灾害评估工作，由重庆市地质矿产勘查开发总公司南江水文地质工程地质队承担，于2004年4月通过审查。

这次评估工作，通过搜集资料和现场调查、分析，采用工程地质调查测绘的工作手段，调查核实了危岩性33处滑塌体5处，并对石宝寨地质灾害危险性进行了评估。

1. 综合评估

1.1　评估区内分布33个危岩、5个局部滑塌体、6段崩坡积土质库岸。

1.1.1　危岩：33个危岩中，规模小于10立方米的2个；10～50立方米的10个；50～100立方米的11个；大于100立方米的10个。根据赤平投影分析和现场综合判定，危岩处于不稳定的有9处；处于欠稳定的有18处；处于基本稳定的有6处。失稳的可能性中等，受威胁人数90人，损失中等，危险性中等。

1.1.2　滑塌体：地形坡度及基岩面倾角较大，滑塌体失稳的可能性中等，受威胁人数45人，损失小，危险性小。

1.1.3　库岸：崩坡积库岸第一段与第六段库岸地形平缓，再造不强烈，由于建设加载影响，加剧塌岸的可能性中等，危害小，危险性小；第二段至第四段库岸再造较强烈，地形坡度较大，加剧塌岸的可能性中等，危害小，危险性小；第五段库岸再造不强烈，加剧塌岸的可能性小，危害小，损失小，危险性小。

综上，评估区33处危岩及5个滑塌体目前欠稳定，不利工况下不稳定，工程建设遭受地质灾害的可能性中等~大，危险性中等，对工程建设加载可能诱发和加剧库岸斜坡失稳的可能性小~中等，危险性小~中等，可能造成的直接经济损失290万元，受威胁人数135人，建设工程用地范围内基本适宜该项目建设。

1.2 防治措施

1.2.1 对滑塌体可采用清除或局部支挡等措施。

1.2.2 对库岸可采取放坡结合护面、锚固、挡墙支挡等措施对岸坡进行处理。

1.2.3 对危岩采用锚索加固、支撑、清除、嵌缝等措施。

1.2.4 陡坡处围堤及挡墙基础深埋至稳定的中风化基岩内。

2. 结论及建议

2.1 该评估项目属一级评估。评估区内分布33处危岩、5个局部滑塌体、1157米长的崩坡积土质库岸。危岩失稳的可能性中等，可能造成的损失中等，危险性中等；滑塌体失稳的可能性中等，可能造成的损失小，危险性小；崩坡积库岸塌岸的可能性中等，可能造成的损失小，危险性小。在工程建设中加剧地质灾害可能性中等，危害性及危险性中等，建设工程用地范围内基本适宜该项目建设。

2.2 评估区位于长江洞谷红层丘陵地貌区，沟谷切割强烈，第四系土层：分布厚度较大，厚薄不均，基岩为侏罗系中统上沙溪庙组砂岩、泥质砂岩、泥岩。构造部位为忠县向斜东北部扬起端，岩层产状265°∠12°，区内裂隙较发育，无断层构造。水文地质条件良好，地下水以松散岩类潜水和基岩裂隙水的形式赋存，水量较小。

2.3 评估区现有地质灾害有危岩、土质滑塌体、塌岸，工程建设中可能加剧崩坡积土质库岸塌岸。

2.4 建议临江侧围堤第二级平台外侧从高程162.5米近于直立段降至150~155米，以避免崩坡积体后缘大量加载，加剧库岸失稳。

2.5 建议客运码头采用架空式结构，以避免崩坡积土质库岸后缘大量加载，加剧岸坡失稳。

2.6 建议脚槽线尽可能后移，并采取放坡结合护面、锚固、挡墙支挡等措施对岸坡进行处理。

八　石宝寨古建筑现状勘察

　　石宝寨古建筑群，自20世纪50年代维修至今已有四五十年了，虽不断有小的修葺却只能解决一些局部问题，经这次勘察测绘后的统计，屋面瓦件凌乱，约40%的瓦件破损，椽檩糟朽严重，地面为后期铺设的水泥地坪，原有的条石地面亦风化破裂严重，木板墙体多有破损糟朽、虫蛀，大木构架基本完好，但仍有不少柱、枋因虫蛀糟朽断裂倾斜。门窗楼梯多有损毁缺失，油漆彩绘全部老化退色、剥落较重，石牌坊表面风化严重，多处石构件开裂、鼓胀、酥碱，表面酥粉脱落。

　　为此，将古建维修亦纳入石宝寨整体保护工程项目，进行全面维修保护。维修建筑面积1086平方米，工程总造价：3522090.31元。维修合同施工期限180天。

　　2008年4月初，重庆峡江文物工程有限责任公司组织了施工、监理、管理三方共同派员至石宝寨现场，实地察看了施工前的天子殿、寨楼、"必自卑"石牌坊等建筑的屋面、地面、墙体、大木构架等的现状，并根据残损实际情况要求施工方制定出专项维修方案。对一些重要问题还要制定详细的施工细则交甲方审阅后进行施工（表10）。

　　为保留原古建筑在维修前的形态、原貌、残损情况等资料，要求施工单位在施工前必须做好拍照、录像等资料工作，以利维修施工中借鉴参考和指导维修工作。并要求精心组织施工队伍，做好施工前的各项准备工作，施工中应严格遵守"不改变文物原状的原则"，切实做好防火、防盗等安全工作。

表10　石宝寨古建筑现状勘察统计表

序号	分区	名称	面积（平方米）	地面、屋面	墙体	木构架	木装修	壁画、油漆彩画	备注
1	寨楼	"梯云之上"楼门	11.44	条石地面有轻微风化，屋面瓦件40%破损，20%椽板糟朽。	门柱石刻下端风化严重，围墙下层石条风化较严重。	木架构基本完好。	完好	油漆彩画老化，局部脱落。	
2		天井	61	地面潮湿，15%~20%石条有风化					

续表

序号	项目内容 分区	名称	面积 （平方米）	地面、屋面	墙体	木构架	木装修	壁画、油 漆彩画	备注
3		东西厢房	2×13.8	地面及台明局部残损，屋面瓦件凌乱，有轻微破损，但未见漏雨，20%椽板糟朽。	木板墙下端糟朽。	木构架基本完好。	门窗完好，檐下护板1/3破损。	油漆基本完好。	
4		寨楼一层	110	40%地面铺石表面风化，部分用水泥补平；屋面瓦件凌乱，40%破损，局部漏雨，20%椽板糟朽。	木台板局部有破损。	木构架基本完好	窗完好，栏杆地栿糟朽，部分栏10%。	地板油漆无存，柱头和柱脚油漆局部脱落。	
5		寨楼二层	109.59	木楼板60%被虫蛀；屋面瓦件凌乱，50%破损，局部漏雨，50%连檐糟朽，20%椽板糟朽。	木板墙局部虫蛀严重。	有2根柱子被虫蛀严重，1/3表面有虫眼，挑檐檩3根担空。	一块楼梯踏板被虫蛀，楼梯口护栏10%被虫蛀，踏板磨损严重。	地板油漆无存，柱头和注脚漆局部脱落。	
6		寨楼三层	74.75	木楼板40%被虫蛀；屋面瓦件凌乱，40%破损，局部漏雨，20%椽板糟朽。	木板墙局部虫蛀严重。	有4根柱子被虫蛀严重，1/3表面有虫眼。有1根柱子柱脚空鼓，1根楼梯斜梁虫蛀严重。	两块楼梯踏板被虫蛀，踏板磨损严重。	地板油漆无存，柱头和柱脚油漆局部脱落。	石崖表面风化严重。
7	寨楼	寨楼四层	53.24	木楼板30%被虫蛀；屋面瓦件凌乱，60%破损，局部漏雨，20%椽板糟朽。	木板墙局部虫蛀严重。	有5根柱子被虫蛀严重，1/3表面有虫眼，2根柱子倾斜8%。	踏板磨损严重，窗完好。	地板油漆无存。	石崖有裂隙，表面风化严重。
8		寨楼五层	40.94	木楼板20%被虫蛀；屋面瓦件凌乱，50%破损，局部漏雨，20%椽板糟朽。	木板墙局部虫蛀严重。	有2根柱子被虫蛀严重，1根枋子虫蛀严重，2根柱子倾斜8%，有1根挑檐檩断裂。	踏板磨损严重，窗完好。	地板油漆无存。	石崖有裂隙较大。
9		寨楼六层	37.44	木楼板40%被虫蛀；屋面瓦件凌乱，50%破损，局部漏雨，20%椽板糟朽。	木板墙局部虫蛀严重。	有4根柱子被虫蛀严重，1根柱脚劈裂，2根柱子倾斜8%。	踏板磨损严重，窗完好。	地板油漆无存，柱头和柱脚油漆局部脱落，木板墙油漆剥落严重。	石崖有裂隙较多。
10		寨楼七层	22.8	木楼板30%被虫蛀；屋面瓦件凌乱，50%破损，局部漏雨，20%椽板糟朽。	木板墙局部虫蛀严重。	有7根柱子被虫蛀严重，2根枋子虫蛀严重，1根楼梯斜梁虫蛀严重。	踏板磨损严重，门虫蛀严重脱榫，窗完好。	地板油漆无存，柱头和柱脚油漆局部脱落，木板墙油漆剥落严重。	石崖有裂隙较多。

续表

序号	分区	名称	面积（平方米）	地面、屋面	墙体	木构架	木装修	壁画、油漆彩画	备注
11	寨楼	寨楼八层	10.13	木楼板50%被虫蛀；屋面瓦件凌乱，50%破损，局部漏雨，20%椽板糟朽。	木板墙局部虫蛀严重。	有4根柱子被虫蛀严重。	踏板磨损严重，窗完好。	地板油漆无存，柱头和柱脚油漆局部脱落，木板墙油漆剥落严重。	石崖有裂隙较多。
12		寨楼九层	7.86	木楼板全部被虫蛀；屋面瓦件凌乱，60%破损，局部漏雨，20%椽板糟朽。	木板墙局部虫蛀严重。	有2根柱子被虫蛀严重。	踏板磨损严重，窗完好。	地板油漆无存，柱头和柱脚油漆局部脱落，木板墙油漆剥落严重。	
13	天子殿	前殿	129	地面现为水泥地面；屋面瓦件凌乱，40%破损，并有杂草，局部漏雨，屋脊断裂两处。	门两侧石柱及石门槛风化严重，有5毫米裂缝，其他墙体完好。	有1根柱子虫蛀严重，其他木架构完好。	完好	油漆彩画完好。	
14		正殿	130.3	地面现为水泥地面；屋面瓦件凌乱，50%破损，并有杂草，局部漏雨。	墙体完好。	完好	完好	油漆彩画老化，局部脱落。	
15		厢房	2×24.36	地面现为水泥地面；屋面瓦件凌乱，50%破损，并有杂草，局部漏雨。	木板墙下端糟朽，面积约为2平方米，后背石墙抹灰层脱落。	檐口部椽板糟朽严重，约为屋面的30%，其他木架构完好。	门窗完好，檐下护板1/3破损。	油漆彩画老化。	
16		连廊	2×90.87	40%地面铺石表面风化，部分用水泥补平；屋面瓦件凌乱，40%破损，局部多处漏雨，面积为1.5平方米。	木板墙局部有破损严重，约为0.3平方米。	有一柱根部虫蛀糟朽，其他木构架完好。	完好	油漆彩画老化，局部脱落。	
17		后殿	98.44	屋面瓦件凌乱，50%破损，局部漏雨，50%连檐糟朽，屋面下陷约0.5平方米，屋脊断裂一处。	木板墙局部虫蛀严重。	柱子顶部偏离40毫米，其他完好。	完好	油漆完好	
18		"必自卑"石牌坊	8.08	石质构件风化严重。	墙体开裂、表面酥粉脱落。				

第二篇

维修与保护

一　石宝寨古建筑维修施工

　　石宝寨古建维修保护工程于2004年7月由陕西省古建设计研究所设计，2008年3月25日由重庆市园林建筑工程（集团）有限公司中标进行维修施工，河南东方文物建筑工程监理公司对石宝寨的古建维修工程进行施工监理，重庆华运虫害防制技术研究所进行虫害治理，重庆峡江文物工程有限责任公司石宝寨项目部住现场对工程进行协调管理。

　　本次维修工程的重点是：寨楼大门厢房、九层寨楼主体、寨顶的天子殿、"必自卑"石牌坊、寨前青石板步道加固维修、摩崖题刻保护、防腐及虫害治理。

1. 寨楼大门、厢房维修

　　寨门位于玉印山南端偏西，山体四壁悬崖如削，山势陡峭，上寨道路只能顺山势进寨楼逐渐循阶而上，山崖南面沿崖壁底部有一条石砌步道，游人顺步道可达寨前石栏平台进入寨门登上寨顶。

　　寨门为砖石结构，是上寨的大门。大门墙壁东西墙面不对称，西窄东宽。条石基座、砖砌墙体、白粉墙面，小青瓦墙檐，石柱门框。寨门正面灰塑成牌楼形式，牌楼高约二丈许，为三间四柱一门三楼造型。歇山翘角青瓦顶，中高旁低，门上横额楷书"梯云直上"四个大字，中间墙壁上立书有"小蓬莱"三字。整个门楼都饰以精致灰塑浮雕如："五龙捧圣"、"双狮戏彩"等，寨门整体彩绘描金，绚丽夺目，色彩非常华丽。

　　大门厢房维修内容：寨门、厢房揭瓦亮椽、添铺瓦件，修复木装修，更换虫蛀和糟朽的椽、檩、木柱、楼板、墙板、楼梯板、梁、枋等，重新油漆彩画（插图二三、二四）。

2. 寨楼维修

　　进寨门有一小天井，东西有厢房两间，沿东厢房前的石梯可上寨楼一层。寨楼全部为"穿斗式"木结构，崇楼飞阁依山坐落在2米高的石砌台基上。寨楼为九屋楼阁，阁身紧靠崖壁，木石相衔倚山而建，层层联结，各层设有木梯援崖壁盘旋而上，至顶与三檐正方形的魁星阁相连，阁和楼上下连接为十二层高塔。寨楼与魁星阁通高约41米，突起直耸云霄。正面远望十二层阁楼重檐飞展，翼角腾跃，下宽上窄层层收缩，寨楼的三面墙体紧靠山崖，形成一座翼角高翘、飞檐腾空、巍峨壮丽的玲珑"宝塔"。

二三　寨楼大门维修施工

二四　维修后的大门上部

宝塔造型奇特、体态生动、瑰丽无比。

寨楼第六层横向东展，挑出悬空栈楼二间与石壁连成整体。第七层西南面有"链子口"石梯道。出寨门沿山壁梯道攀援铁索曲折而上，可登达山顶。并在石梯中途就山崖悬砌平台一处，名"望江台"，围绕砖砌栏杆登临至此，极目四望，长江两岸，峰峦叠嶂，波光帆影，尽收眼底，江山景色十分壮美。

据说在未建此崇楼飞阁之前，欲登临山顶全靠在绝壁陡崖之间贯以铁链攀援蹑足上下寨顶，非常惊险。

九层楼阁实为登临山顶必经的室内楼梯间，舍此无任何路径上寨。20世纪90年代初新修了后山悬山梯道，以解决游人下山之便。

各层楼阁间，在布局上均各具特色，楼梯位置也随需变换，无统一模式。

各层楼阁的崖壁上，展陈有不同时代的碑刻和塑像。有忠州及曾在忠州驻留或游览过的历代文人墨客，留下了他们的画像、塑像和题刻。如：战国时的巴蔓子，三国时的严颜、甘宇，唐代的陆贽、白居易、杜甫，明代的秦良玉等，还有清代川东监军陶澍在三楼石壁上题的"直方大"三个大字（插图二五、二六）。

九层高的寨楼，整体倚靠玉印山岩而建。全部采用巴渝地区特有的"吊脚楼"建造中常用的"穿斗式"结构。各层楼阁排柱密集，用多层纵向和横向的穿枋将各层柱子相互穿连，构架十分牢固，紧靠山岩逐层收小升高直达寨顶。形成一座高高的木塔矗立玉印山崖西南边，其主要功能是为上下山寨之用。

寨楼因年久失修，柱、枋、椽、檩、楼梯、楼板窗格等多有腐朽、断裂、歪斜、虫蛀。本次维修重点：全部揭瓦亮椽、添铺瓦件、更换虫蛀和糟朽的椽、檩、木柱、楼板、墙板、楼梯、梁、坊等，对部分糟朽的木柱进行挖铺、墩接再加铁箍施以环养树脂黏合箍牢，重新油漆彩绘（插图二七~三〇）。

二五　寨楼上的秦良玉塑像

二六　三楼陶澍书"直方大"

二七　寨楼木柱挖补施工

二八　寨楼木柱墩接箍牢

二九 寨楼换柱施工

三〇　寨楼一层油漆施工

3. 天子殿维修

寨顶天子殿为明代万历年间修建的。殿宇建在寨顶约1200平方米的平坝上，坝顶高度为海拔230米。天子殿坐东向西，殿宇横陈舒展，南北两面山墙紧临绝壁，殿宇巍峨，建筑秀丽。为砖木结构的"穿斗式"建筑群。由"绀宇凌霄"大门、前殿、正殿、后殿三部分组成。前殿与正殿间有一方形天井，两旁有厢房将两殿连接形成"四合院"，正殿与后殿间又以南北长廊连为一体，中间是一狭长的天井，天井后部中间建有"奈何桥"石桥一座（插图三一）。

三一　天井中的"奈何桥"

天子殿山门，为四柱三间的灰塑牌楼造型，彩绘浮雕，斑斓夺目。门额上用青花瓷片镶嵌的"绀宇凌霄"四个大字，两边是白墙黑瓦，将中间的牌楼烘托得十分醒目。天子殿前有一石砌平坝，布置有石桌、石凳、花坛之类，还有传说中的"鸭子洞"古迹。石坝两边有石砌栏杆与西端的魁星阁相连。三层魁星阁高耸蓝天，使阁与殿高低搭配十分和谐自然。

为施工中与工人们呼叫方便，需统一呼叫名称，因前殿供奉有"四大天王"像，定为"天王殿"；正殿供奉的"玉皇大帝"为玉皇殿；后殿供奉的"王母娘娘"为"王母殿"。后殿后厢房南部为传说中的"流米洞"。后殿外面也留有一块石砌平台，陈列有清同治二年铁炮一尊。整个殿宇建筑东西平铺布满山顶，而前后两处石砌平台可供游人休闲瞭望，极目远眺，四周青山绿水，江山如画，使人心旷神怡，舒缓登山之累。

天子殿维修内容：揭瓦亮椽，更换糟朽的椽檩，添铺损毁瓦件，脊饰修补归位，恢复正脊宝顶，修复损毁木装修，更换虫蛀糟朽的木构件，更换天子殿大门风化的石柱及雀替。安装防雷、消防、照明设备，用400毫米×400毫米和300毫米×600毫米石材更换水泥地面，重新油漆彩画（插图三二、三三）。

三二　天子殿大门更换石柱施工

三三　天子殿连廊地面铺砌石板施工

4. "必自卑"石牌坊维修

石宝寨山脚步道中间立有一座三间四柱三楼单孔、形制古朴的石坊一座。东西朝向，东向门额上刻有"必自卑"三字；西向门额上刻"瞻之在前"四字。据新编《忠县志》载："清道光二十六年（1846年）庙宇整葺一新，门前建成石级步道。"据寨楼前的清同治二年石碑上载："石坊由乡绅邓得意会首募捐所建。"

石牌坊维修内容：石构件表面清洗后进行化学保护以防止风化，对冰裂石缝进行修补加固处理（插图三四）。

5. 魁星阁维修

魁星阁是一座三檐四方亭阁，坐落在玉印山顶西南端，与九层寨楼顶部连接，形成十二层高阁凸现在玉印山西南方。

魁星阁1967年遭雷击损坏。1980年12月忠县主管部门用钢筋混凝土替换了原有木构建筑，并用绿琉璃瓦替换了原来的灰筒瓦，属后期仿古建筑。因此，未纳入本次的古建筑维修范围，由忠县文物管理所自行负责维修。由于阁体主要柱、枋是用钢筋混凝土构建的，框架基本完好，这次只修补了破损的部分木构件，添铺损毁瓦件，重塑、损毁各层翼角灰塑，重新油漆彩画。

三四　石牌坊维修施工

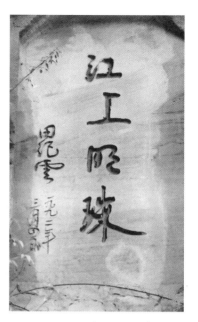

三五　钱伟长书"川东奇秀"　　　　　三六　田纪云书"江上明珠"

6. 寨前石板步道加固维修

据1994年新《忠县志》载："清道光二十六年（1846年），殿宇整葺一新寨门前建成石级步道。"青石板步道长约75米，宽1.5米。部分石板断裂破损，本次维修规整步道，更换断裂破损石板，清除杂草泥土，修复风化冰裂的寨前石栏、望柱。

7. 摩崖题刻保护

石宝寨上有不同时代的碑刻共9处。其中有清嘉庆二十五年（1820年）川东监军陶澍在第3层楼的石壁上题的"直方大"三字，以及西岩绝壁上传说是陆贽亲书的"云几记"三字（注：此次尚未发现）。解放后，寨楼里塑有"巴蔓子刎首留城"、"张飞义释严颜"、"秦良玉及白杆兵"等泥塑，并悬挂有"甘宁画像"和"蜀将严颜画像"及其他字画。

此外还有钱伟长的"川东奇秀"和田纪云的"江上明珠"题刻等。上述摩崖题刻的风化程度较轻，只有"直方大"三字酥碱较重，表面酥粉脱落，用德国雷马士"岩石风化固结剂"喷洒处理，增强题刻的防风化效能。对一般风化较轻的题刻作清除苔藓杂物保护处理（插图三五、三六）。

结　语

经统计：本次维修共更换木柱66根，更换各种梁、檩、枋木材1024件，新做"如意云纹"瓦头2000多件，所有更换和墩接的木柱、木枋一律采用"巴掌榫"墩接，并涂抹环氧树脂胶粘接后，再加上三道铁箍固牢。修复各种灰塑102件，修复大小屋脊158米，并按原有色彩重新描绘，再用聚乙烯醇外墙涂料加以保护。使各种构件都保持了它原有的风貌。按设计要求对天子殿原有的三合土水泥地面，用400毫米×400毫米和300毫米×600毫米的青石板更换，共铺设了615平方米的石材地面。

对"必自卑"石牌坊、寨门石柱等石构件的修复，采用德国雷马士"芬考修复软砂浆"进行修补复原，采用德国雷马士"芬考固结增强剂500E"进行表面防风化处理，使修复后的石牌坊达到了"修旧如故"的效果，恢复了石牌坊和寨门石柱古朴坚固的原有面貌。

另外，照明、消防、防雷、安保、监控等设施，亦在本次维修工程中统一进行施工。

维修工程完工后，经重庆市建设工程质量监督总站评定为维修工程全部合格。

古建维修工程于2008年6月5日开工，至10月15日竣工，历时133天。并于10月30日经专家组通过

附：单位工程质量评定表

	单位工程名称	石宝寨文物保护古建维修工程	
序号	分部(分项)工程	合格率	质量等级
1	古建维修	92.5%	合格
2	大木构架修缮	88%	合格
3	砖细工程修缮	90%	合格
4	各类瓦屋面及脊饰修缮	87%	合格
5	地面与楼地面修缮	87%	合格
6	木装修构件修缮	92%	合格
7	灰塑修缮		合格
8	装饰修缮		合格
9	电器安装		合格
10	照明配电箱		合格
11	配管安装		合格
12	电缆敷设		合格
13	灯具安装		合格
14	开关插座		合格
15	照明通电试用		合格

验收。经过近五个月紧张而有序的工作，提前一个多月完成了石宝寨的古建维修工程。维修后的石宝寨不但恢复了它原有的风貌，显得更加坚实美观，以一个新奇的大盆景风貌展现在游人面前。受到了当地群众和专家们的好评，他们说："这真是长江上镶嵌的一颗明珠。"每当夜幕降临，寨楼上绚丽明亮的灯光倒映在平静的湖面上，那闪烁幽幻四射的光影；更增添了三峡库区宁静的夜色美景（插图三七）。

当地群众赞曰：

> 高峡平湖出，
>
> 仙岛江上浮；
>
> 石宝换新貌，
>
> 青山依旧绿。

三七　三峡库区水中的"盆景"石宝寨新貌

8. 防虫、防腐综合治理工程

①虫、腐危害现状调查

2002年8月26日，重庆华运虫害防治技术研究所有限责任公司虫害防治专家及工程技术人员对石宝寨寨楼、厢房、天子殿及玉印山树木进行了认真的勘察，发现白蚁及其他木材钻蛀性害虫对山寨木结构危害非常严重。

寨楼一层走廊北墙花板下木板被白蚁蛀蚀，有的地方只剩下一层油漆层。

寨楼楼梯踏步多处被木材害虫蛀成许多小洞。寨楼九层到十层的楼梯踏步被害尤为明显。寨楼木柱接地处也多处被白蚁蛀蚀，有的木柱虽经油漆后仍被害虫蛀坏。

木柱与木穿枋相接处多处被白蚁危害，有明显的蛀孔和蚁道，严重的已形成蚁巢，寨楼门框和门扇也被白蚁危害蛀烂，第五、六层寨楼下接木柱桩上布满木材害虫所蛀小洞，魁星阁顶层木墙下部遭受白蚁蛀蚀，天子殿内玉皇殿描金木柱虽涂上油漆但仍未能掩盖被白蚁蛀蚀痕迹。殿内上方木立柱有被木材害虫所蛀蚀的若干小孔。大殿上方横梁被白蚁危害，并且留下大量纷飞孔。厢房靠内墙木柱被白蚁蛀坏大半。

玉印山上树木有明显的遭受土栖白蚁危害迹象，而且有的树木因白蚁危害而枯死。

此外，寨楼及天子殿内的部分木结构木质受木腐菌危害产生腐朽。

②防治对策

根据石宝寨保护工程方案所拟定的原则和保护设计，在保证文物完好的同时又要达到防治虫腐的目的，在对寨楼、魁星阁、天子殿作白蚁灭治处理后再对新建的围堤和附属设施，采用国内外先进的药剂和器械，作虫害防治和防腐处理，以保证今后不再受白蚁和其他害虫及木腐菌的危害。

③古建筑群整体消毒杀虫处理

为防止害虫在改建过程中的扩散蔓延。在改建工程开始时对整个建筑群体作一次全方位的消毒杀虫处理，采用先进高压机动喷雾器，施以高效、低毒药剂，以虫害危害部位为重点，进行喷雾处理。要求喷药面全面到位，特别是木构件中柱、梁、檩、椽交叉处及贴墙入地部位为重点施药部位。

根据白蚁的生态特性，对古建筑群体按白蚁危害的程度、建筑的不同部位及危害害虫种类分别采用诱杀、喷粉、灌注、钻孔等方法作白蚁全面灭治药物处理，消灭白蚁。

④白蚁及木材害虫预防处理

采用化学的、物理的和其他相应的方法对保护对象的局部或整体进行处理，以达到预防虫害发生目的。

对寨楼内木构件虫害预防处理

寨楼内的木料构件以梁枋结合部、木架与岩体结合部及已发现有虫害危害迹象部分为重点，全部以涂刷、喷洒和高压喷注等方法作白蚁和虫害预防处理。

天子殿虫害预防处理

天子殿结构较复杂，在确认白蚁消灭后，再在前殿、后殿和厢房处木构件贴墙入地端作白蚁和虫害预防处理。

对寨门的白蚁和虫害处理

寨门虫害防治喷洒白蚁预防药剂。

新修建筑的白蚁预防药物处理

根据建设部72号令，重庆市渝国土房管发[2002]674号，改建、新建、扩建房屋建筑必须进行白蚁预防，以控制白蚁危害，确保房屋建筑安全。

基础处理

以底层地坪处理，在室内地坪清理平整，未打垫层前喷洒白蚁预防药剂。

周边散水处理

室外散水部位，在建筑周边清理平整后，未做散水覆盖层(混凝土或石板)时沿墙向外0.5米处灌注白蚁预防药剂。其余外墙与土壤相接之处也照上述方法处理。

木构件处理

新建中建筑用木构件如木门框、木窗框、窗帘盒、窗台板、木楔或其他木质构件，在构件制作成型后或安装前未上墙前对贴墙、贴地、入墙、入地部分作白蚁预防药物处理。

⑤对玉印山山体保护工程中白蚁预防处理

（1）围堤修好回填至要求标高后，在上面做混凝土面板。白蚁预防施工是在回填夯实后做混凝土面板前，均匀喷洒防白蚁药剂，以达到预防白蚁的目的。

（2）在玉印山山体下部与围堤回填土相接的地方为白蚁预防重点，在山体做仰墙贴面前在山体表面喷洒防白蚁药剂。

⑥修建用木构件防腐处理

在古建筑修建中为防止木腐菌对木构件的腐蚀危害，对于在拆卸下能利用的、维修和修制的木构件，在使用前均应按国家有关古建筑木构件维修的有关标准作木材防腐处理。具体部位如下：

（1）木柱以柱脚和柱头榫卯处为重点防腐处理。

（2）椽子、檩子在其木构件表面用防腐药剂处理。

（3）对需要整修的木构件在剔补或墩接前剔除腐朽木材后做防腐处理。处理方法视木构件不同部位材质和建筑位置分别采用涂刷法、喷涂法或灌注法进行，使用药剂：硼铬合剂，铜铬砷合剂，氟酚合剂。

⑦树木虫害灭治和预防处理

寨楼周围、玉印山、天子殿周围树木繁多，经勘察已有白蚁危害，为保证环境的灭虫状态，对以上地方树木用喷洒、灌注等方式作白蚁防治处理。

⑧综合治理药剂

害虫防治和防腐药剂，采用已按农药管理条例规定和国家标准推荐使用的药剂，符合高效、低毒与环境相融的要求，对文物无任何损害的药剂，并采用先实验、低剂量、长时间（在主体工程进度允许范围内）的施药方法，同时提交用药验证资料。

⑨附：虫害图片（插图三八~四五）

三八　寨楼九层木楼梯踏步被木材钻蛀性害虫严重破坏

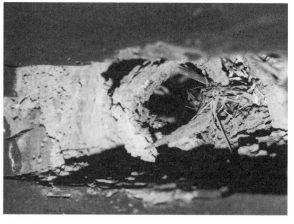

三九　白蚁在寨楼五层内木柱和枋交接处修筑的巢体

四〇　寨楼通向链子口屋顶木檩条腐朽、虫蛀

四一　天子殿后山门木门下部被白蚁严重蛀坏

四二　寨楼五层横梁被白蚁严重蛀蚀

四三　寨楼九层木墙体接地端腐朽、虫蛀严重

四四　天子殿后厢房木柱接地端白蚁
危害严重,已修筑了巢体

四五　天子殿内木柱下端木材害虫严重危害

二　石宝寨古建筑维修保护工程监理竣工报告

石宝寨古建筑维修保护工程2004年7月21日由陕西古建设计研究所对该建筑进行了实地勘察和测绘设计。为确保该工程质量，2008年4月15日受重庆峡江文物工程有限责任公司委托由河南东方文物建筑监理有限公司承担监理业务。2008年4月4日，经招投标由重庆市园林建筑工程集团有限公司石宝寨项目部承担施工，该工程于2008年6月5日开工，至10月15日竣工，历时133天。建设投资317.68万元。

（一）监理工作质量控制情况

1. 古建筑保护监理：首先对重庆华运虫害防治研究所提交的石宝寨虫害防治施工组织设计方案进行了审查，并一同对寨楼一至九层、天子殿、天王殿、王母殿木架梁柱进行了检查，木架虫害十分严重，依据设计要求对本体所有木结构采用二硼合剂、CCAC木材防腐剂进行了喷涂及灌注灭治制处理。

2. 防雷：依据设计对天子殿、天王殿、王母殿屋脊、宝顶进行了避雷线路的敷设。

3. 木结构维修加固监理：

依据施工设计要求，对木柱、梁枋、柱脚、柱芯、虫害或腐朽，分别经防腐、防虫处理后依据原柱尺寸修补墩接，同时依据不同情况采用不同的木料墩接式样进行修补，对损坏的木料进行加固、更换。

4. 屋面木基层构件维修安装监理：根据对椽、檩、封檐板类的残损程度进行了修补、加固、更换。

5. 屋面工程监理：对天子殿（前殿、正殿、厢房、连廊、后殿）进行了揭瓦亮椽，对各殿瓦件凌乱、破损、渗漏进行了维修，补充并按原样瓦件复原保留，其后坡瓦件全部进行了更新铺筑。

6. 地面监理：对天子殿、连廊等建筑物不协调的水泥地面进行了铲除，根据设计要求分别采用400毫米×400毫米，300毫米×600毫米的青石板铺砌。

7. 屋脊及其饰件监理：对屋脊饰件其表面空鼓、开裂、翘边、断带、爆灰等情况按原样采用麻刀月白灰进行了维修，其中天子殿正脊宝顶按原样式进行了复原制安。

8. 雕塑监理：

① 一般抹灰：分别对墙面破损程度进行了清铲并重新月白抹灰；

② 绘塑：对建筑本体各种绘塑采用麻刀月白灰按传统做法进行修补，并根据当地原建筑特点和风格重新制作瓦头安装，使其建筑流畅和顺、美观；

③ 石雕：根据设计要求，对风化严重的天子殿大门柱石按原样及花纹更换补配。

9. 岩土工程监理："必自卑"石牌坊、"直方大"岩刻、门柱石等进行防风化保护处理，审核"必自卑"石牌坊等保护防风化处理专题方案，要求施工方聘任专业化学保护专家现场指导作业。采取检测清洗、脱盐、修复、加固、修饰。采用德国雷马士岩石加固增强剂300E和500E混合物实施加固处理。

10. 彩绘油饰监理：对寨楼一层大门、天子殿大门采用丙烯酸专用涂料进行了翻新复原，寨楼1~9层飞檐涂饰，寨楼1~9层内外板壁、梁柱进行了油饰。

11. 灯具安装：依据设计图寨楼、天子殿、王母殿、天王殿、连廊增设灯具72盏，配电控制箱3个，经试电调试均达到设计要求。

（二）进度、安全控制监理

监理人员在对施工阶段及配套的虫害防治的《施工组织设计（方案）》的审核中，都重点对各施工单位编制的"总进度计划"进行了认真的审查。在工程实施过程中，监理人员按照施工单位《施工合同》的约定，检查、监督各施工单位工程进度的偏离情况，并在工地例会上协调施工单位的施工进度的进展情况。

在本工程实施过程中，监理方对文物安全和生产安全两手抓。按照业主方与各施工单位签订的"文物保护承诺"协议，监理方监督各施工单位对"文物保护承诺"的履行，检查施工单位项目部的安全制度建设情况；检查施工单位项目部进行安全技术交底的情况；检查施工单位项目部对工程安全检查的记录情况等。对该工程文物本体进行灭火器材的配置，对各大殿灰塑进行镶裹防护，特别是寨楼1~9层大木架更换作业时未发生任何安全事故。

施工现场禁止吸烟，施工现场管理及施工人员必须佩戴安全帽、对木构件必须做好防雨及通风工作。施工现场的废料（木构件下脚料、刨花等）日产日清，施工人员不允许穿各种拖鞋进行高空作业，严禁闲杂人员进入施工现场等规定要在工地贯彻执行，工地安全大有改观，确保了寨楼施工的安全。

（三）监理工程评价

施工单位在施工过程中，做到了文物建筑修复保护过程中的"文物安全"和"生产安全"，做到了施工环境和谐以及施工现场的安全、文明施工。石宝寨古建筑维修工程"符合文物保护修缮"的原则，做到了"不改变文物原状"，尽可能多地保护了历史信息的真实性。新补配的构件有基本依据和可识别性，所采用的工艺体现了当地的风格，达到了设计要求。该工程竣工资料真实、完整，符合归档要求。监理方认为该工程合格。

建议：忠县文物局应对石宝寨合理开发利用，提升人文品质增加历史典故及传说，促进忠县旅游事业大发展，无疑会带来多方位效应。

该工程于2008年10月30日在石宝寨文物维修、景观工程竣工验收会上一致通过验收，得到了高度评价。

三　石宝寨文物保护工程初步设计

2003年10月28日国家文物局对石宝寨文物保护方案进行了批复，长江委设计院根据保护方案的批复意见，对石宝寨保护方案进行了调整、修改、优化后，进行石宝寨文物保护初步设计，上报国家文物局审批。

1. 围堤设计

1.1　围堤轴线选择

围堤轴线选择与围堤结构形式密切相关。结合本阶段地质详勘成果，考虑到围堤地基条件、围堤防渗与排水体系布置，施工对玉印山下部古建筑和建筑环境的影响，在方案设计阶段推荐的围堤线路基础上，主要就临江侧围堤轴线位置比较了寨楼门前局部外移方案。

因寨楼门前局部外移方案有利于围堤防渗、排水体系的布置，增加了寨门前方的绿地空间，对于推荐的围堤结构形式增加的工程量有限，可较大程度减少围堤施工对古建筑和古建筑周边环境条件的破坏，设计中推荐局部外移方案。

1.1.2　临江侧围堤结构型式选择

根据地质条件的变化，就临江侧围堤结构形式比较了落地式浆砌石围堤方案（围堤坐落在基岩上）、灌注桩基础浆砌石围堤方案、扶壁插入式挡墙方案。

由于临江侧地基覆盖层厚度大，地基承载能力低，采用落地式浆砌石围堤，地基开挖深度大。较大深度开挖不仅破坏上山甬道，而且有可能危及到山体稳定和导致有害的山体局部变形，工程投资高。

灌注桩基础浆砌石围堤方案基桩需要承受较大的水平荷载，桩截面大，配筋量大，覆盖层内采用灌浆帷幕效果差、采用钢性幕墙应力条件复杂，工程投资高。此外，设计中还考虑了复合地基浆砌石围堤方案，由于围堤地基水平应力高，复合地基承载能力难以满足设计要求。

采用扶壁插入式挡墙方案，用挖孔方式形成地面以下部分墙体，地面上墙体采用现浇方式形成，墙穿过覆盖层插入基岩，具有挡土、挡水、防渗、抗滑等多种功能，墙后利用山体设置混凝土斜桩支承，保证扶壁式挡墙在库水作用下的稳定，可避免大面积基坑开挖，较大程度减少围堤施工对山体影响，墙内单独布置排水廊道，结构简单，施工方便，工程投资较省，初步设计推荐该方案。

1.1.3 围堤布置

背江侧仍采用贴坡仰墙加混凝土面板，轴线与原方案基本一致；临江侧采用重力式挡墙方案需进行深基础开挖，施工时会严重影响青石小路等文物的安全，采用扶壁插入式挡墙方案，扶壁式挡墙内填土至164.5米高程，墙外平台由原先的162.5米降低至156.5米。这样一方面减小了地上挡水建筑物重量，另一方面有利于墙体及地基整体稳定和外侧填土边坡的稳定。

1.2 防渗排水布置

1.2.1 防渗系统布置

背江侧围堤防渗沿贴坡仰墙趾板布置，在趾板内沿围堤轴线方向设置基础廊道，在廊道内采用净压注浆形成防渗帷幕，临江侧采用板墙直接插入基岩形成防渗幕墙，在板墙与防渗幕墙衔接部位适当增设灌浆孔，进行局部加强。

1.2.2 排水系统布置

背江侧围堤山体排水沿贴坡仰墙趾板布置在防渗帷幕内侧，在基础廊道内布置向山体内的斜向排水孔，降低三峡水库水位较高时山体内地下水位上升高度。临江侧由于围堤内地面高程较低，直接沿围堤内侧设置排水箱涵和排水沟排除地面积水即可。

山体及地下水由设在围堤周边的排水廊道和排水沟汇积到设在围堤内临江侧东头的积水井，采用排水泵集中外排。为减少工程运行费用，在积水井内埋设对外排水管，并设置逆止阀，库水位高时抽排，库水位低时自排。

地表水主要包括大气降水，消防用水和生活用水。为减少运行维护费用，设计中分区域采用不同的外排方式：玉印山山顶及背江侧和临江侧176.24米高程以上区域内的大气降水和消防用水直接排入三峡水库，临江侧176.24米高程以下大气降水和消防用水则汇积到围堤内临江侧东头的积水井，采用排水泵集中外排。生活用水则经过环保处理后汇积到积水井排入水库。

2. 围堤选择

2.1 临江围堤轴线位置

根据地勘资料，结合围堤的结构选型，围堤基础开挖对文物的影响，围堤周边防渗排水体系的布局等问题，对临江侧围堤轴线进行了进一步比较选择。

轴线一为方案设计阶段推荐方案轴线，轴线从石宝寨门楼入口梯道外侧约9米处绕过门楼后，沿地面等高线基本平行于"青石小路"，在石门洞前轴线顺时针旋转约30度，逐渐远离山体，绕过石门洞后再向山体靠近，最后与客运码头相接。

轴线二起点和终点与轴线一相同，在门楼前及青石小路一带，轴线二与轴线一相比，外移了10~20米。

轴线二方案在轴线一基础上适当外移，增加了围堤与门楼、青石小路的距离，围堤基础施工对文物影响减小，中风化线坡度减缓，有利于建筑物的稳定。另外轴线外移与原轴线相比，临江侧围堤长度增加很少，总体上不同项目的工程量有增有减，但增减幅度不大，增加的主要工程量为围堤混凝土，方量约4500立方米。因此，综合造价上两者差别不大。另一方面，而由于轴线适当外移，在临江侧围堤与青石小路及寨门间形成了一个面积约4000平方米活动场地，有利于景观的规划与开发。推荐轴线方案二。

2.2 临江侧围堤结构选择

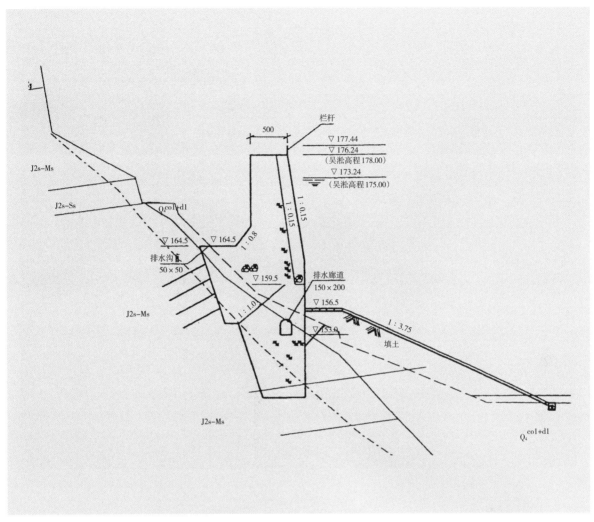

四六　方案A典型断面图

2.2.1　围堤方案

① 方案A（浆砌石重力式挡墙方案）

浆砌石重力式挡墙方案为原"方案设计阶段"推荐方案，挡墙为外侧1∶0.15，内侧直立的浆砌石重力式挡墙结构，挡墙内夹一层1米厚混凝土作为防渗体，挡墙以中风化泥岩作为基础，基础防渗采用灌浆帷幕。挡墙内设灌浆排水廊道，廊道内布置帷幕和排水孔，帷幕采用静压注浆形成，插入基岩深度4~5米，排水孔设在帷幕内侧，插入山体砂岩层，该方案典型断面参见（插图四六）。

② 方案B（浆砌石重力式挡墙桩基础方案）

该方案主要针对方案A基础开挖深度大，工程投资大，基坑开挖对周边文物和山坡稳定影响大的问题，旨在减少基础开挖。围堤基础改用桩基础，其上部结构与方案A相同，在151米高程附近设置钢筋混凝土承台，承台下以挖孔桩形成桩基础，基桩嵌入中风化泥岩内4~5米。帷幕灌浆排水廊道设在154高程处的挡墙内部，挡墙基础防渗采用高压旋喷灌浆封闭覆盖层渗漏通道，采用静压注浆封堵基岩强风化层和中风化岩层。山体排水布置与方案A相同。

该方案典型断面参见下图（插图四七）。

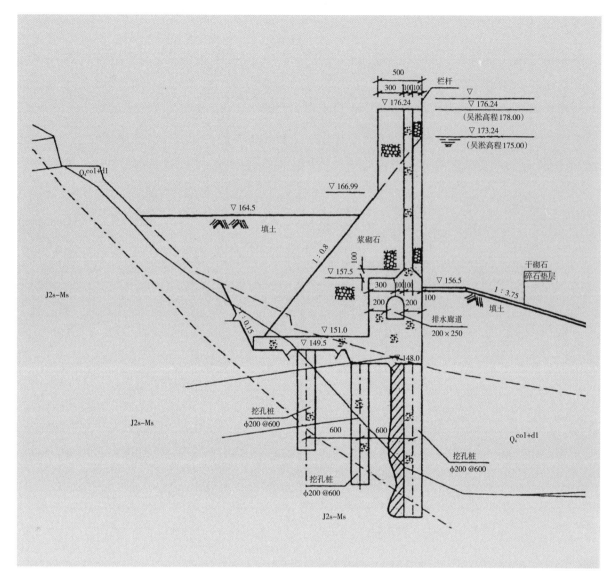

四七　方案B典型断面图

③　方案C（扶壁式挡墙方案）

根据围堤基础覆盖层深度大，基坑开挖条件受到限制，围堤位于山坡坡地，重量过大将直接影响到山坡稳定等问题，提出了插入式肋型板桩墙加斜撑的轻型钢筋混凝土扶壁式挡土墙结构。该方案外侧为连续的直立板墙，板墙内侧每间隔5米设置厚1米，高3米的肋板，板墙和肋板整体浇注，下部插入到基岩中风化岩层2～4米，使其在加强墙体和坡地覆盖层稳定的同时兼顾防渗功能。在高层169米处设置斜撑，斜撑截面为1×3米～1×4米，斜撑下部支撑在山体斜坡上，插入中风化岩层2～3米，端部适当扩大；上部与肋板墙整体浇注。肋板墙和斜撑一起形成"人"字形结构。在天然地面附近设置水平减压板，一方面加强"人"字形结构的整体性，另一方面减少基础下方的水平土压力，减压板上方的填土重量，可增加墙体的抗倾覆稳定和抗滑稳定。

挡土墙地面以下结构采用分段挖孔方式形成，以尽量减少对山坡覆盖层土体的扰动，地面以上采用现浇方式形成。扶壁式挡墙方案断面结构参见下图（插图四八）。

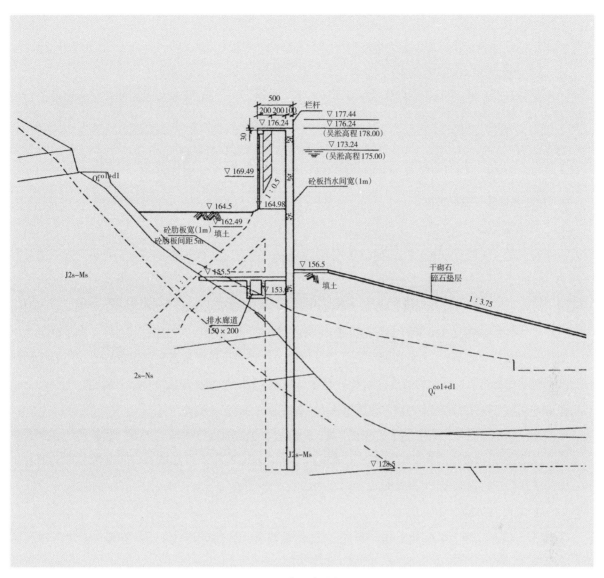

四八　方案 C 典型断面图

④　方案 D（扶壁式挡墙+有机玻璃挡墙方案）

为了能够在长江上更好地欣赏石宝寨的雄姿，在方案 C 的基础上，于寨楼前的扶壁式挡墙上设置高2.5米、宽30米的缺口（桩号0+162～0+192），缺口处设置有机玻璃。

⑤　方案选择

经过比较、分析，临江侧挡墙带肋地连墙扶壁式挡墙较其他方案具有较大优势。方案 D 在方案 C 的扶壁面板上设置缺口增加了一2.5×30米的有机玻璃段，改善从长江上远眺石宝寨的效果。两方案相比：方案 D 造价较高，可靠性稍差，视觉效果较好；方案 C 可靠性高，造价较低。

2.2.2　围堤结构型式

围堤结构为带斜撑的混凝土扶壁式挡墙，挡墙面板、底板及扶壁厚度均为1米，扶壁间距5米，挡墙插入中风化岩石2～4米。肋板和斜撑为矩形截面，高分别为4米、3米，厚1米。斜撑倾角45°，肋板、斜撑间距与扶壁间距相同，均为5米。防渗墙及肋板嵌入中风化岩石深度为2～4米，斜撑嵌入中风化岩深度3～5米，端部适当扩大。围堤每15米设一条永久变形缝，缝面设置止水。挡墙斜撑在地面以下采用人工挖孔法施工，地面以上为现浇钢筋混凝土结构。围堤堤顶高程176.24米。堤顶以上设置宽5米交通道路，路面由现浇30厘米厚钢筋混凝土板形成，并利用墙肋和面板作为支撑。

由于墙体的稳定要求，在地面附近设水平减压板，板厚0.5米。减压板与挡墙肋板和挡板整体现浇而成。

为降低地下水位，在扶壁内侧布置排水箱涵，箱涵从斜撑与扶壁间穿过。

为满足挡墙稳定要求，改善挡墙外观，在挡墙内侧填土，填土高程至164.5米。

3. 背江侧仰墙、设计方案

3.1 背江侧仰墙方案

由于背江侧库水位以下无文物分布，为保持玉印山山体陡峻之原貌，减小填方工程量，背江侧坡面采用直接贴坡方案，贴坡在高程上分两级，高程154米～176.24米，采用混凝土贴坡保护，坡面依山势而定，只进行局部修整，贴坡厚度50厘米，并加设锚杆。考虑到锚杆位于三峡水库水位变幅区，为增强其耐久性，锚孔直径90毫米，锚杆设对中支架，确保混凝土对锚筋的握裹封闭性能良好；贴坡混凝土顶部设置人行交通道，宽2.5米。贴坡混凝土下部设镇脚，镇脚内布置帷幕灌浆及排水廊道，与临江侧围堤内侧的排水箱涵贯通；镇脚外高程145米～154米，采用干砌石护坡，坡面亦依山势而定，干砌石下设碎石垫层，高程145米处设脚槽，以确保库岸再造不致危及仰墙的安全。

贴坡混凝土沿坡面方向在中部（变坡处）设一条纵缝，垂直坡面方向每10米设一条横缝。各永久缝和廊道周边设紫铜止水片。在贴坡混凝土各永久缝下方设排水暗沟，排水暗沟与脚槽内的排水廊道相通，少量渗水将通过排水廊道汇集到临江侧围堤内的积水池外排。

3.2 贴坡仰墙结构

玉印山山体西北侧（背江侧）167米高程以上边坡较陡，约为1：0.2左右，仰墙坡随山体边坡而变，仰墙底部建基面高程164～167米，厚度1米，顶部高程176.24米，厚度0.5米。顶部挑出宽度为2.5米的平台，平台顶部设置栏杆。贴坡混凝土下部与混凝土防渗面板连接，形成保护工程的防渗体系。贴坡仰墙采用三级配C25W6F100混凝土。

贴坡仰墙每20米设置一道结构缝，结构缝内设置一道铜止水，贴坡止水与下部混凝土面板止水相接，形成封闭止水系统。

3.3 贴坡仰墙锚固

贴坡仰墙较陡，仰墙上部基础为风化砂岩，下部基础大部分为强风化泥岩或中风化泥岩，因此贴坡仰墙需设置锚杆将其与山体联成一体。锚杆分锁口锚杆和系统锚杆，锁口锚杆布置在仰墙顶部，共2排，排距0.5米，列间距2米，直径25毫米Ⅱ级钢筋，长8米；系统锚杆采用直径25毫米Ⅱ级钢筋，长5米，间排距均为2米。

3.4 坡面修整

为了避免对山体稳定的不利影响，坡面只进行局部修整。仰墙上部非局部突出部位可基本不修整，下部及底部若遇强风化泥岩应予以清除，保留的泥岩承载力应大于300kPa。

3.5 贴坡仰墙垫层

仰墙由于本身坡度较陡，高程较高，加上采取一定的地面排水措施后，地下渗水较少，因此贴坡仰墙下可不设垫层。只在泥岩部位设置断面为0.3×0.3厘米，间距为4米的排水沟，沟内用料应满足排水与反滤的双重要求。

3.6　混凝土面板

混凝土面板位于背江侧贴坡仰墙下部，坡面依山势而定，只进行局部修整。面板坡比缓于1:1.2时可不布置锚杆，否则应布置系统锚杆，锚杆采用直径20毫米Ⅱ级钢筋，长4米，间排距均为3米，锚筋与面板钢筋连接，确保面板的稳定。面板采用三级配C25W6F100混凝土。

混凝土面板只设垂直缝，不设水平缝，垂直缝间距8米，缝内设置一道铜止水，面板止水与下部灌浆与排水廊道及上部贴坡仰墙间设置周边缝。

面板采用单层双向配筋，配置于面板上部，每向配筋率0.3%~0.4%。

3.7　坡脚保护

干砌石护坡位于混凝土面板下部，坡面依山势及脚槽底部高程而定。干砌石护坡厚度30厘米。

2005年4月28日国家文物局以《关于石宝寨保护工程步初设计方案的批复》（文物保函[2005]440号）对石宝寨保护工程初步设计进行了批复，"石宝寨保护工程临江侧围堤结构可在扶壁式挡墙方案（方案C）的基础上进行施工图设计"。长江委设计院于2005年9月完成石宝寨保护工程施工图，经重庆大学建筑工程设计研究院审图通过。

四 石宝寨文物保护工程主体工程施工设计

（一）工程概况

石宝寨保护工程位于重庆市忠县石宝镇，三峡水库建成蓄水后，石宝寨将成为江心岛。该工程项目南北长约400米，东西宽约500米，总用地面积约0.2平方公里。主要工程为临江围堤、背江侧护坡仰墙和道路交通系统。临江围堤上部采用扶壁式挡墙，下部为T形桩+支撑结构，两者之间采用减压板。墙顶高程为176.15～176.31米（黄海高程）。减压板底部高程为154.25米～170.5米。背江侧底部采用干砌块石护坡，中部为混凝土护坡，中部与底部之间设有排水廊道，排水廊道下设有灌浆帷幕，上部为100厘米厚混凝土仰墙并配有锚杆。背江侧护坡仰墙两侧设有防渗墙，连接背江侧防渗帷幕与临江侧混凝土防渗墙。临江侧与背江侧之间设有浆砌石左挡墙及右挡墙。其他构筑物有排水廊道，箱涵和集水井及钢筋混凝土刚架码头。石宝寨江心岛东北方向设有一连续四跨人行吊桥。

（二）主体工程设计说明

玉印山山体除局部危岩需进行锚固处理外，大体处于稳定状态，因此玉印山的山体稳定问题是重点解决泡水后泥岩的软化和风浪冲刷，以及减少围护区域的积水等问题，其关键在地下水处理。设计从两方面着手，一方面对山体上部现有危岩进行锚固处理，提高其稳定性；另一方面对下部泥岩层进行保护，防止风浪冲刷和地下水位变幅而加速岩体的软化和风化，设计主要工程措施如下：

（1）为了保持玉印山陡峻之势，背江侧采用混凝土面板贴坡加仰墙保护。

（2）为保护临江侧位于三峡正常蓄水位以下的文物（如"必自卑"石坊门、青石板小路等），围堤上部为钢筋扶壁式挡墙，下部为带肋钢筋混凝土面板及支撑桩。一方面，带肋混凝土面板及支撑桩作为上部钢筋扶壁式挡墙的基础，另一方面混凝土面板嵌入弱风化基岩4米，作为玉印山山体的一道防渗屏障。

（3）为切断山体与库水的直接联系，护坡坡脚和围堤基础底部设置防渗体。为减少三峡水位变化对山体地下水的影响，减少山体内地下水位的变化幅度，沿山体周围设排水廊道，廊道底部高程153～

154米；山体四周设排水孔，将地下水排向廊道，以稳定山体内地下水位，并且保持在较低状态。

（4）为确保边坡稳定，在现有山体较陡地段（坡比大于1:1.4）加设土锚，以增强边坡稳定性。

（5）对围堤周边一定区域进行适当的防护，防止库岸再造对保护工程造成威胁。

工程关键在于临江侧带肋地下连续墙施工。带肋地下连续墙厚1米，肋板宽1.2米，肋板间距5米，连续墙每15米设置一道永久缝，缝内设紫铜片。永久缝位于两肋板之间。

设计考虑施工时采用人工挖孔辅以钢筋混凝土护壁成孔，分二序施工，每槽段宽5米。非永久缝的槽段间水平向钢筋连通，缝面凿毛并设置橡胶或PVC止水带，通过施工措施使相邻永久缝间的三槽段地下连续墙连成一个整体，并能够满足防渗要求。

工程另一关键是背江侧排水廊道开挖。为防止开挖边坡失稳，建议分两序跳槽开挖，并采取适当的支护措施。

（三）主要工程量

玉印山保护主体工程主要工程量表如下。

石宝寨保护工程量表

项目	类别	规格/型号	单位	数量	备注
临江侧砼挡墙	混凝土	C25W8F100	立方米	23731.2	
	护壁砼	C20	立方米	4312.2	
	减压板下碎石垫层		立方米	486	厚15厘米
	减压板下砼垫层	C10	立方米	323.7	厚10厘米
	止水材料	紫铜止水片	米	830	
		聚乙烯嵌缝板	平方米	830	
		填充沥青	立方米	1.1	
		塑料止水651型	米	2336	施工缝
	孔桩土方		立方米	8629	
	孔桩石方		立方米	7612	
排水廊道和箱涵及集水井	廊道砼	C25W8F100	立方米	8611.1	
	箱涵砼	C25	立方米	665.7	
	集水井砼	C25	立方米	284	
	垫层砼	C10	立方米	55.4	厚10厘米
	碎石垫层		平方米	83.1	厚15厘米
	止水材料	紫铜止水片	米	437.1	
		聚乙烯嵌缝板	平方米	615	
		填充沥青	立方米	0.6	
		D90毫米	米	1107	12米/个

续表

项目	类别	规格/型号	单位	数量	备注
排水廊道和箱涵及集水井	止水材料	D90毫米	米	200	
	排水孔周边土工布	200克/平方米	平方米	78.5	
	帷幕灌浆		米	1435	
左右浆砌石挡墙	浆砌石		立方米	5176	
	排水孔	D100毫米	米	150	间距3米
	排水孔反滤		立方米	1.6	
背江侧仰墙和砼护坡	砼仰墙	C25W8F100	立方米	2962.7	
	砼护坡	C25W8F100	立方米	1157.4	
	止水材料	紫铜止水片	米	1350	
		聚乙烯嵌缝板	平方米	1013	
		填充沥青	立方米	1.6	
	仰墙锁口锚杆	φ=25毫米,L=910厘米	根	202	间距2米
	仰墙系统锚杆	φ=25毫米,L=610厘米	根	624	间距2米
	砼护坡系统锚杆	φ=25毫米,L=560厘米	根	400	
	排水廊道锚杆	φ=25毫米,L=610厘米	根	700	间距2米
	黏土		立方米	32	
码头	承台上部砼	C25	立方米	235.2	
	承台砼	C25	立方米	38.8	
	基桩砼	C25	立方米	388.8	
	基桩护壁砼	C20		171.3	
	孔桩土方		立方米	538	
	孔桩石方		立方米	22	
干砌块石护坡	干砌块石		立方米	11209	
	碎石垫层		立方米	4013	
土石方开挖	覆盖层清基		立方米	24830	
	土方开挖		立方米	15330	
	石方开挖			1001	
脚槽	浆砌块石			819	
	护坡块石			3000	

（四）　主要施工技术要求

1. 总则

本技术要求适用于石宝寨保护工程之玉印山围护工程施工。未尽事项应按相关规范、规定执行。施工单位应认真做好施工组织设计，建立健全工程质检制度，加强工程质量管理，确保工程质量，确保施工安全。施工前，做好地面排水、施工监测、危岩清除等准备工作。

2. 施工测量

2.1 开工前应在不受施工干扰及填筑施工所产生的变形影响区以外，不易损坏、通视条件较好的位置设置若干平面控制点和水准点，作为施工放样的依据。

2.2 施工期间所有施工定线、竣工等测量的原始记录、计算成果和绘制的图幅，均应及时整理，妥为保存，工程完工后移交运行管理单位。

3. 主要建材

3.1 工程围护范围内填筑的砂砾石料应级配良好，含泥量（d<0.1毫米）不超过5%，小于5毫米的颗粒不大于20%，最大粒径不超过40厘米。

3.2 浆砌石用料及护坡干砌石用料均要求质地坚硬，无裂缝，外形接近长方体的新鲜岩石，最大边长与最小边长之比约1.5~2，单块重量40kg以上，湿抗压强度不小于56MPa，软化系数大于0.8。

3.3 垫层料要求最大粒径不超过4厘米，平均粒径2厘米，小于0.1毫米的含量不超过5%，级配良好。反滤料要求D85≈10毫米，D15≈0.25毫米，平均粒径≈5.0毫米，级配良好。

3.4 临江侧挡墙外填土用料，宜优先就近取土料，土料内摩擦角不小于17°。

3.5 混凝土骨料应按监理批准的料源进行生产，不得使用含有活性成分的骨料。

3.6 混凝土骨料质量要求应符合DL/T5144—2001中的规定。细骨料的细度模数应在2.2~3范围内，砂料应质地坚硬，清洁，级配良好；粗骨料应有良好的级配，最大粒径不应超过钢筋最小净间距的2/3及构件断面最小边长的1/4，素混凝土板厚的1/2。

4. 清基

4.1 工程范围内所有防护工程（包括临江侧挡墙内外填筑、背江侧干砌石护坡等）施工前均必须清基。

4.2 清基应按设计要求到达指定的地层层位，未指定地层层位的清基深度一般为0.5米。

4.3 清基之前，应将清基范围的地表水源完全截断，清基过程中如遇降水应及时将积水排干，必要时对开挖边坡及填土表面进行保护。

4.4 清基范围内树根、草皮、腐殖土和疏松土、淤泥质土等应清理干净，清除物一律堆至填筑范围以外。

4.5 堤基范围内的水塘、洼地、水井、洞穴、废弃涵管等均应清理干净。

4.6 堤基范围内清基后的地面应尽量保持平顺。

4.7 岩石堤基应将全风化层及破碎和松动的岩石清理干净。清理后的坡面应大体平顺，但不应形成大面积光面坡，不得有急剧变坡。

4.8 清基后须经验收合格方可进行下一步工程施工。除岩石出露部分外，填筑前，应对地基土层进行碾压，压实度不小于85%。

4.9 边坡开挖应严格遵循自上而下，分级开挖，边开挖边支护的原则。

4.10 填筑范围内地基和岸坡处理过程中，应进行地质测绘。

5. 土石方明挖

5.1 土石方明挖应从上至下分层分段依次进行，基础和岸坡易风化崩解的土层，开挖后不能及时回填的，应保留保护层。

5.2 背江侧排水廊道开挖高度大，为保护开挖边坡稳定，建议分二序开挖。

5.3 主体工程的临时开挖边坡，应按施工图纸所示或监理的指示进行开挖。对承包人自行确定边坡坡度、且时间保留较长的临时边坡，经监理检查认为存在不安全因素时，承包人应进行补充开挖和采取保护措施。

5.4 土方明挖过程中，如出现裂缝和滑动迹象时，承包人应立即暂停施工和采取应急抢救措施，并通知监理。必要时，承包人应按监理的指示设置观测点，及时观测边坡变化情况，并做好记录。

6. 土石方孔挖

6.1 为保证临江侧挡墙地面以下面板的整体性及防渗效果，面板及其肋板成孔采用人工挖孔法辅以钢筋混凝土护壁，每槽段宽5米，相邻肋板中间划分槽段，开挖分二序进行。"T"形挡土墙墙底应开挖至弱风化顶板线以下不少于4米，并考虑相邻板块间的衔接。

6.2 孔挖偏差不应超出-50毫米。

6.3 钢筋混凝土护壁由承包商设计报告现场监理批准。

6.4 第一节孔圈护壁应比下面的护壁厚100~150毫米，并应高出现场地面200~250毫米，上下护壁间的搭接长度不得少于50毫米。

6.5 为保证护壁砼的整体性，视护壁土质情况，须用φ8钢筋均匀布置作拉结筋，以免脱节下沉。

6.6 浇灌护壁砼时，用敲击模板及用竹和木棒插实方法，不得在桩孔水淹没模板的情况下灌注砼。根据土质情况，尽量使用速凝剂，尽快达到设计强度要求。发现护壁有蜂窝、漏水现象，及时加以堵塞和导流，防止孔外水通过护壁流入孔内，保证护壁砼强度及安全。

6.7 护壁砼的内模拆除，根据气温等情况而定，一般可在24小时以后进行，使砼有一定强度，以能挡土。

6.8 当第一节护壁砼拆模后，即把轴线位置标定在护壁上，并用水准仪把相对水平标高画记在第一圈护壁内，作为控制桩孔位置和垂直度及确定桩的深度和桩顶标高的依据。

6.9 施工人员必须熟悉所挖孔的地质情况，并要勤检查，注意土层的变化，当遇到流沙、大量地下水等影响挖土安全时，要立即采取有效防护措施后，才能继续施工。

6.10 桩端入岩，手风钻难于作业时，可采用无声破碎方法进行。若用炸药小爆破形式，要订出爆破方案，经有关部门（公安局）批准。孔内爆破时，现场其他孔内作业人员必须全部撤离，严格按爆破规定进行操作；

6.11 做桩端放大脚（扩脚）时，应及时通知建设、设计单位和质监部门对孔底岩样进行鉴定，经鉴定符合要求后，才能进行扩底工作。终孔时，必须清理好护壁污泥和桩底的残渣杂物浮土，清除积水，经监检同意验收，并办理好签认手续。应迅速组织浇灌桩心砼，以免浸泡使土层软化。

6.12 桩孔内必须放置爬梯，随挖孔深度增加放长至工作面，以作安全之用。严禁酒后操作，不准在孔内吸烟，不准使用明火作业。需要照明时应采用安全矿灯或12V以下的安全灯。

6.13 已灌注完砼和正在挖孔未完的桩口，应设置井盖和围栏围蔽。

6.14 凡在孔内抽水之后，必须先将抽水的专用电源切断，作业人员方可下桩孔作业。严禁带电源操作，孔口配合孔内作业人员要密切注视孔内的情况，不得擅离岗位。

6.15 人工挖进深度过程中，对可能出现流沙、涌泥、涌水以及有害气体等情况，需要有针对性的安全防护措施。

7. 填筑

7.1 临江侧挡墙外及临江侧挡墙内侧减压板以上采用上料填筑，填筑碾压后，土料的干容重应不小于20kN/立方米。

7.2 临江侧挡墙内侧减压板以下采用河床砂砾石填筑，压实后相对密度不应低于0.7。

7.3 填筑时应先进行现场碾压试验，通过碾压试验，确定压实机具、铺料方法、碾压遍数、加水量和铺料厚度等施工方法和参数，试验中检测填料的压实干容重、孔隙率等，以便最终确定设计压实标准。

7.4 采用推土机平料，碾压前要及时平料，力求铺料均匀、平整，防止欠压、漏压。

7.5 碾压宜采用振动碾，碾压过程中应保证振动碾的规定工作参数。

7.6 铺料与碾压工序宜连续进行，若因施工或气候原因造成停歇，复工前要洒水湿润，方可继续铺料、碾压上升。

7.7 混凝土等防护体周围填筑料的压实可采用小型碾压设备，防止对其造成损坏。

7.8 护坡施工前，应根据坝体设计断面准确放样，确定削坡线，且在削坡过程中随时放样检查，削坡不能一次削至设计线，防止出现亏坡。

7.9 堤坡经验收合格后才能铺设垫层。

7.10 垫层要分段逐层铺设，并要求人工洒水，拍打击实，力求各层层面清楚，互不混淆，达到设计厚度。

8. 混凝土浇筑

8.1 混凝土浇筑应满足《水工混凝土施工规范》（DL/T5144-2001）中的有关规定。

8.2 混凝土浇筑施工中的混凝土搅拌、入仓、振捣收浆、冲毛应按混凝土施工技术规程执行。

8.3 在施工过程中，注意防止地下水进入，不得有超过50毫米厚的积水层，否则，应设法把砼表面积水层用导管吸干，才能灌注砼。如渗水量过大（>1立方米/时）时，应按水下砼规程施工。

8.4 砼边浇边插实，采用插入式振动器和人工插实相结合的方法，以保证砼的密实度。

8.5 混凝土浇筑完毕后表面应进行妥善保护，面层凝结后应洒水养护，混凝土养护时间一般为10～15天，在炎热或干燥气候情况下，应延长养护时间，一般不得小于28天。低温季节施工时，混凝土浇筑完毕后，外露表面应及时保温。

8.6 临江侧挡墙面板为防护工程迎水面，混凝土水面分仓面应设橡胶或PVC止水带，止水带位于面板中部。

8.7 地面以下砼要从桩底到桩顶标高一次完成。如遇停电等特殊原因，必须留施工缝时，可在砼面周围加插适量的短钢筋。在灌注新的砼前，缝面必须清理干净，不得有积水和隔离物。砼入仓必须用溜槽及串筒离砼面2米以内，不准在井口抛铲或倒车卸料，以免砼离析，影响砼整体强度。砼浇筑时，相邻10米范围内的挖孔作业应停止，并不得在孔底留人。

8.8 砼浇筑时，应留置试块，每槽段不得少于1组（3件），及时提出试验报告。

9. 帷幕灌浆

9.1 背江侧防渗线上采用帷幕灌浆，原设计帷幕灌浆在灌浆廊道施工完毕后开始，如果根据现场施工安排，帷幕灌浆在廊道底板浇筑后开始，则应在廊道底板下布置二排锚杆防止灌浆时底板抬动，锚杆采用直径28毫米II级钢筋，间距2米，孔深4米。

9.2 帷幕灌浆设一排孔，孔距2米（根据现场情况孔距可修改为1.5米），孔伸入中风化岩5米；

9.3 灌浆采用普硅42.5水泥。灌浆用水泥、水、掺和料、外加剂等必须符合规定的质量标准。

9.4 灌浆施工应根据需要配备钻灌设备，包括钻孔机具、搅拌机、灌浆泵、砂浆泵、自动记录仪、压力表、抬动观测仪、孔口封闭器、孔内阻塞器和其他全部灌浆设备和器材。

9.5 灌浆孔的开孔孔位应符合施工图纸要求，开孔孔位与设计位置的偏差不得大于10厘米，孔底偏差不应大于25厘米。

9.6 灌浆前，应对所有灌浆孔（段）进行裂隙冲洗和压水试验。承包人应根据监理的指示对灌浆检查孔、物探孔和观测进行钻孔冲洗和压水试验。

9.7 帷幕灌浆采用孔口封闭灌浆法，在规定的压力下，注入率不大于1.0L/min时，继续灌注时间不少于90min，且在规定压力下的灌浆全过程时间不少于120min，方可结束。

9.8 灌浆过程中如果发现回浆失水变浓，应改稀一级新浆灌注，当效果不明显则继续灌注90min可结束。

9.9 帷幕灌浆孔封孔采用置换和压力灌浆封孔法。

9.10 帷幕灌浆检查孔压水试验应在该部位灌浆结束14天后进行，帷幕灌浆检查孔压水试验应在该部位灌浆结束14天后进行。

9.11 灌浆后帷幕透水率不大于5Lu。

9.12 混凝土与基岩接触段及其下一段的合格率应为100%。

10. 干砌石、浆砌石

10.1 护坡采用的干砌块石，块石质量应符合要求。

10.2 干砌块石铺设前应铺设垫层料，垫层料质量应符合要求。

10.3 干砌块石铺设时自下而上，块石应紧靠密实、塞垫稳固、表面平整，防止垫层料从缝中带出。

10.4 浆砌石脚槽采用块石料砌筑，砌筑时要求认真挂线、自下而上错缝堆砌、紧靠密实、塞垫稳固、大块封边、表面平整和美观。砌石砂浆为M7.5。

10.5 浆砌石挡墙砂浆为M10。

11. 锚杆

11.1 水泥砂浆锚杆的原材料及砂浆配合比应符合下列要求：

锚杆采用精轧Ⅱ级螺纹钢筋，材料性能应满足规范要求，施工前作好调直，除锈及清除各种油漆污垢等工作。

使用前应平直、除锈、除油；

宜采用中细砂，粒径不应大于2.5毫米，使用前应过筛；

砂浆配合比：水泥比砂宜为1∶1～1∶2（重量比），水灰比宜为0.38～0.45。

11.2 锚杆孔孔径76毫米，锚杆设对中支架，对中支架应沿锚杆轴线方向每隔1米设置一个。

11.3 坡面锚杆孔轴方向应保持15°左右向下倾斜。

11.4 锚孔定位偏差不宜大于20毫米；锚孔偏斜度不应大于5%；钻孔深度超过锚杆设计长度应不小于0.5米。

11.5 锚孔钻好后，应及时进行清理，用风枪扫除岩屑和积水，用压浆泵注入M25砂浆。

11.6 注浆作业遵守下列规定：

注浆开始或中途停止超过30min时，应用水或稀水泥浆润滑注浆罐及其管路。

注浆时，注浆管应插至距孔底50～100毫米，随砂浆的注入缓慢匀速拔出；杆体插入后，岩孔口示浆溢出，应及时补注。

11.7 浆体强度检验用试块的数量每30根锚杆不应少于一组，每组试块应不少于6个；

11.8 根据工程条件确定灌浆压力，应确保浆体灌注密实。

12. 止水

12.1 接缝止水的型式、尺寸，材料的品种规格及技术参数等，均应符合施工图纸规定。

12.2 紫铜止水片表面应光滑平整，并有光泽。其化学成分应符合GB2059的规定，紫铜止水片的物理力学性能应符合下表要求。

项目	容重(KN/m3)	抗拉强度 σ b(MPa)	极限延伸率 σ 10(%)	熔点（℃）
指标	89	≥210	≥35	1283

12.3 塑料（PVC）或橡胶止水带型式、尺寸应符合施工图纸要求，其拉伸强度、断裂伸长率、硬度及老化系数等均应符合有关规定；其拉伸试验应按国家标准进行，PVC和橡胶止水带物理力学指标应符合下表要求。

材料名称	容重(KN/m³)	抗拉强度(MPa)	延伸率(%)	抗老化性能
PVC	12	≥15	≥280	老化系数0.95~0.9(70±1℃360h)
橡胶	12	≥18	≥380	极限延伸率≥300(70±1℃168h)

12.4 紫铜止水片应采用专门成型机根据需要加工挤压整体成型，并进行退火处理。成品表面应平整光滑，不得有裂纹、孔洞等损伤。

12.5 成型后的紫铜止水片，在搬运和安装时，应避免扭曲变形和其他损坏。

12.6 紫铜止水片之间的衔接须采取搭接或对接，不得采取铆接。采用对缝焊接时，应采用单面双层焊道焊缝，必要时可在对焊后利用相同止水片形状和宽度不小于60毫米贴片，对称焊接在接缝两侧的止水片上；搭接宜采用双面焊，搭接长度应大于20毫米。

12.7 紫铜止水片的异型接头必须在工厂整体冲压成型。成型后的接头不应有机械加工引起的裂纹或孔洞等缺陷，并应进行退火处理。

12.8 紫铜止水片及其异型接头安装后，应用模板夹紧，并使止水片鼻子的位置符合设计要求，其误差不应超过5毫米。

12.9 为防止浇筑混凝土时水泥浆进入止水片鼻子内，保证水片具有足够的变形能力，应仔细在空腔内填入柔性填料。

五 石宝寨文物保护工程施工

由于石宝寨文物保护工程项目多，保护工程的目的、专业技术不一样。因此分为五个施工标段进行实施。

（一） 危岩治理工程

危岩治理工程由四川省地质工程勘察院设计，通过对石宝寨玉印山岩石的详细勘察及危岩现状分析，作出石宝寨玉印山33处危岩治理设计，并通过审查。

由于石宝寨危岩威胁到石宝寨文物以及保护工程和游人的生命财产安全。因此，石宝寨保护工程实施前，应先对危岩进行治理。

石宝寨危岩分为三类：悬挑状危岩；板柱状危岩；楔形体危岩。根据不同类型和破坏模式，总体思路为"固脚强腰"，通过计算提出相应的防护措施，结构布置。因此根据本工程特点，采取点锚式全长灌浆黏结型锚杆支护、钢筋砼结构斜撑、辅以裂隙灌浆、设置排水沟保持水流畅通和对小块危岩、险石采用挂网喷浆防护等综合治理措施。

1. 悬挑状危岩治理

由于岩石自身重力、水压以及基座软弱粉砂岩夹层的因素，导致岩体自身的平衡重度、岩石剪断强度和软弱粉砂岩夹层的承载力能力减弱，使得危岩处于不平衡和不稳定状态，根据岩石剪段强度测试和现场实际情况。采取剔除外表软弱岩体，钢筋砼结构斜撑，或斜向向上锚杆悬吊并辅以裂隙灌浆等技术措施采取加固处理。

2. 板柱状危岩治理

由于岩体自身重度和暴雨初期水压的影响，使得岩体自身重度、刚度等受到较大的影响，采取水平方向和斜向下锚杆，并辅以裂隙灌浆等加以加固处理。

3. 楔形体危岩治理

楔形体危岩的破坏模式主要为：滑塌破坏，由于重力和水压的双重影响，导致岩石结构面上的抗剪强度大大削弱，为保证岩层的稳定性，采取结构锚杆配横、竖梁，并辅以裂隙灌浆治理。

4. 综合治理措施

（1） 为确保治理效果，危岩治理区域内设置排水沟，保持水流畅通，避免对危岩的水压和侵蚀，坡顶地表水由截水沟收集，汇合，再由竖向落水井直接排放到坡脚，进入城市下水道系统。

（2） 对小块危岩、险石采取挂网喷浆防护，锚钉按1.5米×1.5米梅花形排列，单根钉为1根直径20毫米，锚孔孔径为60毫米，深度为3米，水泥砂浆标号M30，为全长黏结性灌浆锚钉。喷射面板砼厚度为100毫米，配筋直径6毫米@200单层双向，喷射混凝土标号为C20，顶部水沟采用C20砼浇注成型。

危岩治理工程由重庆市南江建设工程公司经公开招标中标承建,监理单位为重庆市政建设工程监理有限公司承监（石宝寨保护工程项目监理中标单位）。

开工前由业主主持召开"石宝寨危岩治理工程设计技术交底"会，会上明确了危岩治理工程中的技术、安全问题，施工单位于2006年5月1日进场施工，2006年12月12日全部完成治理工作，历时222天。

由于石宝寨危岩体分布在玉印山周长约400米、高约30米的直立岩壁上，治理工程施工十分艰巨，每一处危岩的治理都须搭设钢管脚手架及施工平台。因此在危岩治理施工前，必须作好施工前的施工组织措施及施工方案，报监理审批同意后，才能进场施工，确保施工安全。

在施工过程中，要求施工单位设置一名专职安全员负责对施工点进行安全检查，一旦发现不安全隐患，应立即停止施工，进行整改。特别是对脚手架的稳定性和设备操作平台的安全性的检查是重点部位，确保脚手架和人员设备高空作业的安全。

在危岩治理过程中，发现了4处需要治理的危岩，经报业主同意后，对新发现的危岩按设计同类危岩的治理方法进行了治理，同时完善了补充设计。由于业主、监理和施工单位对施工安全的重视，在整个施工过程中未发生安全事故，经按规定抽查检验的锚杆抗拔实验全部达到设计要求。

主要完成工程量：锚杆390个、脚手架搭拆14661.3平方米、喷射砼1320平方米、截水沟20米、支撑柱2.7平方米、作旧处理389处、裂斜封墙5立方米。危岩治理37处。2007年3月7日通过验收，给围堤护坡工程的实施消除了安全隐患。

（二）主体工程：围堤护坡工程

工程由重庆市政二公司中标承建。该工程主体由临江侧高度约40余米高的钢筋混凝土桩板挡墙、肋板和背江侧钢筋混凝土护坡及仰墙组成，设计墙顶高程为175.3～176.15米（黄海高程），另由上下游各设一道高程在175.3～176.5米至地基并嵌入基岩的防渗墙与一级防冲干砌石护坡相隔，形成一个封闭系统。石宝寨山体的雨水排入临江侧箱涵及与背江侧相连的排水廊道内引入集水井，并通过抽水泵排入江中。另外临江侧与背江侧之间各设有一道浆砌石挡墙，挡墙内回填后形成两个墙顶平台广场，以供游人活动。墙顶步道宽5～2.5米围绕石宝寨半山腰一周，上游有梯道下到盆内至寨楼大门，再上到寨楼及山顶，下游有木板钢索吊桥通往石宝镇。

工程于2005年12月28日举行了工程开工典礼。

1. 开工准备工作

首先在当地政府的支持下，解决落实了施工用水、用电及"三通一平"的工作，同时,施工单位按施工方案平面布置搭建生活、生产所需的临时设施，进行施工现场的平基土石方、测量放线定位工作，清除施工障碍物，砍伐影响施工杂树300余株，拆除附属建筑200平方米，围墙400余米，平整场地土石方调运3万余立方米。

于2006年2月底完成了施工现场的"三通一平"工作。

2. 围堤护坡施工

完成了前期施工准备工作后，实际正式施工为2006年3月1日。然而要在2006年三峡水库蓄水至156米水位前完成156米水位以下的全部工程，时间相当紧，任务十分艰巨。因为156米水位以下的围堤护坡工程量占整个工程的65%，特别是临江侧的混凝土挡墙施工，按设计要求应分段开挖施工，而带肋地下连续墙厚仅为1米宽，总长约280米，肋板55个，开挖深度平均在24米左右，两侧的防渗墙开挖深度达30米左右，开挖十分艰巨、困难，虽然采取必要的安全保护措施，还是不能确保施工安全,因为开挖深度太深，地质变化不明，再加之施工作业面小，进度慢、不能确保三峡水库蓄水至156米水位前完成。因此业主考虑到工程的重要性、特殊性及施工工期的紧迫性等因素，业主于2006年2月21日在忠县组织召开了石宝寨保护工程施工组织设计方案论证会，会议由中国工程院院士葛修润主持，参加会议的单位有：重庆市文化局、忠县县委、忠县人民政府、忠县文广新局、忠县建委、忠县石宝镇政府、忠县文管所、忠县风景名胜管理所、上海交大、长江委勘测规划设计研究院、四川省蜀通岩土工程公司、重庆峡江文物工程有限责任公司、重庆市博物馆、重庆市政建设工程监理有限公司、重庆市第二市政工程公司出席了会议。根据对石宝寨施工组织设计方案论证会的建议和意见，业主立即与长江委勘测设计研究院取得联系，并要求对临江侧的混凝土挡墙设计进行优化，促进施工进度，确保三峡水库蓄水至156米水位不受影响，长委设计院积极配合，为缩短工期，将临江侧挡墙地下部分由人工开挖改为机械与人工成孔交叉作业的方式，于2006年3月完成施工图设计变更，这样保证了施工安全，又可加快施工进度，也减少人工开挖的施工风险。

（1）临江侧挡墙、肋板基础施工，先采用机械钻孔桩（直径1200毫米）跳槽钻孔后，绑扎钢筋，浇筑砼，待孔桩砼有一定强度后，再进行人工基槽开挖，这样就避免了开挖过程中因山体的侧压力过大而造成基槽垮塌现象。为了在三峡水库蓄水至156米水位前完成，施工单位投入了14台120钻孔机，60型现场搅拌站及T80型砼泵机各一套，业主也配合投入了一台1250KVA的临时变压器来满足施工用电的需要。

（2）在钻孔桩施工过程中，因地质条件的变化，钻孔时遇到大量孤石和流沙，经常出现卡钻，打坏钻头的现象，甚至于成型的孔也经常出现垮塌和串桩。影响工程进度，经业主、监理、设计、施工单位共同研究后，采取了砼回填止砂，再二次成孔的措施，加快了工程进度。

（3）人工开挖基槽部分，由于开挖体是页岩体易于风化，开挖宽度为1.4米（包括扶壁砼厚度）深度平均达24米，加之孤石也多，并且强度高，开挖难度大，开挖成型后都有可能出现垮塌现象，也很不安全，经业主、监理、设计研究后，在人工开挖，护壁形成后，增设砼支撑梁，保证了基础后续施工的安全。

（4）背江侧排水廊道长约230米，由于山体陡峭，表面孤石较多，施工时必须先采用人工将山体表面的孤石清除后，才可采用挖掘机开挖排水廊道基槽至基岩。由于地质变化大，开挖至排水廊道底板设计标高后，仍是土层，但需挖至基岩，因此，开挖普遍出现超挖现象。超挖部分采用C15砼垫层浇至设计标高后，再进行排水廊道施工。待排水廊道底板砼浇筑完成后，立即进行廊道基础帷幕灌浆。由于排水廊道施工完后，才能进行条石护坡的施工。因此排水廊道施工的进度直接影响到整个条石护坡的进度，加之条石护坡的工程量大，又因为排水廊道为钢筋混凝土结构，立模、扎钢筋、浇筑砼、待砼有一定强度后，才能拆除砼模板。为了加快进度，只有增加模板数量，加大投入，改排水廊道模板多次使用变一次性使用，同时采用排水廊道一次成型的施工方法。这样排水廊道施工完一段，即可进行条石护坡分段施工，这样加快了施工进度。

（5）820余米长的浆砌石脚槽施工后，进行条石护坡时，采用机械清护、回填、夯实，人工分段、分组砌筑。

（6）旅游码头基础采用人工挖孔桩共33根，在开挖基础孔桩过程中遇到了大量流沙层，有的深度达3米，经业主、监理、设计研究后，采用钢护筒止砂措施。

（7）上下游防渗墙开挖时，开挖深度达30米，为了保证施工安全，根据地形采取了上部土方进行卸载的处理，防止和减少塌方的可能性。

（8）安全监测

根据工程结构及地质条件，在临江侧围堤与背江侧护坡的四个断面作为综合监测断面：I号断面：桩号0+083米；II号断面：桩号0+152米；III号断面：桩号0+205米；IV号断面：桩号0+0366米。

主要监测项目包括变形监测、地下水监测、结构应力应变监测、库水位监测。

在抢工期抓质量的同时，施工方采取加大各施工作业面，采取平行流水施工作业法，组织大量材料储备，优选多个作业班组，增加作业人员，24小时倒班作业，特别是在2006年5月至9月期间，平均每天工地现场作业人员达300多人，每天浇筑砼达600多立方米。加之2006年5至9月面临百年一遇的干旱灾情，工地出现极度持续高温天气，白天气温高达45度以上，给施工进度带来影响。为此施工方采取了调整现场作业时间、给作业人员发放消凉避暑药品、发放高温补助、增加工资等措施来稳定队伍，保证施工顺利进行。在抢156米水位以下工程，施工方编制施工方案17项，技术治商单24份，设计变更20份。浇筑砼约55000立方米，条石护坡约13000立方米钢筋制作绑扎6000余吨。在业主、监理、设计、施工单位重视和共同努力下，于2006年9月15日完成了156米水位以下的全部工作，确保三峡库区的正常蓄水并进行了工程阶段性验收。

156米以上工程完成了临江侧钢筋混凝土挡墙156~175米，背江侧护坡及仰墙、临江侧排水廊道、集水井、寨内土石方回填和围堤、仰墙绕石宝寨一周的青石栏杆制作安装，围堤内管理用房等项目，整个工程于2007年11月完成。

（三）交通桥工程

在石宝寨交通通道方案设计中，比较了简支桥梁、石拱桥、悬索桥和地下隧道四种方案，经多次有关会议和专家论证会，并从交通便利、工程运行费用、景观协调、工程投资等进行比较，最后确定为悬索桥结构的桥梁。

石宝寨交通桥由长江委设计院设，工程于2006年4月28日动工，2006年4月25日进行交通桥设计技术交底，2007年8月13日完工。

该桥接石宝寨围堤50#和51#肋板面板与景区相连，东与石宝寨新镇相接。

1. 工程设计

本桥原设计桥型为4×52米连续悬索桥，并于2005年9月完成施工图设计，同年11月通过施工图审查。2005年12月16日，业主要求减少一跨桥梁，以节约工程投资。经与业主有关人员讨论，桥跨不作变化，桥型改为3×52米连续悬索桥，即石宝镇侧的一跨桥梁改为填方路段。修改后桥梁全长206.6米，桥面设计高程176.24米（黄海高程，下同）。经重新设计，于2006年2月完成施工图设计。

（1）结构体系和构造形式

石宝寨人行吊桥采用三跨连续结构体系的柔性吊桥，每跨矢跨比均为1/10。锚索倾角1/2，主索塔顶倾角2/5，另外锚索在平面还偏移1/31的倾角。桥道系采用横梁+桥面索+桥面板的结构形式。桥塔为一空间框架结构，横桥向为H形，纵桥向为A形。

主索：桥梁横向共2个索面，索面采用双主索形式，每个索面由两根φ36钢芯钢丝绳组成。主索成桥线形为2次抛物线，以塔顶索鞍中心为坐标原点，方程为$y=4f×x(1-x)/12$，式中$f=5.2$，为索的跨中矢度。主索空缆状态线形根据主索在恒载作用下的变形反推得到。

锚索：锚索倾斜率按1/2设计。

吊杆：吊杆采用圆钢φ24，间距2.0米，通过调节横梁底螺帽实现吊杆长度调整。

索夹：索夹采用简易索夹，索夹由夹板(钢板)和U形环(φ24圆钢)组成，普通螺栓紧固。锚跨索用骑马式绳卡将两根索夹紧。

横梁采用槽钢，两根槽钢通过缀板焊接连在一起，中心间距2米，横梁与吊杆对应。桥面索采用φ20的钢芯钢丝绳，横桥向共布置十根，通过压索板和弹性楔套与横梁紧圆在一起，支撑桥面扳，与主缆一起共同承受桥面板传来的荷载。桥面板采用6厘米厚的松木板，木板标准宽度为15厘米，木板均用一级木材加工。边跨木桥面板与纵梁之间采用抱箍装置连接，U形抱箍装置用φ10钢筋加工而成，主跨术桥面板与桥面索之间采用φ2"U"形扣连接。

（2）桥塔和基础：桥塔均为空间框架形桥塔，塔顶设上横梁，桥面下设下横梁；上横梁以上塔柱横桥向为竖直，纵桥向塔柱以17:1坡度向上形成"A"字，上横梁下至承台间塔横桥向坡度8:5:1，纵桥向17:1。基础全部采用桩基，桩长10米，"H"形承台，承台厚1.5米，纵、横向尺寸随塔柱底标高变化。锚碇设计为大体积混凝土结构，依靠其自重确保全桥结构稳定。

索鞍：全桥主缆在2、3号塔锚固，仅在1、4号塔设置供主缆自由滑动的索鞍，索鞍采用弧形钢板设置成简易索鞍，用一根φ20的"U"形钢筋对主缆进行横向限位。2、3号塔顶采用φ20销轴并利用绳卡对主缆进行锚固。

防腐：主索和桥面索防腐采用黄油防腐，同时索鞍及滚轮内填入黄油。吊杆上下端均采用涂抹黄油防腐。桥道系中的钢构件采用常规的防锈漆进行防腐。桥面桥木材防腐采用油质稀冷底子油加5%NaF溶剂涂刷。

（3）引道

石宝镇侧引道均为填方路段。路基边坡采用1∶2.5，坡脚设置浆砌石护脚。边坡防护采用干砌条石护坡，厚30厘米，下设砂砾石和土工布。

2. 交通桥施工

施工时严格按照有关规范规定的要求执行，根据现场施工的条件及施工工序的变化，对于重点工序，制定详细的针对性的施工方案有：测量放线施工方案、土方平衡方案、基础施工方案、回填护坡施工方案、结构砼、模板方案、桥梁上部结构吊装等方案，并经监理审批后实施。

（1）施工材料要求

混凝土：桥塔采用C30砼，桩基及承台采用C25砼，锚碇采用C20。

浆砌条石：路基护脚采用M10浆砌。

索鞍：索鞍所用弧形钢板，2、3号塔锚固主缆用的座板、肋板、加劲肋板采用Q235-C钢。

主索：采用符合（GB/T8918-1996）标准钢芯钢丝绳的6×19w+IWR型，绳径36毫米。

桥面索：采用符合（GB/T8918-1996）标准钢芯钢丝绳的6×19W+IWR型，绳径20毫米。

吊杆：采用Q235-C圆钢。

边索及桥面索的锚固滚轮及转向轮采用铸钢ZG230-450，轴承采用45号锻钢，轴套采用锡青铜，滚轮其他构件均采用Q235-C钢。

全桥所有的螺栓均采用热镀锌A级螺栓。

（2）桥梁下部结构的施工

桥塔的基础设计为嵌岩桩基础，施工时经常检查孔斜情况并及时纠正。嵌岩桩嵌入中风化泥岩4米，并由地质、监理和业主验收认可，报设计同意。孔桩基础混凝土浇注前做到孔底表面无松渣、淤泥，沉淀土，混凝土浇注过程一次完成，不得中断。

锚碇为大体积混凝土结构，为防止混凝土开裂，施工时除对原材料采取降低水化热的措施外，采取分层浇筑混凝土、混凝土浇筑后采取有效降温措施。

（3）桥梁上部结构的施工

钢丝绳施工前进行了预拉，以消除非弹性变形。

在施工吊桥主索及吊杆时，先在地面将主索的一端按图要求用绳卡固定好，再用卷扬机将主索牵引到2#、3#桥塔顶锚固系统处，用锚固系统的销子将主索绳端固定。主索整索牵引过河架设。调整后的钢丝绳临时进行锁定。主索架设和调整线形时先作临时固定。索夹安装前必须确定主索的空缆线形，在温度稳定的情况下放样定出索夹的位置并编号。桥道系安装完毕后还应对索夹进行一次紧固。

吊杆安装为二个索塔间水平方向间隔2米一根，在计算主索线性长度后，按计算好的距离在主索上作记号，再将吊杆按编号固定在主索上。

桥面索安装应在主索、桥面横梁、吊杆等安装完成后进行，桥面索在施工前先进行预拉，以消除非弹性变形。先将桥面索的一端按图要求用绳卡在锚碇转向轮处固定好，再按图要求穿钢丝绳。桥面索和锚跨边索锚固前，分三次紧固，再用U型螺栓扣在钢丝绳的尾端，且不得正反交错设置绳卡。

桥面横梁安装主要控制桥面横梁起拱，桥面横梁应在二索塔之间逐步起拱至110毫米，由于桥面横梁受自重及安装人员的影响较大，起拱高度不易控制，故在安装桥面横梁时要进行多次调整、复核、定位。

（4）引道路堤施工

引道路堤填料均采用透水性砂砾石土分层填筑，最大松铺厚度不得大于30厘米，路基填料中最大块石粒径不得大于层厚的2/3，路床顶面以下50厘米厚度内不得采用石块填筑。路基填方分层均匀压实。路堤边坡干砌条石，浆砌石脚槽，路堤左侧（后溪河侧）中部增设重力式浆砌条石挡墙和50米长的排水暗沟。

本工程由于高空作业多，施工操作面较为分散，现场又无法进行封闭式施工，因此，施工方制定了详细全面的安全施工措施报监理审批后实施，并落实到施工现场，使在整个交通桥工程施工中未出现安全事故。

（四）园林绿化工程

石宝寨内150~160米处寨门外的环境工程进行了重新设计，由重庆建大园林设计工程有限公司设计，工程于2008年4月8日动工，2008年10月5日完工。

该工程对围堤内150~160米高程平坦地约4000平方米的回填土进行了规划设计，工程包括：石宝寨围堤内景观环境、绿化工程，项目有：仿古长廊建筑的土建、装饰、水电照明安装。长廊宽3米，长122.4米，基础为钢筋混凝土柱下独立基础，两层钢筋砼结构仿古建筑，高8.76米；环境包括寨楼大门前石浮雕作品、围堤墙内采用塑石假山进行软化处理及园区道路；园区内设有亭园灯及给排水系统。园林绿化根据围堤内的环境、范围，进行植物栽植，有上层植物树种20余种，480棵不同胸径的树木，有重阳木、黄桷树、桂花树、槐树、广玉兰等。下层植物有10余种，有葱兰、南天竹、红继木、杜鹃、红花六月雪等，面积约3000平方米，丰富了石宝寨景观与寨门的环境协调一致。

（五）配套管理用房工程

石宝寨配套管理用房工程由深圳市华蓝设计有限公司建设设计，工程于2008年4月18日动工，于2008年8月18日完工。

石宝寨配套管理用房直接与交通桥相接，行成石宝寨一个封闭的旅游管理环境，是游客参观石宝寨的必经之路，可供游客参观、休息的场所。

该工程使用年限50年，六级抗震，室内地坪高程为181米，建筑面积1500平方米，配有办公室、接待室、管理用房、卫生间等，建筑形式为一层、高3.9米的钢筋砼结构仿古建筑，屋面为小青瓦并设置防雷接地，外墙以浅色外墙漆为主，内墙白色乳胶漆面，天棚为轻钢龙骨蛙钙板吊顶饰面，地面为30毫米厚青石板，门窗花饰为古式风格。环境工程配有花池、植物和树木，使建筑与环境协调一致。

施工中重点为门窗花饰、栏杆的制作以及屋面小青瓦、檐口、屋脊等节点的细部处理，施工前根据设计图进行实际放样，确定节点的装饰效果后，报监理、业主共同确认，再进行施工作业，这样保证了建筑外观的效果，体现出古代建筑风格，达到设计要求。

原设计基础为钢筋砼条形基础，由于该建筑基础建在175米以下10~18米范围的回填土上，考虑基础会出现不均匀沉降，影响建筑结构。业主建议采用小型钢筋砼灌注桩基础，并进行了设计变更。采用钢筋砼灌注桩共148根，完工后均作了检测实验，达到设计要求。

（六）其他工程

1. 虫害防治工程

根据石宝寨保护工程初步设计方案所拟定的原则和保护，在保护文物完好的同时，又要达到防治虫腐的目的，以保证石宝寨今后不再受白蚁和其他虫害及木腐菌的危害。

为了保证石宝寨不受白蚁和其他虫害的危害，对石宝寨围堤护坡、寨楼维修、景观环境、交通桥及配套管理用房进行了虫害综合治理。

（1）围堤护坡工程

围堤护坡工程在护坡脚槽施工时，对石宝寨一周进行了大面积喷洒白蚁预防药剂，形成一道防护带。喷洒面积9000平方米。

（2）交通桥工程

交通桥上所有木构件在安装前都进行了防虫、防腐药剂喷涂处理，面积1600平方米。

（3）景观环境

景观长廊木构件在安装铺钉后，进行了防虫、防腐药剂喷涂处理。

景观绿化带、道路和花池土壤用白蚁药剂喷灌形成防护带，以防白蚁筑巢蔓延危害。

对景观绿化保留和新移栽的树木进行了虫害防治处理。

（4）配套管理用房

在室内地坪清理平整后，未打垫层前进行了白蚁预防药剂喷洒处理。

新建中建筑用木构件如木门框、木窗框、栏杆木，在构件制作成型后未作油漆前，作了防虫防腐药物处理。

在建筑群体室外周边喷洒了白蚁预防药剂，形成预防白蚁的隔离防护带、阻止白蚁入侵。面积1600平方米。

在整个的施工中使用了枫蚁平（毒死碑），CCA木材防护剂、二硼合剂等防治药共计20183公斤，使用浓度及方法均符合国家有关标准和规范。

在每年虫害易发期间，定期进行虫害防治效果检查，进一步巩固虫害防治成效，有效保护这一历史悠久的文物古建筑。

2. 交通桥桥面设计变更

由于桥的结构形式，经验收交付使用后，根据忠县石宝寨管理部门反映，桥上人多时，桥面会出现摇摆，摇摆时行人手扶栏杆，栏杆接头活动处容易挟手、伤人，不安全。不利于集中人群上桥和不同人群如小孩、老人等的需求，为此业主与设计联系后进行了设计变更加固。采用槽钢进行加固处理，使桥面在人多时减少摇摆，消除了安全隐患，有利于游人安全。

3. 围堤内抽排水系统改造

石宝寨保护工程寨内的雨水和地表水及地下水位的水均进入背江侧排水廊道和临江侧的排水箱涵汇积到集水井中，由潜水泵抽出，排入江中。

石宝寨围堤内抽水系统设在码头围堤内，潜水泵安装在集水井中，设置800×800毫米的竖井通道，供设备安装和检修人员的上下。由于抽水管道和上下人钢梯所占空间，给设备检修带来不便。根据验收纪要的要求，为了确保围堤内的低洼地绿化仿古建筑不受影响，便于石宝寨的长期管理，在竖井旁边增设一个1200×1200毫米的竖井通道，便于设备吊运、定期检修和人员的上下，并增设2台高水位应急水泵（一台备用）至围堤顶面排出，保证了石宝寨的安全。

4. 供水供电系统

（1）给水系统：采有直径100毫米的复合管道由石宝镇引入寨内，再采用消防水泵抽至寨顶，供消防用水和生活用水。

（2）排水系统：围堤寨内卫生间采用生化处理后排入排水箱涵；配套管理用房污水采用生化处理后排入长江。

（3）供电系统：由石宝镇引入10千伏高压电源，采用高压绝缘电缆引至围堤寨内315kv的箱式变压器中，再从箱式变压器采用高压绝缘电缆引至寨顶和配套管理用房及各用电区。为了保证石宝寨的用电，配备了一台120kv的柴油发电机，供停电时使用。

5. 围堤栏杆、魁星阁修复

2008年5月12日汶川大地震后，业主要求施工方对石宝寨文物保护工程进行全面检查。检查后发现，由于地震的余波造成石宝寨寨楼魁星阁脊饰塌落6处，围堤青石栏杆部分出现轻微位移和裂缝现象，为此进行了即时的更换和修复。

六　石宝寨文物保护工程监理

石宝寨文物保护工程由重庆市政建设工程监理公司承监，监理公司在中标后，根据工程的重要性和特殊性，选派了专业技术对口、有一定工作经验的总监和监理工程师，成立了石宝寨文物保护工程项目监理部，于2008年12月28日进入现场，入驻工地。监理部根据工程特点、重点和难点，认真编写监理规划、监理实施细则和旁站监理方案。

（一）工程特点、实施难点及监理工作重点：

1. 工程特点：

（1）施工工期限制：石宝寨原址保护工程位于江边，受三峡工程蓄水影响，水位上涨后将成江中孤岛，工程必须在水位上涨之前（2006年蓄水至156米）完成所有蓄水水位线156米以下基础及结构物工程，因此，施工工期受到限制。

（2）文物保护与文物安全：本工程安全等级为一级，工程实施的主要目的是为了保护石宝寨这一历史古迹不受三峡水库水位上涨影响，因此，在工程实施过程中如何保护现存文物的安全将变得非常重要。

（3）地质情况复杂，施工场地受限制：石宝寨保护工程不同于一般的建设工程，它既有建设任务，也有治理任务，对山体扰动要小，人类工程活动较弱，不存在大开挖的环境边坡问题，场地主要工程问题为斜坡稳定性，即上部危岩、中部局部滑塌体及下部土质岸坡坍岸。

2. 工程实施难点：

（1）工期紧，由于三峡工程蓄水和雨水季节到来导致水位升高，因此必须在枯水期间完成部分挡墙基础、挖孔桩、堤岸的护坡，利于后续工程的施工。

（2）由于地质情况复杂，施工区域崩塌滑坡地段较多，给工程的施工特别是下部构筑物施工带来相当大的难度，也将对临江侧的堤防工程带来不利影响。

（3）施工中如何保护文物的安全问题，施工过程中如发现新的文物、有关资料或其他影响文物保护的重大问题，要立即记录，保护现场，并及时向上级报告和请示处理办法。

3. 监理工作重点

（1）施工过程中对于工程实体的"三控制、三管理、一协调"工作，特别是工期、质量、投资的控制将作为监理工作的重点来进行控制。

（2）文物保护、文物安全将作为施工过程中贯穿始终的目标。

（二）监理工作范围、内容

1. 监理工作范围

监理工作项目为石宝寨文物保护工程的全部工作内容（除古建维修），包括主体围堤护坡仰墙、道路、桥梁、危岩治理、景观环境及配套管理用房等施工及保修阶段的监理。

监理服务的工作范围：包括经审定批准的设计施工图范围内的全部工程，自施工准备期间到施工期的"三控制、三管理、一协调"，即：质量控制、进度控制、投资控制、安全管理、合同管理、信息管理和现场组织协调，以及缺陷责任期的监理工作。

2. 监理内容

（1）施工准备阶段

① 编制《监理规划》和《监理细则》及旁站监理方案。

② 审查承包人施工管理人员及特殊工种上岗资质。

③ 审查、确认承包人选择的分包人（需经业主批准）。

④ 参与设计交底及施工图纸会审。

⑤ 审批承包人提出的施工组织设计、施工技术方案和施工进度计划，并提出改进意见。

⑥ 召开工地会议及监理交底会议。

⑦ 发布开工令、复工令。

（2）施工阶段

① 编制《监理细则》及监理交底。

② 主持现场施工例会和专业协调会。

③ 原材料、构配件及设备进场检验及确认。

④ 对施工过程中开挖发现的现有道路管网及设施，组织施工人员拟定保护措施，并对实际发生的工程量按实签证。

⑤ 通过旁站、巡视等检验手段全面检查，控制工程质量。

⑥ 主持分项工程及分部工程的检查和验收，签发中间交工证书。

⑦ 审批承包人提交的月（季）度计划，动态监控承包人按进度计划实施，审批承包人的进度修正

计划。

⑧ 配合有关人员对重大质量、安全事故的调查、分析和处理。

⑨ 检查、督促承包人做好文明施工与健全防护措施。

⑩ 按工程施工合同要求，明确工程签证及计量项目。按有关程序对工程施工过程中实际发生的需签证的项目进行复核和签证，为工程计价提供可靠的基础依据。

⑪ 审核、签署工程进度款的付款凭证。

⑫ 按程序审批工程施工变更令。

⑬ 根据合同规定处理违约事件，协调争端，在仲裁过程中作证。

⑭ 编制监理工作月报，建立各种质量、进度造价控制台账。

⑮ 对承包人的交工申请进行评估，组织工程竣工预验收。

⑯ 配合业主组织工程竣工验收。

⑰ 签发工程竣工移交证书。

⑱ 审查工程结算。

⑲ 督促、检查承包人按档案管理部门及业主的要求编制竣工归档文件。

⑳ 编制监理工作竣工文件和监理总结，并按规定要求提交归档资料。

㉑ 配合业主进行工程竣工验收备案和工程移交工作。

㉒ 督促承包人认真执行缺陷责任期的工作计划。

3. 工程质量控制

根据《中华人民共和国文物保护法》以及国家相关现行施工及验收规范、设计要求、合同约定，并按照监理规划和实施细则，严格进行质量控制检查，在监理单位的积极努力、认真负责、坚持旁站工作下，石宝寨整个工程项目未出现质量事故和质量安全隐患。至使各单位工程全部达到设计要求并验收合格。

(1) 首先抓好施工前准备工作，条件不具备的不准盲目开工。

(2) 抓好原材料质量，审查不合格的不准进入现场，凡经复验不合格的材料一旦进场必须清退现场，否则不得施工。如砂石材料使用时必须进行冲洗，钢筋进场后，必须存放在架空架上并采取必要的防锈措施等。采取质量控制以事前控制为主的方法，先到厂家和材料产地调查是否可行等方法进行原材料进场的控制。

(3) 坚持凡上道工序质量不合格或未进行验收的不予签认，不得进行下道工序的施工。不合格的坚持返工重作。

(4) 对该工程的所有钢筋砼构造除工序检查验收外，砼浇筑严格控制砼的水灰比和坍落度，并实行旁站监理，确保砼的浇筑质量。

(5) 严格执行施工材料试验，监理抽验和旁站，见证取样送检，有效控制工程质量。

(6) 由于动工项目多，定期召开专门质量会议，加强施工方在抓工程进度的同时，重视工程质量。

(7) 坚持变更审批制：未经设计、业主同意不得实施。

经统计工程试验情况如下：

原材料抽检：水泥抽检35次；石料抽检5次；砂抽检35次；碎（砾）石料抽检34次；钢筋抽检137次。半成品及成品材料抽检，钢筋电渣压力焊接头抽检107次；单面搭接焊抽检62组；闪光对焊抽检3组；钢筋套筒连接抽检19组；止水铜片焊接抽检2组；砂浆抽检96组；砼抗压试验抽检846组；砼抗渗试验抽检48组；锚杆抗拔试验57处；桩基低应变动力试验全部合格。另外围堤护坡工程按设计布设四个断面监测器，在施工过程中内应力变化和完工后内应力变化情况正常，符合设计要求。

4. 工程进度控制

为了石宝寨主体工程：围堤护坡施工进度控制在三峡水库蓄水至156米前，完成所有蓄水水位线156米以下基础及结构工程，时间紧，任务重、工程量大，困难多，责任重。监理要求施工方作好施工组织设计和施工方案，特别是156米以下结构工程的施工进度计划为重点，要求仔细，经审批后实施。监理部在业主组织（2006年2月20日）专家评审的施工组织设计所提意见的指导下，施工方重新针对156米以下工程进度，作了计划调整，优化施工方案，并绘制施工进度网络计划，细到月计划和周计划。

为达到计划进度要求，监理按计划在施工现场，对各工地各项目进行检查落实工程进度情况，并实行每周召开工程例会，总结每周的进度情况，对照进度计划，分析、评价施工方进度，是否与计划同步，查找未达到进度计划的原因。要求施工方在有条件的施工部位采用交叉作业的方式，必要时延长施工作业时间，加班加点。

在施工过程中即时检查每道工序的完成情况，对分部、分项工程进行即时检查验收签认，即时处理施工方申报的各种报表，配合施工方抓好现场组织协调工作。在多方承建单位的共同努力下，于2008年9月15日赶在三峡水库蓄水至156米前，完成了156米以下全部工程。

5. 工程投资控制

石宝寨文物保护工程投资的资金来源于国家三峡建设委员会批复的三峡移民资金，对资金的使用有严格的要求。工程都是通过公开招标，选择施工队伍，并按招标文件要求施工单位完成招标文件规定的施工图的全部工作内容。因此在工程投资控制上，主要严格按合同价款、合同约定并完成全部设计施工图范围内的工程，按工程进度合同约定支付工程价款。

在施工中若发生设计变更，按规定办理签证。对施工单位上报的设计变更项目增加费用，监理按合同约定的设计变更价款，进行各分项各子项的认真检查计算后报业主。

6. 安全文明监理

监理部坚持安全第一，预防为主的方针，要求施工方在编制施工组织设计时，应根据各个工程的施工特点制定相应的安全文明施工设计，建立安全保证体系，建立安全生产责任制度，管理制度，检查制度，教育制度，会议制度，并定期开展安全生产教育活动。施工过程中督促检查各施工部位是否遵守有关安全文明生产施工的法律、法规和建筑行业的安全规章、规程，各工地不得违章指挥或违章作业。施工现场要求设置安全文明生产的图牌标语，材料进场堆放要分门别类作标记。进入施工现场人员必须佩带安全帽，高空作业人员必须佩带安全带。定期组织对各工地安全检查，定期召开安全会议。在现场旁站监理中，要检查安全设施、个人防护、安全用电，发现隐患，及时督促整改。要求特种作业人员必须持证上岗，现场施工机械必须有安全装置。

由于各参建单位对安全生产的高度重视，石宝寨文物保护工程在3年多的施工中未发生安全事故。

七　石宝寨文物保护工程建设管理

"石宝寨文物保护工程"为重庆峡江文物工程有限责任公司承担的重庆库区市级以上文物保护工程性项目之一，属国家重点文物保护项目。在工程项目实施阶段进行招标，以及严格工程项目的质量、安全、进度、费用、合同、信息等方面的管理和控制。同时，为了便于管理和控制，公司专门成立了"石宝寨文物保护工程"项目现场管理部，由有一定工作实践经验和专业技术的人员组成，入驻施工现场，参与施工中的组织、协调工作。

为了确保156米水位以下的工程在规定时间内完成，施工方加大工程人员、设备、材料的投入，使本工程形成了一个纵、横向交叉作业的局面，这给工程管理带来相当大的协调工作难度，为了配合好工程进度，抓好工程质量，控制好工程投资，项目部拟定了相应的管理措施。

1．工程质量管理措施

"质量是生命"控制好工程质量也是保障工程进度的重要因素之一。为了保证工程质量，确保工程进度和工程投资，项目部针对工程的特点在质量控制上也采取了相应的控制措施。

（1）原材料的质量控制措施

项目部要求施工单位对所进场的原材料必须及时地按规范规定在监理人员的监督下进行抽样，并送有相应资质的实验单位进行实验，经实验合格后才能用于工程中，不合格的材料严禁用于工程中，以免混入合格的材料中，对合格的材料采取分类有序的进行挂牌堆码，以免将材料错用。

（2）施工过程中的质量控制措施

项目部针对本工程的特点，参与监理定期组织召开各参建单位质量专题会。在会上要求施工单位根据各工程的难点、重点拟定出相应的施工质量保证体系及保证措施，明确各工序的质量控制检查标准及要求，在施工过程中严格按照设计及施工规范要求进行工程建设，派专人认真检查施工中的每一道工序，做到"施工前有交底，施工中有检查"，做到"首道工序检查不合格不能做下道工序，自检不合格不能报验"。虽然工程工期十分紧张，项目部还是要求施工单位不要盲目地进行抢工而忽视工程质量，要在保证工程质量的前提下，合理安排人员、时间抓抢工程进度。

（3）成品保护控制措施

在成品控制上，项目部要求施工单位对已完成的工程表面用砂或麻袋进行覆盖保护好成品，避免二次施工。

（4）人员安排措施

为了保证工程质量，项目部参照施工单位已拟定的施工组织措施方案及时调整人员跟班检查，做到了"施工现场有人干，业主、监理有人看，出现问题及时纠正，纠正之后有复检"的工作程序。

2. 工程进度控制措施

完成了施工现场三通一平后已是2006年3月了，此时每一年的桃花汛期将至，施工方调运了3万多立方米的土石方，在临江侧建起了一道土石防汛墙以保证工程及人员在汛期的人身安全。完成此工作后时间已是2006年4月了，而要赶在2006年9月中旬前完成156米水位以下的全部工程，就只剩5个月施工时间，这就意味着5个月中必须完成临江侧挡墙156米以下、背江侧排水廊道、背江侧砼156米以下护坡、条石护坡等所有工程量，砼近3万立方米、人工挖基槽土石方开挖（基槽宽1米、平均深24米）近1万立方米，条石护坡1万多立方米。为了确保工程进度，不影响三峡库区蓄水时间，对临江侧挡墙基础施工进行了设计变更，采取人工与机械相结合的施工方案，这样保证基槽开挖人员安全的前提下，能大量争取施工时间，缩短工期。

工程进度是我们控制的重点、难点。特别是临江侧挡墙基础的施工，由于整个工程的基础是坐落在地质复杂的河床页岩上，并且又是窄基深槽开挖，地下出现了大量的孤石、流沙现象，造成在工程施工中时常出现卡转、串桩和页岩风化后塌方等现象，给工程进展造成相当大的困难，项目部即时与设计、监理一道落实解决方案和具体措施。为了保证工程进度，项目部要求施工单位对156米水位以下的所有工程进行时间倒排工程进度计划，并要求计划按周为单位进行排例。以此计划为标准，项目部与监理每周召开一次工程进度协调会，在会上落实计划完成情况，找出计划滞后的原因，商议补救方案，使工程有条不紊地进行。

调整措施：

在工程建设的排布上，围堤护坡工程、危岩治理工程和交通桥工程几乎是同时施工，已经形成了一个纵、横向的立体交叉施工局面。为了确保三峡库区蓄水时间要求，保证工程建设顺利进行，项目部监理与定期召开工期、进度专门会议，要求各参建单位根据各自承担工程的现状即时调整施工方案，增加人员、设备、材料投入，延长作业时间。满足工程进度要求。

（1）施工作业面的调整

围堤护坡工程把156米水位以下的全部工程按各工程子项进行具体划分各作业面，即条石护坡化分成15段；背江侧排水廊道按设计伸缩缝位置为一施工段；临江侧砼挡墙按设计伸缩缝位置为一施工段；码头桩以每根桩为一施工段；机械钻孔桩除留置两钻孔机械设备应急外其于全部投入使用。

危岩治理工程：以每一处治理点为一个施工段。

交通桥工程：为了不影响围堤护坡工程建设进度，暂时停止0#锚锭、1#、2#桥塔施工，待围堤护坡工程完成了156米水位以下的全部工程后再进行0#锚锭、1#、2#桥塔的施工。

（2）人员调整

根据施工现场作业面调整，各参建单位对工程管理人员、工程作业人员也作了相应的调整。如：围堤护坡工程，调整后的五大块作业面分别由5个施工员进行管理，而每一个施工段的作业人员根据工程具体情况由15~30人不等进行实施。

（3）材料、设备调整

为了加快工程建设进度，要求围堤护坡施工方增添了砼搅拌站一座；增加30吨、50吨塔吊各1台；挖掘机、推土机各2台；汽车8台。背江侧排水廊道模板按一次性摊销制作使用，地方材料要保证施工进度的需求。

（4）作业时间调整

由于工程建设期处于夏季，2006年的夏季又遇上百年不遇的连晴高温天气，白天室外温度均在45℃以上，严重影响工程顺利进行，为了确保工程进度，施工单位把作业时间调整为5时至11时、16时至20时、20时至次日5时进行作业，加班加点，以抓进度抢时间为目标，整个工程实行全日制施工。对于现场会议的召开，项目部与临理、施工方协商后也将每一次开会的时间调整在晚饭后，并要求会议尽量简短，只要出现问题就以最快的时间、最简便的方式现场解决，从而提高工作效率满足进度的需要。

3. 工程投资控制措施

该工程为国家级文物保护重点工程，其工程投资性质属于一个双包干工程（经费包干、任务包干）。在地质条件复杂且施工时间紧迫的情况下要控制好工程的投资有着相当的难度。但项目部勇于面对，克服困难，为此在工程建设中要求施工单位严格按照施工图内容完成工程建设，对于工程建设中所出现的问题通过进行大量细致地协商，使问题的解决方案，尽量达到不增加工程投资的目的。对于必须要增加投资的项目，项目部将所需增加投资项目说明原因协同临理和设计的意见一同报请公司核批后进行实施。

4. 施工安全措施

施工安全也是保障工程进度的重要因素之一。在工程建设过程中，出现了任何安全事故都将会严重影响工程建设进度，所以工程在抢工期间时绝不能忽视施工安全。为此，项目部与临理、施工单位成立了以建设单位项目经理为组长，临理单位总监、施工单位项目经理为副组长，建设单位现场代表、临理单位的临理人员和施工单位的现场施工员、电工等为小组成员的一只庞大的安全领导小组。针对施工现场的电力设施、设备、线路等作不定期的检查。对有可能出现危险的施工区域派出专人蹲守，发现有险情将要出现即时通知作业人员迅速撤离危险区域，同时立即通知安全领导小组到现场确定排险方案进行排危。有了严格的安全措施保障，在上游防渗墙172米处约200立方米的塌方和临江侧挡墙7#~11#肋板基础约25米的基础塌方时无一人员伤亡，保证了整个工程施工安全。

5. 对外协调工作

做好对外调工作，保证工程顺利进行。我部从来到工程建设项目地点后积极与当地政府部门联系，并将工程实施情况、进度情况主动地向当地政府汇报，同时也得到了当地政府的大力支持，例如，在完成156米水位以下工程中，需要大量的外运土石方回填，然而整个石宝镇能够满足回填土质要求的土源很有限，经找到镇政府后，由镇政府出面很快就解决了回填土源。又如，在回填土的运输上，汽车必须要穿过镇内主要街道，时至夏季，日平均气温均在40℃以上，加之时间紧，运输车又是24小时不间断的作业，造成整个街道尘土飞扬，严重影响了市民的正常生活，使市民上街闹事堵塞交通，项目部知道这一情况后，立即与镇政府主要领导联系，镇政府立刻带领相关人员出面解决。镇政府一天最多的是七次到现场给群众作解释工作，疏通道路，说明石宝寨物保护工程的重要性和施工建设的紧迫性，争得了市民的理解。在施工用电上，每逢夏季电力公司为了保证农业生产用电，对石宝镇和正在建设的施工现场进行限电。针对这一情况，项目部立即将此情况报告公司，在多方面努力和市领导的关怀下，工程用电得到了保障。项目部还完成了配套管理用房的争地、规划手续，正式用水、用电等工作的协调开展，使工程整个进展没有受到外界因素干扰，保证了工程建设顺利进行。

八 石宝寨文物保护工程档案资料管理

工程档案资料是指项目在可研阶段、立项阶段、设计阶段、施工阶段的所有技术、经济往来文件，它反映工程项目建设的全过程。特别是施工阶段的竣工资料必须要求真实，认真地填写、审核、签署。它是监理人员质量控制、投资控制的重要手段，也是今后宝贵的历史资料。

石宝寨文物保护工程项目，签订的各种合同协议达60份，可见参建单位之多，工程之复杂，资料的收集很繁杂。施工单位完工后，要求施工单位对竣工资料按规定；如文字资料、实验资料、图纸资料、照片资料等进行整理、完善后报监理检查、审核后，进行分类装订，报业主档案室，再由业主组织由重庆市城建档案馆对工程竣工档案进行验收后，报送档案馆一套完整的工程竣工资料。

石宝寨文物保护工程档案于2010年5月13日通过重庆市城建档案馆验收合格。

九　石宝寨文物保护工程验收

石宝寨文物保护工程主要分为：围堤护坡工程、危岩治理工程、人行交通桥工程、园林绿化及古建维修工程、配套管理用房工程五个单项工程。

工程于2005年12月28日开工，2008年12月底全部完成，历时3年时间。

五个单项工程通过由设计、地勘、监理、政府监督部门和主管部门通过验收，工程全部合格。

1. 危岩治理工程于2007年3月7日通过验收。

2. 围堤护坡工程于2008年1月10日通过验收。

3. 交通桥工程于2007年9月18日通过验收。

4. 园林绿化、石建维修工程于2008年10月30日通过验收。

5. 配套管理用房工程于2009年3月20日通过验收。

2010年12月2日由国家三建委、国家文物局、重庆文物局及有关单位对石宝寨文物保护工程进行了综合验收。全文如下：

忠县石宝寨文物保护工程综合验收会专家意见

2010年12月2日国家文物局在忠县石宝寨组织召开忠县石宝寨文物保护工程综合验收会。参加会议的有国务院三峡办、国家文物局、重庆市文物局、重庆市文广局三峡文物保护领导小组、重庆市移民局、忠县人民政府及忠县相关部门的领导。来自中国文化遗产研究院、北京建筑工程学院、浙江省古建筑设计研究院、长江水利委员会长江工程监理咨询有限公司的专家们组成了验收组。验收组专家们实地踏勘了忠县石宝寨，认真考察五个分项工程现状，详细查阅了参与该工程的施工、监理、勘察、设计等单位提供的工程资料。分别听取了业主单位、勘察单位、设计单位、监理单位及各参建施工单位的工程情况报告。经过全体专家认真讨论，形成如下意见：

一　该项工程属文物保护多学科、多专业参与的保护性构筑物及环境保护工程，工程涉及围堤护坡、危岩治理、交通悬索桥、堤内配套用房及环境绿化治理、本体维修等多项内容，是三峡文物保护的重点工程和工程难度大的工程。

该项工程从设计、施工、监理、工程管理等方面做到了紧密结合和相互配合，从此次经历了四川汶川5·12大地震后蓄水达到175米水位和各专项验收基本上的实际状况，可以认定：工程符合设计要求，满足相关专业的国家、行业规范、标准要求，工程质量合格。围堤内的环境绿化和配套用房建设与石宝寨的本体及环境相协调，文物得到了有效保护。

该工程在控制管理方面，符合工程招投标制度的要求，有效控制了概算指标，各项工程专业监理到位，各项工程档案编制、归档完整规范。

综合分析，该项工程是我国文物保护构筑物工程具有代表性的合格工程，为我国此类工程的开展起到了示范作用，通过验收。

二 尽管该项工程取得了较好的工程效果，但仍存在某些需要改善、改进的工作。

1. 检查井工作面过小，不能适应正常的检修工作要求。

2. 围堤防渗水处理尚有欠缺。

3. 缺少设备运行的阶段报告。

三 建议：

1. 鉴于该项工程的重要和运行的复杂，验收组认为在石宝寨正常开放期间，应对围堤护坡进行定期监测，尤其是临江围堤及堤外边坡、背江侧混凝土贴坡倾墙，码头、交通桥，在应力、变形、地下水、渗漏量等进行及时监测，如有异常，及时处理，并认真进行运行管理的岗位培训和运行管理制度建立。

2. 对检查井应进行单侧扩大，以适应工作的要求。

3. 采用先进材料和工艺，对渗水的部位进行注浆防渗处理。

4. 对服务区的建设应尽可能与石宝寨的环境相协调，提高环境质量。

5. 对低水位状况的围堤护坡进行景观处理。

专家组组长签字：

专家组成员签字：

一〇 石宝寨文物保护工程大事记

1. 1999年9月28日国务院三建委技术国际合作司、移民开发局规划局、国家文物局保护司建议石宝寨列入文物保护项目之一。

2. 2000年6月国务院三建委下发（国三峡建委发办字[2000]15号）批复石宝寨为库区文物保护项目。

3. 2001年6月重庆市文物局（渝文物[2001]59号）委托建设部综合勘察设计研究,在北京建工学院和长委设计研究院基础上进行方案优化。

4. 2001年国家文物局（文物保函[2001]907号）对石宝寨保护方案提出意见和要求。

5. 2002年12月重庆市委书记黄镇东视察石宝寨作指示，要求不要留遗憾，建议适当扩大保护范围。

6. 2002年12月27日重庆峡江文物工程有限责任公司委托长江委设计研究院重新进行方案设计。

7. 2003年1月甘宇平顾问请示黄镇东书记黄奇帆副市长，并经吴邦国副总理表示赞同长委方案。

8. 2005年4月28日国家文物局（文物保函[2005]440号）批复石宝寨初步设计方案（长委方案）。

9. 2005年11月25日国务院三建委（国三峡委发办字[2005]43号）批复石宝寨文物保护工程投资概算9797.77万元。

10. 2005年12月28日石宝寨围堤护坡公开招标，重庆市政二公司中标后正式开工。

11. 2006年2月21日为确保围堤工程不受库区蓄水影响和人身安全，峡江公司建议人工开挖深基础变更为机械钻孔与人工开挖相结合的方法论证会，由葛修润院士主持。

12. 2006年3月2日重庆市政府顾问甘宇平、市政府副秘书谭大辉在石宝寨现场办公会（市府会议纪要2006-51），推动了石宝寨工程的顺利进行。

13. 2006年5月20日文化部副部长、重庆市文化局领导一行人到工地视察、指导工作并了解工程质量、进度情况。

14. 2006年5月26日三峡库区考察团到工地视察。

15. 2006年7月6日三建委检查团一行人到工地检查工程进度。

16. 2006年7月21日忠县县长、副县长一行人到石宝寨工地，了解工程质量、进度情况，并对各参建单位进行慰问。

17. 2006年7月31日国家三建委、重庆市文物局等一行人到石宝寨检查工程质量、进度情况。

18.　2006年8月23日重庆市政府顾问甘宇平、市政府副秘书谭大辉及市文化局王川平副局长一行人员到工地视察、检查工程进度情况。

19.　2006年8月31日三建委一行人员到工地视察，检查工程进度。

20.　2006年9月15日石宝寨工地举行156米水位以下工程全部完成庆典活动。

21.　2006年11月23日国家领导曾培炎等一行人员到工地视察并指导工作。

22.　2007年3月7日石宝寨危岩治理工程37处通过竣工验收。

23.　2007年9月18日石宝寨人行交通桥180米长，通过竣工验收，10月底完成整改。

24.　2008年1月10日石宝寨围堤护坡工程通过竣工验收。

25.　2008年5月12日四川汶川大地震波及石宝寨，出现庙宇脊饰塌落6处，围堤栏杆轻微位移，主体未见异常。

26.　2008年10月30日石宝寨古建维修、景观环境绿化工程通过竣工验收。

27.　2009年3月20日石宝寨配套管理用房通过竣工验收。

28.　2009年4月18日石宝寨正式开始对外开放，接待游客。

29.　2010年10月石宝寨排水廊道渗漏水大于设计造成抽排不力，为确保安全增加两台应急潜水泵并对检查井进行改造。

30.　2010年12月2日石宝寨文物保护工程通过国家综合验收。

31.　2010年12月29日石宝寨文物保护工程移交忠县文物局。

32.　2011年5月排水廊道改造完成，同时对廊道渗水采用适当堵漏。

33.　2011年6月30日石宝寨文物保护工程通过项目财务决算审计。

—— 石宝寨文物保护工程投资、组织机制及参建单位

工程投资：

忠县石宝寨文物保护工程属国家重点文物保护项目，工程投资由国家三峡建设委员会于2005年11月25日批复《国三峡委发办字（2005）43号》，"关于忠县石宝寨文物保护工程投资概算的批复"，工程投资概算为9797.77万元（2005年价格）。

该工程于2010年12月2日进行了工程综合验收。2011年进行了财务工程总决算，经审核，实际工程总投资为9859.82万元。

主要工程项目结算：

1. 危岩治理工程：128.24万元

2. 围堤护坡工程：6196.06万元

3. 交通桥工程：498.68万元

4. 园林绿化、古建维修工程：654.56万元

5. 配套管理用房工程：361.01万元

组织机制

2002年7月1日重庆市人民政府修订了《重庆市实施建设项目法人责任制规定》。2001年7月10日重庆市人民政府印发了《重庆市三峡工程淹没及迁建区文物保护管理办法》明确市文物局负责库区文物保护工作的组织实施和管理；市移民局负责库区文物保护项目的衔接、调整、销号及资金使用的监督并实行项目法人负责制。工程项目的招投标接受文物、移民、建设、监察等部门监督。以市文物局牵头与重庆市监察局、重庆市移民局、重庆市建委、重庆市文化局三峡办、重庆市文化局计财纪检等组成重庆市三峡库区文物保护工程性项目招标工程领导小组，负责文物工程评标及结果审批。

根据文物工程的特殊性，为了进一步加强文物保护工程管理由市文物局文物商店、博物馆、考古所于

2001年9月1日共同组建了重庆峡江文物工程有限公司。它由建筑、结构、水电、设备、材料、文物、考古等有关专业的人员组成，按项目管理服务进行管理。代表业主组织实施文物保护工程从可研、立项、方案、初设、设计、施工、监理、移交以及主要设备材料采购活动、招投标活动、资金管理等全过程的系统管理并对其负责。峡江公司的代理业主性质决定了峡江公司是零赢利单位，在实施管理过程中不得有任何利润。峡江公司的工作经费来源于国务院三峡建设委员会项目投资概算中的建设单位管理费中列支。

峡江公司实行总经理负责制，按"公司法"规定设立的有限责任公司。它与其他有限责任公司最大的区别是不自负盈亏，不概算包干。严格按基本建设程序、国家文物保护实施细则和文物保护法执行。实行节余上缴；超支必须专题报告，经论证审核后由上级主管部门批复的项目法人公司。

峡江公司根据文物保护工程的特点，地理位置，距离远近，保护内容，工作量大小等具体情况，配置项目管理部，实行驻场管理。为了保证工程质量，资金安全，坚持：

① 政企分开，实行项目法人负责制。

② 建筑工程及主要材料、设备（50万元以上）；实行招投标制。

③ 建筑工程实行项目监理制。

④ 投资管理实行三算制（即初设有概算，施工有预算，竣工有结算）。

⑤ 工程管理实行合同制结合项目管理制。

⑥ 工程结算费用实行咨询审核制。

参建单位：

序号	参建单位名称	合同名称
一	建设单位(业主)	
1	重庆峡江文物工程有限责任公司	接受市文物局授权对库区市级以上文物工程全过程管理
二	地勘单位	
1	建设部综合勘察设计研究院	前期勘察及保护方案
2	北京建筑工程学院古建筑研究院	前期现状测绘，现状照相，现状摄像及保护方案
3	重庆南江地质工程勘察院	对石宝寨进行详细勘察、配套管理用房岩土工程勘察
4	重庆一三六地质队基础工程勘察设计院	对石宝寨地质灾害危害性评估
5	重庆市地质矿厂勘查开发总公司南江水文地质工程地质队	配套管理用房地质灾害危险性评估
6	忠县防汛抗旱办公室	配套管理用房工程行洪论证
7	长江重庆航道工程局勘测设计处	1:500地形测绘码头测绘
8	忠县巴王环境咨询服务中心	配套管理用房环境影响评估
9	忠县城乡规划设计院	局部地段1:500地形图测绘
三	设计单位	
1	长江水利委员会长江勘测规划设计研究院	保护方案设计、初步设计、施工图设计，人行交通桥设计。
2	陕西省古建设计研究所	古建维修保护工程设计
3	四川省地质工程勘察院	危岩设计
4	深圳市华蓝设计有限公司重庆分公司	配套管理房屋建筑设计
5	重庆大学建筑设计研究院	施工图设计文件审查

续表

序号	参建单位名称	合同名称
四	监理单位	
1	重庆市政建设工程监理有限公司	危岩治理、围堤护坡、交通桥、管理用房、园林绿化工程监理
2	河南东方文物建筑监理有限公司	古建维修工程监理
五	施工单位	
1	重庆南江建设工程公司	危岩治理工程
2	重庆市第二市政工程公司	围堤、护坡工程
3	重庆华通路桥工程有限公司	交通桥工程
4	重庆市园林建筑工程(集团)有限公司	古建维修、景观环境园林
5	重庆市巴王建设工程有限责任公司	配套管理用房工程施工
6	重庆华运虫害防制技术研究所有限公司	石宝寨文物保护工程及古建维修工程虫害防治
7	重庆万州区兄弟建筑工程有限公司	附属工程场地土方回填及挡墙
8	重庆西伯乐斯楼宇工程有限公司	古建维修消防、给排水
9	重庆市渝忠建筑工程有限公司	围堤石栏杆制安
10	重庆洁能环保工程有限公司	寨内生化处理池、配套管理用房生化池
11	江苏盛发环保有限公司	寨体内污水处理
12	重庆汇腾机电设备有限公司	抽排水设备改造
13	重庆明瑜安装工程有限公司	寨内消防、排水泵拆安、应急抽水设备安装
14	忠县海银送变电工程有限责任公司	临时施工用电安装、围堤内10KV配电
15	忠县海银送变电工程有限责任公司	电力安装工程
六	其他参建单位	
1	重庆忠县人民政府	
2	忠县石宝镇人民政府	
3	忠县文物保护管理所	
4	忠县海银送变电工程有限责任公司	
5	涪陵民安电力工程公司	
6	北京希地环球建设工程顾问公司重庆分公司	
7	重庆大成国地工程咨询有限公司	
8	重庆大正建设工程经济技术有限公司	
9	重庆万隆方正会计师事务所有限责任公司	
10	重庆市南岸区石牛花木有限责任公司	
11	重庆恒诺建设工程咨询有限公司	
12	重庆江河佳文工程造价咨询有限公司	
13	重庆合信建设招标代理有限公司	
14	重庆鼎鸿建设咨询有限公司	
15	重庆天兴会计师事务所	
16	重庆西厦畜牧养殖有限公司	
17	重庆长康机电设备有限公司	
18	上海连成(集团)有限公司	

附录

一　国务院三峡工程建设委员会移民开发局关于对白鹤梁题刻石宝寨张桓侯庙保护方案征求意见函的复函

国峡移函规字〔1999〕21号

国务院三峡工程建设委员会办公室：

你办《关于征求对重庆市人民政府关于白鹤梁题刻石宝寨张桓侯庙保护方案意见的函》收悉，经认真研究，现复函如下：

一、关于白鹤梁题刻、石宝寨、张桓侯庙的保护方案，原则同意重庆市政府的意见。

二、有关保护方案的后续工作，也原则同意重庆市政府的安排，建议督促有关承担单位限期完成。白鹤梁题刻保护方案中，应把精力、财力重点放在地面陈列馆的勘察设计和水下题刻表面的处理上。水下题刻的围堰保护方向研究，建议另作专题研究，不列为规划范围。

三、关于勘测设计等工作经费问题。文物保护方案一经确定，保护方案实施的勘察设计等费用，同其他移民工程一样，均应在其工程项目总概算中列支。为开展张桓侯庙和石宝寨的勘察设计工作，早在1997年就分别下达了部分经费（张桓侯庙96万元、石宝寨117万元），今年需增加，请说明工作进度，再分项目上报计划。白鹤梁题刻可以单独上报勘察设计计划，以便安排相关费用。

一九九九年三月二十六日

二 国家文物局
关于对白鹤梁题刻、石宝寨及张桓侯庙保护规划方案的意见函

文物保函〔1999〕160号

国务院三峡工程建设委员会办公室：

你办《关于征求对重庆市人民政府关于白鹤梁题刻石宝寨张桓侯庙保护方案意见的函》（国三峡办发技字[1999]014号）收悉，经研究，我局现对白鹤梁题刻、石宝寨、张桓侯庙的保护规划方案提出如下意见：

一、白鹤梁题刻是三峡库区内唯一的一处全国重点文物保护单位，其保护规划方案的核心应是如何保护好这处具有极其重要的历史、科学、艺术价值的文化遗产。

从现阶段经济和技术等因素考虑，围堰保护白鹤梁题刻的设想是可行的，亦给将来的采取其他水下保护措施预留了时间和空间。目前，应抓紧深入研究，切实解决泥沙、石块、污水等对题刻的侵害。对题刻本体保护的研究也应同时进行，并要研究利用各种技术手段全面、准确地获取所有资料，包括录像、拓片、翻模复制等，为研究和地面陈列与展示创造条件。

二、石宝寨作为三峡库区内的一处重要的省级文物保护单位，其保护规划方案的制订应综合考虑护坡仰墙方案和围堤方案的合理因素，切实解决好文物建筑和玉印山的山体保护、地下水处理以及环境景观处理等问题。同时也要处理好交通、参观空间和视线走廊等问题，但不应新建其他假"文物"。

三、张桓侯庙同样也是三峡库区内一处重要的省级文物保护单位，其保护规划方案的核心是搬迁选址问题。我局同意张桓侯庙搬迁至云阳县新县城对岸的陈家院子的方案。但方案中应充分考虑文物建筑与周围环境的协调，处理好低水位时的景观问题，同时也应包括揭示和了解张桓侯庙早期建筑历史等工作内容。

四、鉴于目前尚无可供审批的白鹤梁题刻和石宝寨的保护规划方案，建议你办敦促重庆市人民政府根据我局上述意见，并吸纳重庆市组织的"三峡库区白鹤梁题刻、石宝寨、张桓侯庙保护方案论证会"专家组意见，尽快组织力量，抓紧研究制订白鹤梁题刻和石宝寨的保护规划方案，再按规定程序报批。

五、鉴于张恒侯庙搬迁至陈家院子的保护规划方案已基本成熟，在根据我局上述意见做适当修改

后，建议可先行批准，并请重庆市人民政府委托有关专业机构制订设计搬迁施工方案。按照《中华人民共和国文物保护法》第十一条、第十三条和《中华人民共和国文物保护法实施细则》第十五条的规定，其设计搬迁施工方案需报我局审批。

六、考虑到白鹤梁题刻、石宝寨、张桓侯庙保护工程的技术难度和工程量，以及水位增高对工程影响等诸多因素，上述有关工作应尽早完成并付诸实施。

此复。

一九九九年四月九日

三 重庆市文物局关于
忠县石宝寨保护规划设计方案的请示

渝文物〔2001〕59号

国家文物局：

根据《长江三峡工程淹没区及迁建区文物古迹保护规划》和国务院三峡建委《关于抓紧开展白鹤梁题刻石宝寨张桓侯庙保护工作的函》的要求，我局委托建设部综合勘察设计研究院对忠县石宝寨保护规划方案进行设计。设计单位根据专家论证意见的原则，在北京建筑工程学院和长江勘测规划设计研究院两家设计单位比选方案的基础上进行优化设计。我局认为，该保护工程设计方案符合1998年12月专家论证会提出的对石宝寨保护的基本原则，较好地解决了文物建筑和玉印山环境风貌保护的关系，已经基本达到了委托设计的深度和要求。现报来《重庆市忠县石宝寨保护工程方案设计》，请予批准。

二〇〇一年六月二十二日

四　重庆市人民政府关于
印发重庆市三峡工程淹没及迁建区
文物保护管理办法的通知

渝府发〔2001〕47号

各区县（自治县、市）人民政府，市政府各部门：

　　《重庆市三峡工程淹没及迁建区文物保护管理办法》已经市政府同意，现印发给你们，请遵照执行。

二○○一年七月十日

重庆市三峡工程淹没及迁建区文物保护管理办法

第一章 总 则

第一条 为进一步加强重庆市三峡工程淹没及迁建区的文物保护工作，切实有效地实施对三峡历史文化遗产的抢救保护，根据《中华人民共和国文物保护法》、《中华人民共和国文物保护法实施细则》、《长江三峡工程建设移民条例》和国家有关法律、法规，制定本办法。

第二条 重庆市三峡工程淹没及迁建区(以下简称库区)内的一切文物保护实施工作，均适用本办法。

第三条 库区内一切具有历史、艺术、科学价值的不可移动文物和可移动文物，均受国家保护。

第四条 市文物局主管库区的文物保护工作，负责库区文物保护工作的组织实施和管理，实行任务、经费双包干。

市移民局负责库区文物保护项目计划的衔接、调整，项目的销号管理以及移民资金使用的监督管理。

市建设、规划、国土等有关部门应积极支持库区的文物保护工作，为文物保护实施提供必要的条件。

第五条 库区各级人民政府负责保护本行政辖区内的文物，应切实采取有效措施，打击和防范库区盗掘古遗址、古墓葬、损毁文物、走私文物等犯罪活动，确保库区的文物安全。

库区各区县（自治县、市）文物部门应积极协调、配合库区文物保护工作的实施，并负责组织实施库区县级以下地面文物保护单位的保护工程。

一切机关、组织和个人都有保护文物的义务。

第六条 库区内地下、水下遗存的一切文物（含古脊椎动物化石和古人类化石），地面遗存的古文化遗址、古墓葬、石窟寺、古桥梁等均属于国家所有。

属于集体所有和私人所有的古建筑、纪念建筑等，凡列入库区文物保护规划范围的，经办理移民补偿后，属于国家所有。

任何单位和个人不得对文物进行盗掘、哄抢、藏匿、变卖、拆除或改建。一切破坏、损毁和走私文物的活动均属于犯罪行为。

第二章 计划和资金管理

第七条 库区文物保护资金是三峡库区移民资金的一部分，应纳入移民资金计划统一管理。

第八条 市文物局应根据国务院三峡建设委员会审批的三峡库区文物保护规划，按照三峡工程蓄水进度的要求，编制库区文物保护年度计划，经市移民局综合平衡后，纳入库区年度移民投资计划。

第九条 在库区文物保护年度计划执行过程中，市文物局按计划进度向市移民局提出项目的资金使用计划，由市移民局核准实施。

在计划的执行过程中，市文物局可根据实际情况对项目及经费作适当调整，调整幅度及审批程序按国务院三峡建设委员会移民开发局有关规定执行。

第十条　库区文物保护资金按照移民资金管理规定进行管理。市、区县（自治县、市）文物部门须设置库区文物保护资金账户，确保文物保护资金的专款专用，并定期向移民部门报送资金使用情况及相关报表。

第十一条　库区文物保护项目的法人应对项目经费进行严格管理，并在项目完成时向市文物局提交项目资金的使用情况报表。

任何单位和个人不得挪用、挤占、拆借、侵吞库区文物保护资金。

第十二条　库区文物保护项目的招投标、方案评审等费用按有关规定在项目前期费中直接列支；地下文物的重要遗迹留取和标本测试等经费可在计划实施中统筹使用；宣传出版、培训等工作经费按国务院三峡建设委员会移民开发局有关规定进行开支。

第三章　项目管理

第十三条　库区文物保护项目按保护工作性质分为非工程性项目及工程性项目，凡经国务院三峡建设委员会审批列入规划的地下文物考古发掘及地面文物留取资料项目属非工程性项目，地面文物原地保护和搬迁保护项目属工程性项目。

第十四条　库区文物保护实行项目法人负责制。

非工程性项目的项目法人为市文物局。

工程性项目中涉及市级以上文物保护单位的，由市文物局委托项目法人负责项目的实施管理。涉及县级以下文物保护单位的，由所在地区县（自治县、市）文物部门委托项目法人进行管理。

第十五条　库区地下文物考古发掘项目，由市文物局依法向国家文物局履行有关考古发掘的报批手续。

库区地面文物保护项目，属于县级以下文物保护单位的，其搬迁保护方案由市人民政府负责审批，其设计方案，由市文物局会同市移民局组织审批；属于市级以上文物保护单位的搬迁保护方案，按国家有关法律法规履行报批程序。

第十六条　库区地面文物搬迁保护项目的迁建用地，在选址前应进行地质灾害危险性评估。搬迁保护方案审批后，由项目法人向所在地区县（自治县、市）国土部门办理土地征用手续，其用地面积在原文物占地面积的基数上可适当考虑环境因素有所增加，具体面积指标和征地费用须经区县（自治县、市）移民部门商同级国土部门核定。

第十七条　凡在库区承担文物保护非工程性项目的单位，由市文物局核查其考古发掘及文物保护的相关资质。

凡在库区承担文物保护工程性项目的施工及监理单位，必须具备工程施工三级、监理乙级以上资质，具体准入审批由市文物局会同市建设主管部门根据其技术力量、相关资质材料以及文物保护工程履历资料核发证书，并标明投标范围。

从事水文、地质勘察、地形测绘工程的单位，其资质审核和准入管理按国家基本建设管理程序和有关规定进行。

香港、澳门、台湾地区及国外、国际组织和单位申请承担库区文物保护项目的，按国家文物涉外管理办法执行。

第十八条 库区文物保护工程性项目中，单项资金在50万元以上的，均实行招投标制。非工程性项目及50万元以下的工程性项目，可直接进行委托。

工程性项目的招投标工作均由项目法人负责组织，同时须邀请文物、移民、建设、监察等部门进行监督。市文物局牵头成立重庆市三峡库区文物保护工程性项目招标工作领导小组，负责项目评标委员会及评标结果的审批。

第十九条 库区文物保护推行项目监理制。

非工程性项目可试行综合监理；工程性项目可逐步实行单项监理。合同经费在100万元以上的地面文物搬迁保护工程性项目，必须实行单项监理。

文物保护项目监理的具体管理办法由市文物局商市建委参照国家基本建设的监理规定另行制定。

第二十条 库区文物保护项目的管理实行合同制。

项目法人为合同甲方，负责根据合同检查项目进展情况和工作质量，按项目进度拨付经费并组织项目初步验收。

承担项目实施的单位为合同乙方，负责根据合同和行业规范实施项目计划任务，保证项目工作质量，按进度提交工作简报和竣工资料，及时报告重要发现和重大成果，并负责工作期间的文物安全和人身安全。

承担项目单位不得进行项目转包。总承包单位经甲方批准后可进行项目分包，项目主体工程不得进行分包。

项目所在地区县(自治县、市)文物保护管理所为非工程性项目的协作方，负责项目实施中的工作协调、提供出土品或文物构件的存放、整理场地以及文物安全管理等工作。

第二十一条 库区文物保护项目质量实行法人负责制。项目法人对文物保护项目质量负总责。勘察设计、施工、监理等单位的法定代表人按各自职责对所承担项目的质量负责。

第二十二条 库区文物保护工作中的出土品、文物构件及档案资料的移交由市文物局负责统一管理。

第二十三条 项目实施过程中，除市文物局另有指定外，库区的出土品和文物构件由项目合同的协作方负责提供寄存和整理场地，并负责其安全管理。

未经市文物局批准，任何单位和个人不得将出土品和文物构件携离库区。需作鉴定或测年的各类标本，必须经市文物局批准，并在指定期限内交还。

第二十四条 除国家文物局另有指定外，库区的出土品和文物构件由市文物局根据重庆市及库区文物事业发展的实际需要，以及有关大专院校和科研机构的教学、研究需要，按照统筹兼顾、合理调剂的原则，统一指定具备条件的国有博物馆单位收藏保管，并办理移交手续。任何单位和个人不得扣压出土品和文物构件，阻挠文物的妥善保管和科学研究。

市文物局负责筹备建立重庆中国三峡博物馆，以系统收藏、研究和全面展示三峡文物抢救保护工作成果。

第二十五条 各级公安部门、工商行政管理部门和重庆海关在查处库区违法犯罪活动中依法没收、追缴的除返还受害人以外的所有文物，须按国家有关规定在结案后立即无偿移交市文物局，由市文物局统一指定具备条件的国有博物馆单位收藏保管。

第二十六条 库区文物保护工作的有关项目资料、文物资料以及管理资料等，由市文物局负责统一建档、保存和管理。

第二十七条 库区文物保护项目由市文物局、移民局统一组织验收。

涉及工程性项目的验收应有当地建设主管部门和质检机构参加。

对验收不合格的项目，乙方单位负责限期进行整改，并承担整改费用。

第二十八条 地下文物保护项目的验收资料应包括：考古发掘、勘探的文字、测绘、影像等原始记录资料；出土品及入藏或寄存手续；考古发掘报告或简报；各类测试、鉴定报告；经费结算报告；有关资料的反转片、磁盘、光盘等。

地面文物保护项目的验收资料应包括：文物调查报告及测绘、拓片、影像等原始记录资料；留取资料项目的重要文物构件及清单；原地保护工程的施工原始记录资料；搬迁保护工程的施工原始记录资料；经费结算报告；有关资料的反转片、磁盘、光盘等。

第二十九条 文物保护工程性项目验收合格后，项目法人应按照基本建设程序和移民资金的使用规定对项目组织竣工决算审计。

第三十条 库区文物保护项目的销号，由市文物局与市移民局制定具体办法，并负责办理相关手续。

第四章　奖惩

第三十一条 在库区文物抢救保护工作过程中，有下列情形之一的单位、集体或个人，可给予表彰和奖励：

（一）坚决与盗掘古遗址、古墓葬、损毁文物、走私文物等犯罪行为作斗争，确保文物安全，成绩显著；

（二）长期从事库区文物抢救保护工作，认真履行文物保护项目合同，按时保质完成项目任务，并做出显著贡献；

（三）积极探索库区文物保护工作管理模式，在项目、资金等文物保护管理工作中成绩显著；

（四）有重大发现或取得重要研究成果。

第三十二条 对有下列情形之一的单位、集体或个人，应依法给予行政、经济处罚，情节严重的由司法部门追究刑事责任：

（一）盗掘古遗址、古墓葬、损毁文物、走私文物，或发现文物隐匿不报，不上交国家；

（二）不履行文物保护项目合同，造成文物毁损或重大经济损失；

（三）因工作失职或渎职，造成文物毁损、流失；

（四）侵占、贪污或盗窃国家文物；

（五）擅自截留文物，拒不按规定办理文物移交；

（六）挪用、侵占、浪费、贪污文物保护资金，或因失职、渎职造成文物保护资金严重损失。

第五章 附 则

第三十三条 本办法实施中的具体问题，由市文物局负责解释。

第三十四条 区县（自治县、市）人民政府可根据本办法制定实施细则。

第三十五条 本办法自发布之日起执行。

五 国家文物局
关于对忠县石宝寨保护工程
初步设计方案的意见函

文物保函〔2001〕907号

重庆市文物局：

你局《关于忠县石宝寨保护规划设计方案的请示》（渝文物[2001]59号）收悉。忠县石宝寨是国务院公布的第五批全国重点文物保护单位，具有重要的科学、历史和艺术价值。忠县石宝寨的保护是三峡库区文物保护工程中最重要的项目之一，重点是玉印山体和古建筑的保护。经研究，我局认为建设部综合勘察设计研究院制定的忠县石宝寨保护工程初步设计方案应作如下必要的修改与补充：

一、应明确石宝寨的保护范围，需补充围堤平台的面积和蓄水前后石宝寨客流量预测等资料；同时应补充整体效果图、立面图等相关图纸。

二、石宝寨山体围堤外观设计应适当调整外形和平面起伏，以与山体面貌相协调，并应考虑在低水位时的护坡绿化问题。

三、应在进一步勘测的基础上由专业部门重新制订古建筑修缮保护方案，不应改变寨楼东西厢房的现状，不宜在厢房内安排附属设施，也不宜在古建筑内安排喷淋消防设施。

四、在充分考虑适应航运和山体地形的前提下，新建码头和旅游设施应尽可能远离迎江面，其规模、体量不宜过大，并应和三峡水库建成后石宝寨与陆地的连接方式结合起来统一考虑。

五、与石宝寨有关的其他附属设施建设要与石宝寨建筑群及周围环境相协调，规模、体量不宜过大，其内部结构和设施可按要求做适当调整，部分附属设施可适当考虑布置在玉印山的三面。

六、石宝寨的供水、通讯和电力需求应从当地的供水、通讯电力系统统一调配。给水工程方面生活用水可采取方案二，消防用水、环境处理及绿化用水应以地表水为主，并适度补充自来水。应在设计护坡仰墙时预留生活用水管线和供电缆线连接。

请你局根据上述意见，抓紧组织方案设计单位对方案进行必要的修改后，连同经费总预算，再报我局审批。

二〇〇一年十一月十九日

重庆市忠县石宝寨保护工程初步设计方案
专家评审意见

受重庆峡江文物工程有限责任公司的委托，专家评审小组（名单附后）于2002年8月12日在重庆峡江文物工程有限责任公司对忠县石宝寨保护工程初步设计方案，进行了评审。出席评审会议的还有市文化局、市移民局，以及忠县政府领导等有关部门负责人。专家组在查阅了初步设计文件后，经过认真讨论形成评审意见如下：

1. 对山体保护加固设计以围堤仰墙和护坡方式处理，措施得当；

2. 在充分理解和尊重国家文物局"关于对石宝寨保护工程初步设计方案的意见函"(文物保函[2001]907号)的基础上，优化初步设计；

3. 基础取消灌浆，改为桩基础，桩径为80~120厘米，深度在15米左右即可，基底标高可提高到153，排水廊道标高也相应提高；

4. 砼挡墙背坡改为1：0.25，墙顶高度由300厘米改为150厘米，栏杆高降为178米；

5. 砼挡墙下部山体内的排水孔取消，补充地面排水系统设计：

6. 护坡在滑坡地段的稳定性，应有计算评价；

7. 危岩的整治设计需出设计图；

8. 平台顶以下部分可改为框架结构减少填土高度，增加地下利用空间；

9. 配电室应放在地面上，保证用电安全；

10. 桩基与围墙相结合，尽量减少土方量和砼量；

11. 根据消防的需要，在地面及寨体上部设置消防水池；

12. 增加环境绿化景观设计；

13. 游客接待中心用房的风格应与主体建筑充分协调，建议补充比选方案；

14. 平台的面积与游客的流量相适应，请忠县文管所提出具体数据，供设计单位调整修改；

15. 护坡改为台阶式并设梯道，护坡结构形式可用2米×2米的浆砌块石或混凝土格构锚，格构内填干砌片石，反滤层下铺防渗土工膜；

　　16. 有关概算问题请按重庆吉祥建设工程造价咨询事务所报告书修改调整。

评审小组组长：

副组长：

专家签名：

重庆市忠县石宝寨山体保护工程
初步设计专家评审意见

　　受重庆峡江文物工程有限责任公司委托，专家评审小组（名单附后）于2002年11月11日在重庆对忠县石宝寨山体保护工程初步设计进行了评审。出席会议的还有重庆市文化局、市移民局、长江重庆航道局及忠县有关部门负责人。专家组在听取设计单位介绍及查阅了初步设计文件后，经过认真讨论，认为在理解和尊重国家文物局"关于对石宝寨保护工程初步设计方案的意见函（文物保函[2001]907号）的基础上，对初步设计方案作了进一步的优化；根据2002年8月12日预审查专家组评审意见，对初步设计进行了较为全面的修改；初步设计报告（修改本）提出的山体保护加固设计方案合理，采用的措施得当，相关的配套措施及文物保护方案可行。专家组同意初步设计报告，并提出以下建议，供施工设计阶段参考。

　　1. 石宝寨山体保护工程周边四处滑坡的稳定性已在地勘报告中作了初步评价，建议由业主出面协调，另行评价。

　　2. 对围堤挡土墙应作进一步优化。

　　3. 在设计中应全面考虑地表排水问题。

　　4. 对泥岩中采用帷幕灌浆的必要性应通过试验作进一步论证。

　　5. 对桩、锚的作用应该针对具体情况作进一步分析，提出设计参数。

　　6. 消防方案建议采用消防池、消防泵等消防手段满足文物防火的要求。

　　7. 码头设计应考虑码头综合使用功能和影响。

　　8. 应加强对文物本体保护与维修，包括在施工过程中的保护措施。

　　9. 尽量完善附属配套工程，同时考虑与古建相协调。

　　10. 景观设计和照明设计尽量衬托出古建风采。

专家评审组组长签名：

副组长签名：

专家签名：

二〇〇二年十一月十一日

"重庆市忠县石宝寨保护工程对比方案"
专家评审意见

受重庆峡江文物工程有限责任公司委托，专家评审小组（名单附后）于2002年12月27日在重庆对忠县建设委员会提出的"重庆忠县石宝寨保护工程对比方案"（以下简称对比方案）进行了评审。在认真查阅"对比方案"后，经认真讨论，认为该方案对完善建设部综合勘测研究设计院作的"重庆市忠县石宝寨保护工程初步设计"有借鉴作用。由于下面原因，专家组认为该方案不宜实施。

1. 该方案高围堤挡住了石宝寨景观，丧失了沿江观赏价值；

2. 由于高围堤内地势低，高水位作用下为了确保大堤和主体工程的安全，工程处理难度大、投资高；

3. 工程造价比建设部综合勘察研究设计院初步设计方案高九千万元。

4. 长期运行费用高，尤其是长期排水工作量大；工程可靠性相对较差。

建议：

1. 经蜀通岩土工程公司现场调查，石宝寨寨门处破坏严重，岩体风化变形剧烈，疑该处存在滑坡，应对该处进行治理；

2. 建议对寨门处进行工程地质详细勘察工作，详细查明该潜在滑坡的范围、规模、性质等；

3. 因前期地勘工作资料不足，建议对整个及四个滑坡再做详细的工程地质补勘工作；

4. 对与石宝镇交通连接是修路堤还是修桥方案做进一步的技术、经济及景观比较。

专家组组长签字：

专家组副组长签字：

专家组成员签字：

二〇〇二年十二月二十七日

忠县石宝寨保护工程方案设计报告
评审意见

　　2003 年 1 月 16 日，重庆峡江文物工程有限公司组织专家组（名单附后）在重庆市召开了石宝寨保护工程方案设计报告评审会。出席评审会的有重庆市文化局、重庆市博物馆、重庆市移民局、忠县县政府等有关单位的领导及负责人。

　　专家组在听取了方案设计单位"长江水利委员会长江勘测规划设计院"的汇报后，经过认真讨论后，形成评审意见如下：

　　1. 设计单位采用的保护方案有两个：方案一为护坡+围堤方案；方案二为护坡+钢闸门方案，设计单位推荐方案一。推荐方案是对石宝寨文物保护较全面的一个方案，基本上体现了"原形原貌"的原则。

　　2. 与会专家认为，该方案尚应进一步作如下优化：

　① 充各种工况条件下，结构设计标准，强度计算安全系数等的取值；

　② 具体结构断面太大，应进一步优化，降低投资。

　③ 补充场内滑坡体整治内容；

　④ 补做一个 30~40 米长、3 米高的橡胶坝闸门方案。钢闸门方案风险大，造价高不宜采用；

　⑤ 正面围堤墙面不应全部直立式，在地质条件较好的地段可做成台阶式；

　⑥ 码头位置不宜垂直于围堤，应进一步调整优化；

　⑦ 桥型方案应与石宝寨景区相协调，桥型应服从石宝寨景观，不应喧宾夺主；

　⑧ 完善排水设计系统。

专家组同意通过该工程方案设计评审，但在下阶段工作中应二述意见修改完善。

专家组组长签字：

（专家名单附后）

二〇〇三年一月十六日

忠县石宝寨保护工程初步设计评审意见

2004年12月23同，由重庆峡江文物工程有限责任公司主持，在重庆召开了县石宝寨保护工程初步设计评审会，专家组（名单附后）认真听取了设计单位对石宝寨文物保护方案、保护工程初步设计及危岩治理初步设计的汇报，审了相关资料，经认真讨论，形成评审意见如下：

1. 设计单位所做的初步设计内容齐全，计算合理，所选的方案安全、可基本符合初步设计的要求。

2. 专家组提出如下建议供施工设计及上级有关领导部门参考：

（1）上级领导部门目前批准的整体方案因景观受挡，该方案尚存在缺憾，是否在寨楼抬高等方面作些探讨？

（2）危岩加固时注意锚头与景观的协调。

（3）在符合安全、合理的原则下，能否对支撑砼肋板的厚度作进一步优化探讨。

（4）对人工填土的力学参数作进一步的核实，在设计中该参数出现了三个不同的数值。

（5）桥的设计能否考虑更简捷?

（6）完善管线及污水处理的设计。

（7）在景观方面初设概算应采用重庆市的相关定额标准。

（8）寨体175米以下要做好防水处理。

（9）建议作好安全监控系统的设计。

（10）古建筑维修时注意收集历史信息，区别后期干扰。

专家组组长：

二〇〇四年十二月二十三日

六　国家文物局
关于石宝寨保护工程方案的批复

文物保函〔2003〕879号

重庆市文物局：

你局《关于重新上报忠县石宝寨保护工程设计方案的请示》（渝文物[2003]10号）收悉。经研究，我局批复如下：

一、忠县石宝寨的保护是三峡库区文物保护工程中最重要的项目之一，为保证文物安全，我局原则同意在方案一（即贴坡围堤方案）的基础上进行设计。

二、方案一尚需进行必要的调整和补充：

（一）围堤选线应进一步计算、论证，应适当调整其外观设计，以与景观相协调，并考虑在枯水季节时的护坡绿化问题。

（二）进一步进行防水、防渗的计算设计，建议采用防渗墙设计。

（三）补充完善对山体滑坡等问题进行处理的技术措施。

三、请你局按照上述意见，组织方案设计单位对方案一进行修改补充，并在修改后的石宝寨保护工程方案的基础上进行初步设计。石宝寨保护工程方案的初步设计请按程序报批。

四、石宝寨保护工程所需经费，请你局按规定程序申请。

此复。

二〇〇三年十月二十九日印发

七　重庆市文物局转发《国家文物局关于石宝寨保护工程方案的批复》的通知

渝文物〔2003〕64号

重庆峡江文物工程有限责任公司：

国家文物局对忠县石宝寨方案批复已下达，现将《国家文物局关于石宝寨保护工程方案的批复》转发给你单位，请按照国家文物局的批复，抓紧展开工作，补充完善景观、防渗、山体滑坡处理等设计，形成初步设计方案再报批。为抢时间，这设计边做好施工前期准备工作，确保三期水位任务按时完成。

特此通知

二○○三年十二月十八日

八　重庆市文物局关于上报
忠县石宝寨保护工程初设方案的请示

渝文物〔2005〕3号

国家文物局：

根据国家文物局文物保函[2003]879号文件的批复意见，为更好地保护国保单位石宝寨的文物及自然景观，我局再次委托长江勘测规划设计研究院对石宝寨保护方案进行修改和进一步优化设计。2004年12月23日，修改方案通过了我局组织的专家评审，专家组一致认为，设计单位优化后的初设方案设计内容齐全，计算合理，所选的保护方案安全、可行，基本符合初步设计的要求。同时，我局还委托陕西省古建设计研究所、四川省地质工程勘察院等单位完成了《石宝寨古建筑维修保护工程设计》、《石宝寨古建筑防虫防腐设计》、《石宝寨危岩治理工程设计》。

现将设计单位根据专家论证意见调整后的有关设计方案呈上，为加快该项工程的组织实施，请尽快予以批复。

附件：1、《石宝寨保护工程初步设计报告及设计概算》

2、《石宝寨古建筑维修保护工程设计》

3、《石宝寨古建筑防虫防腐设计》

4、《石宝寨危岩治理工程设计》

5、有关专家论证意见

二〇〇五年二月十七日

九　国家文物局
关于石宝寨保护工程初步设计方案的批复

文物保函〔2005〕440号

重庆市文物局：

你局《关于上报忠县石宝寨保护工程初设方案的请示》（渝文物[2005]3号）收悉。经研究，我局批复如下：

一、原则同意《忠县石宝寨保护工程初步设计报告》（修订版）、《石宝寨危岩治理工程设计》、《石宝寨古建筑维修保护工程设计》和《石宝寨古建筑防虫防腐设计》的内容。

二、石宝寨保护工程临江侧围堤结构可在扶壁式挡墙方案（方案C）的基础上进行施工图设计。围堤的设计应特别注意危岩塌滑体、塌岸，防止对山体造成影响。

三、建议在施工图设计中进一步加强对护脚砌石的处理，以与山体面貌相协调。

四、管理用房和附属用房的外观设计尽量简约，体量要适当，避免对周边环境造成负面影响。

五、加强安防措施，重点考虑人员疏散等问题。

六、危岩加固水泥浆建议使用超细水泥；应注意对挂网喷锚的外观处理，避免影响山体景观；补充玉印山顶部的防水、防渗处理措施。

七、古建筑维修时应注意楼面与山体结合部的处理，进一步考虑室外地面的维修措施，防虫材料应符合环境保护的要求。

八、石宝寨保护工程施工图设计由你局审批。

九、请你局负责组织该工程的施工建设，应在切实保证工程质量和确保文物本体安全的基础上，抓紧时间开展工作。请及时将工程进展情况报我局。

此复。

二〇〇五年四月二十八日

一〇　国务院三峡建设委员会
关于忠县石宝寨文物保护工程投资概算的批复

国三峡委发办字〔2005〕43号

重庆市人民政府：

你市《关于审批忠县石宝寨保护工程初设方案及投资概算的函》（渝府函[2005]67号）收悉。经委托中国国际工程咨询公司审核，批复如下：

一、同意中国国际工程咨询公司的评审意见，核定石宝寨文物保护工程投资概算为9797.77万元（2005年价格），其中三峡库区文物保护经费安排9292.51万元（含市级管理费137.33万元），由你市负责包干实施；石宝寨常规维护工程等费用505.26万元，由你市自筹解决。

二、石宝寨是三峡工程水库淹没涉及的国家级重点文物保护项目，请你们按照国务院三峡工程建设委员会《关于三峡工程淹没区及移民迁建区文物保护总经费及切块包干测算报告的批复》（国三峡委发办字[2003]6号）精神，督促有关部门和项目建设单位，严格执行移民工程建设资金和项目管理的有关规定，加强项目建设管理，坚持投资与任务"双包干"原则，统筹使用好核定的包干投资，圆满完成石宝寨保护工程建设任务。

三、要精心组织工程设计、精心施工，因工程施工不当、管理不善等造成的项目投资超概算，由地方政府或项目业主自行承担。

特此批复。

附件：中国国际工程咨询公司《关于石宝寨保护工程初步设计概算的审核报告》（咨社会[2005]1204号）

二〇〇五年十一月二十五日

—— 中国国际工程咨询公司
关于石宝寨保护工程初步设计概算的审核报告

咨社会〔2005〕1204号

国务院三峡工程建设委员会办公室:

受你办委托,我公司对《石宝寨保护工程初步设计概算》(简称《初设概算》)进行审核。2005年7月21日至24日进行现场调研,并召开审核会,对《初设概算》提出了重新编制等审核意见。《初设概算》相关编制单位于8月7日提交了《初设概算修订版》(2005年7月)。我公司又对《初设概算修订版》(2005年7月)进行了审核。现将本工程初步设计概算两次审核意见及最终审核结论的主要内容报告如下:

一 项目概况

石宝寨位于重庆市忠县境内长江北岸的石宝镇,长江在此由北东转折流向东南,一长方形巨大岩体耸立在此拐点处,也称玉印山。玉印山山体孤峰陡起,四周悬崖峭壁,石宝寨寨楼依势而建,依附在玉印山巨大的岩体上,形成特殊的景观风貌。石宝寨建筑群由山下寨门、上山甬道、"必自卑"石牌坊、寨楼及山顶的魁星阁和天子殿几部分组成,其中,寨楼是主要建筑物,共12层,也是长江沿岸最高的古建筑。石宝寨于明朝万历年始建,后多次扩建维修,寨楼始建于清朝嘉庆二十四年(1795年)。2001年6月,石宝寨被列为国家重点文物保护单位。

石宝寨一般地面高程(黄海高程)为158.0~160.0米,山顶高程为208.0~211.04米,"必自卑"石牌坊地面高程169.38米,寨楼寨门地面高程173.07米。三峡水库蓄水淹没直接影响到"必自卑"、上山甬道、山下寨门,"必自卑"、寨楼寨门和寨楼一层地面处于汛期防洪限制水位(143.24米)和正常蓄水位(173.24米)年水位变化区。三峡水库建成后,全年大部分时间,玉印山将四面环水,成为"库中之岛"。另外,玉印山山体下部浸泡于水库中,山脚堆积体失稳、山体变形、危岩崩塌也将间接危及古建筑的安全和石宝寨周边环境。

为保护作为全国重点文物保护单位的石宝寨,重庆峡江文物工程有限公司组织石宝寨保护工程前期工作,并委托几家设计单位编制了《石宝寨保护工程初步设计报告》。2005年4月28日,国家文物局以文物保函[2005]440号批复了长江水利委员会长江勘测规划设计研究院为主编制的《石宝寨保护工程初步设计报告》（修订版）。

二　审核的原则和依据

（一）审核原则

按照国务院三峡建设委员会办公室的委托要求和国家文物局对该项目的批复（文物保函[2005]440号文）意见，工程初步设计概算审核遵循以下工作原则：

1. 按批复的初步设计方案进行概算审核，不涉及方案的审核调整；

2. 石宝寨古建筑的维修工程应根据《中华人民共和国文物保护法》的有关规定，遵循保持原状的原则；整个保护工程按照三峡工程移民补偿的"原标准、原功能、原规模"的"三原"原则进行方案核定；

3. 定额使用遵循属地原则和行业原则，对于当地定额和行业定额不能满足工程需要的，合理确定套用相关定额子项或编制补充单位估价表。

4. 计列在本次审核工作之前已经发生的费用，应有协议、合同等相关依据证明。

（二）审核依据

1.《中华人民共和国文物保护法》；

2.《长江三峡工程建设移民条例》；

3. 国家文物局《关于石宝寨保护工程初步设计方案的批复》（文物保函[2005]440号）；

4. 长江水利委员会长江勘测规划设计研究院为主编制的《石宝寨保护工程初步设计报告》（修订版）（2005年1月）；

5. 陕西省古建设计研究所编制的《重庆忠县石宝寨古建筑保护维修工程概算书》；

6. 陕西省古建设计研究所编制的《重庆忠县石宝寨古建筑防虫防腐工程设计方案》；

7. 四川省地质工程勘察院编制的《重庆忠县石宝寨危岩治理工程设计工程概算》；

8. 重庆市现行工程建设预算定额、费用定额、基价表、相关取费规定及配套文件（包括市政、建筑、安装、仿古建筑及园林等）；

9. 国家相关取费规定，其他省定额基价表等；

10. 重庆峡江文物工程有限责任公司与有关单位签订的委托开展前期工作的协议、合同。

三　保护工程和方案

1.保护工程内容

根据三峡水库建成蓄水的淹没影响，石宝寨文物保护的任务是：

（1）保证玉印山山体稳定和控制山体的变形；

（2）采取必要的工程措施防止库水淹没重要的古建筑；

（3）对危岩体进行加固；

（4）根据具体情况对古建筑进行加固处理；

（5）对玉印山周边主要环境条件进行适当保护；

（6）修建必要的对外交通通道；

（7）配套建设必要的管理设施。

2. 保护工程方案

根据石宝寨的人文景观、三峡工程蓄水后的环境条件和地质条件，保护工程的初步设计方案主要内容为：

（1）寨体保护工程。包括玉印山临江侧建围堤，围堤采用扶壁插入式挡墙方案，并在寨楼前的扶壁式挡墙上设置一段高2.5米、宽30米的有机玻璃挡墙，以改善从长江远眺石宝寨的视觉效果；背江侧采用贴坡仰墙加混凝土面板保护。

（2）内外交通。对外交通包括临江侧设供小型游船停靠的简易码头，以及建设石宝寨与新石宝镇之间的、按主要满足人员通行要求设计的交通桥，桥型推荐采用悬索桥；岛内交通除保持原有道路外，结合围堤建设，形成进出岛和环岛道路。

（3）对玉印山危岩进行加固。

（4）根据具体情况对古建筑进行加固处理。

（5）绿化工程。围堤内、外围进行垂直绿化，临江侧围堤采用乔木及灌木进行密植绿化形成弱化围堤的绿化带。

（6）配套用房。包括泵房、配电间、管理用房和卫生间等。

四 《初设概算》的主要问题

鉴于石宝寨保护工程是以寨体保护为主，并涉及危岩治理、古建筑维修以及防腐、防虫等不同工程专业，该项目初步设计概算由3家设计单位共同完成。

（一）关于编制深度

经审核，该项目工程设计深度基本满足编制深度要求，但尚有部分内容深度不够。如部分辅助工程图纸不全（泵房），个别设备未明示型号、用途，古建筑防腐、防虫工程概算无编制说明等。

（二）关于编制依据

1. 定额使用

（1）寨体保护工程

寨体保护工程概算编制采用的是水利部水总[2002]116号文颁发的《水利建筑工程预算定额》、《水利建设工程概算定额》、《水利工程施工机械台时费定额》及《水利工程设计概（预）算编制规定》。审核认为其定额使用不妥当。按照水利部水总[2002]116号文编规总则第二条"本规定适用于中央项目和中央参与的大型水利项目"的规定，以及根据《重庆市水利工程项目管理暂行办法》第五条第（三）款"总投资在2亿元以上的项目为中型项目"的规定，审核认为该项目不属大型水利工程，初步设计概算编制不应采用水利部[2002]116号文颁发的定额。

经对工程建设内容、设计方案、施工方式等进行研究讨论后，审核认为，该工程作法类似于市政工程中的堤防工程、引水工程或护岸工程。依据定额使用的属地原则和行业原则，审核建议该工程初步设计概算采用重庆市1999年《重庆市市政工程预算定额》、相关取费规定及配套文件进行重新编制。如出现《重庆市市政工程预算定额》不包含的定额子项，可选用水利部现行相关定额预算子项或编制补充单位估价表进行编制。

（2）危岩治理工程

该分项工程概算编制采用的是已经被废止使用的定额，需按重庆市现行定额、相关取费规定及配套文件重新编制概算。

（3）防腐、防虫工程

该分项工程无专门定额，概算编制采用渝价[2002]662号之规定是允许的，但应在设计文件中对概算编制依据进行文字说明，并按规定对新建项目补充概算。

2. 概算价格

各单项工程概算（防腐、防虫除外）应统一人工单价、机械费和材料价格。

材料价格应统一按照重庆市定期发布的忠县材料信息价（预算价）编制，审核同意按2005年4月信息价编制，采用信息价不应再行计算其他费。

3. 工程量计算

经审核，工程量计算方面有以下主要问题：

（1）工程量计算应按图示工程量计算，图纸不全的（泵站）应予补充；

（2）寨体保护工程中钢筋制安工程量与施工组织设计工程量不一致；

（3）寨体保护工程土石方工程量经初步复核存在较大出入；

（4）交通桥设计概算工程量没有采用推荐桥型方案（悬索桥）的工程量；

（5）按初步设计深度要求，应补充三材总用量。

4. 工程其他费用

鉴于寨体保护工程概算编制应执行《重庆市市政工程预算定额》，工程其他费用需要重新编制，除经国家批准的地方与行业取费项目，工程其他费用项目均应执行国家有关规定。

（三）其他

1. 按水利定额编制的生活文化福利用房、其他建筑工程子项予以取消。

2. 室外工程费按房屋工程的10%计列偏高，建议按房屋工程量的4%~6%计列。

五　《初设概算修订版》（2005年7月）的主要审核意见

《初设概算修订版》（2005年7月）的编制依据已按上述审核意见调整。

（一）工程量核定

《初设概算修订版》（2005年7月）对寨体保护工程的工程量进行了复核调整，审核在此基础上予以重点核定。主要调整内容见下表：

寨体保护工程量调整主要内容

序号	工程项目	单位	《初设概算》工程量	修订版（7月）工程量	审核工程量	备注
	土方开挖	m³				
1	土方开挖（含滑踏体挖除）（1.5km）	5105	8143.2	4641.3	审核按人工运距0.1km计
	土方开挖(0.5km)	38524	31519.8	35021.7	审核按机械运距0.2km计

序号	工程项目	单位	《初设概算》工程量	修订版(7月)工程量	审核工程量	备注
2	人工挖桩孔	m³	16050	14591	14591	
	桩孔挖土方		14710	10960	10960	
	桩孔挖石方		1340	3631	3631	
3	土方回填	m³	192617	141720	141720	
	回填土碾压(用弃料)		46388	42171	35022	
	回填土碾压 (运自1.5km料场)		146229	99549	106698	审核运距按 1.0km计
4	混凝土	m³	49946	50899	50897	
5	钢筋制安(T)		4792	5026	4726	《初设概算》 工程量引用有误
6	交通桥					
	土方开挖	m³	1540	1930	4405	方案变化,统计错误
	石方开挖	m³	3520	4400	1924	方案变化,统计错误
7	装修及园林					
7.1	栏杆					
	罗汉栏板制作、安装	块	0	459	459	修订版(7月)栏杆 形式、材料与《初 设概算》不同,其 修订版(7月)项目 内容与设计图纸 相近
	阴刻线	m²	0	165.24	165.24	
	莲花头望柱制作安装 (100以内)	根	0	918	918	
	寻杖栏板(50以内) 制作安装	块	0	459	459	
	莲花头望柱制作安装 (150以内)	根	0	460	460	
	制作脚手架	100m²	0	123	123	

（二）　建安工程费

建安工程费比《初设概算修订版》（2005年7月）核减1595.64万元。

1. 主体建筑工程共核减1527.21万元，其中：

（1）寨体保护工程核减867.08万元。

调整内容涉及合理确定材料价格、人工价格选用依据、重新复核工程量、纠正定额子项套用错误等方面的问题，例如：

材料价差调整所采用市场价格按重庆定额总站发布的忠县2005年4月信息价为准；

经复核，柔性填料SR由单价54000元/立方米、费用151.20万元，调整为单价23400元/立方米，费用65.52万元；

寨体保护机械土石方取费表和交通桥机械土石方取费表市场人工调整机械人工调差计算中，定额人工费单价应更正为21.82元/工日；

人工挖孔桩挖土及凿石均按深度24米计算工程量不符合定额规定，需重新复查不同开挖深度的挖孔桩土石方工程量，执行与土方深度相应的定额；

人工挖孔桩凿石工程量全部按普坚石计算与地勘资料不符，经复核，工程量分解为挖土方、松次坚石和普坚石，并分别套用定额子项；

排水廊道、排水箱涵定额子项套用不符合规定，应分别计算排水廊道、排水箱涵底标高以下部分，以及排水廊道、排水箱涵顶标高以上部分的工程量，并套用不同的定额子项。

（2）交通桥工程量核减365.19万元。

调整内容涉及纠正机械土石方取费表中基价直接费统计错误，对混凝土、钢筋、钢材、浆砌石挡墙等工程量的核定，对承台、现浇C35砼支撑梁、横梁等纠正定额子项套用错误。

（3）装修及园林因工程量调整和定额修正，核减152.25万元。

（4）电气设备及安装因工程量调整和定额修正，核减11.89万元。

（5）给排水设备及安装因工程量调整和定额修正，核减12.80万元。

（6）特殊施工措施费

《初设概算新修订版》（2005年7月）提出的安排三项特殊施工措施，即库区提前蓄水至156米水位抢工费，库区水位达到156米水位后材料转运费以及施工措施费，共计暂列200万元。审核认为，考虑到项目受三峡提前蓄水影响，工期较紧，可适当考虑抢工所发生的费用，安排40万元，但应尽量通过倒排工期，并在施工合同中明确竣工日期等措施，控制抢工费使用；通过有计划的采购可避免或降低转运费，同意适当考虑材料转运费，安排10万元；由于施工时为保护山体需要分段施工，需增加施工技术措施，同意安排施工措施费，费用估列70万元；以上合计120万元，核减80万元。

（7）环境保护工程费，此项未提出相关变动依据，按原《初设概算》25万元计列，核减13万元，并入独立工程及费用中。

2. 房屋建筑工程，复核确认，不作变动。

3. 其他建筑工程（即安全监测工程），《初设概算新修订版》（2005年7月）未提出变动依据，按原《初设概算》38.43万元计列，核减38.43万元。

4. 施工道路工程，《初设概算新修订版》（2005年7月）未提出变动依据，按原《初设概算》10万元计列，核减30万元。

（三）工程其他费用

工程其他费用累计核减729.24万元。调整的情况如下：

1. 因取费基数变动作相应调整的费用项目包括：建设单位管理费、工程建设监理费、工程勘测费、工程设计费、工程质量监督费、招标代理服务费、竣工图编制费、前期工作费等费用项目。其中，鉴于该项目筹建过程长，项目建设方案多次变动，建设期间管理费发生较多，建议建设单位管理费在按市政工程取费规定计算的基础上，再适当增加20%。

2. 复核确认不作变动的费用项目包括：建设用地征地费、环境建设与灾害评价费、房屋基础设施配套费、概算审查费、施工图设计审查费等。

3. 取消列项的费用项目包括：

航道维护费和港监配套设施建设费，因未提供充分依据，均暂不计列。

勘测成果审查费在工程勘测费中列支，不单列。

预算编制费，实行招标代理服务的项目不另行作预算编制，招标代理服务费中已含标底编制费，预算编制费取消。

停业补偿费归入独立工程及费用部分单列。

（四）基本预备费

基本预备费按工程费及工程其他费用之和的5%计算，因取费基数变动作相应调整，核减116.24万元；

（五）独立工程及费用

独立工程及费用累计核减260.27万元

1. 危岩治理工程预备费统一按5%计取，核减6.07万元；

2. 古建筑保护工程投资中所列"设施工程"65.00万元，未提出项目内容和计费依据，予以全部核减；

3. 防腐防虫工程投资复核确认，不作变动；

4. 已发生勘察设计费用，经对补充的截止到2005年6月30日相关合同文件进行分析，已发生勘察设计费用涵盖了项目勘察、测量、设计工作以及项目前期工作等内容，近期未提出新的委托任务，《初设概算新修订版》（2005年7月）提出的434.20万元并没有全部支付。审核认为，在实际已支付的各项费用中，工程勘测、设计相关费用未突破此次审核的工程勘测费和工程设计费总额，已发生的其他费用应属项目前期工作费，且亦未突破此次审核的前期工作费，故均不需再计列，该项费用434.20万元予以全部核减。

5. 停业补偿费原《初设概算》计列120万元，《初设概算新修订版》（2005年7月）调整为220万元，并补充了地方政府文件，复核确认，不作变动；从工程其他费用中调整出来单列，不再计算基本预备费。建议项目业主单位根据实际停业影响情况对该项资金控制使用。

（六）概算总投资

经上述调整，该工程初步设计概算总投资调整为9660.44万元，相对于《初设概算修订版》（2005年7月）概算总投资核减2701.40万元。其中，

建安工程费7445.78万元，核减1595.64万元；

工程其他费用1057.99万元，核减729.24万元；

基本预备费425.19万元，核减116.24万元；

独立工程及费用731.49万元，核减260.27万元。

具体情况见附表1。

六　项目资金来源

本工程的投资由国务院三峡工程建设委员会（简称三建委）和重庆市政府共同承担。按照三建委负责对受三峡工程蓄水影响的文物保护工程项目进行补偿的原则，审核对工程概算投资分担的初步建议是：

因三峡蓄水引出的保护工程工程费以及按比例分摊的相关的国家取费、行业取费由三建委安排资金计划，合计安排资金9155.18万元，占工程概算投资的94.77%；

属于石宝寨常规维护工程的程费、地方政府取费和按比例分摊的国家取费、行业取费由重庆市政府安排资金计划，合计安排资金505.27万元，占工程概算投资的5.23%。

投资分担测算具体情况见附表2。

七　几点建议

审核另外对工程设计和管理提出以下几点建议：

1. 初步设计寨体工程护砌采用外挂200厚毛条石，细石混凝土结合方案。由于围堤长期处于长江水位消落带内，受江水冲刷，很难保证外挂条石的整体性，易发生垮塌，施工难度也较大。建议下阶段设计时考虑采用其他方式来遮盖混凝土的人工痕迹。

2. 初步设计方案混凝土扶壁式挡墙顶，混凝土防护顶高程超高较多，设计采用多年最大风速计算风浪爬高偏保守，建议采用历年最大风速的平均值，这样可降低墙顶高程，减少挡墙过高对石宝寨寨门视觉影响。

3. 背江侧垂直混凝土防护较厚，与其相接的下部混凝土护坡较薄，形成头重脚轻的状况，是不合理的；同时，垂直混凝土防护厚，下滑力大，不利于稳定。建议降低垂直混凝土防护厚度，使之上下相适宜。

4. 寨体保护工程下部的干砌石护坡起不到防渗作用，抗冲击能力差，对生态影响较大，建议取消或适当减少护砌长度。

5. 寨体保护工程人工挖槽因槽较深，地下水位较高，施工比较困难，存在风险，应特别注意保证施工安全。

6. 古建筑维修方面，对于柱子裂缝宽度大于30毫米的处理，除仍用木条嵌补与环氧树脂黏结牢固外，建议考虑采用由树脂加玻璃布制成的玻璃钢箍，该做法强度较高，操作简便，工艺细致，不露痕迹，优于传统的铁罐。柱子糟朽墩接问题，设计中要求超过柱子高四分之一时采用墩接方法，建议改为超过柱高五分之一时进行墩接为好，这也是一般惯用的做法。

7. 考虑到石宝寨寨楼的楼地板荷载不高，梁、柱承载能力有限，应重视超负荷损害问题，控制参观人数。

以上意见供决策参考。

附表：1.石宝寨保护工程概算调整对比表

　　　　2.石宝寨保护工程资金来源表

附件：审核人员名单

二〇〇五年九月十二日

附表1

石宝寨保护工程概算调整对比表

单位:万元

序号	项目名称	《初设概算》A	修订版(7月)(B)	审核调整概算(C)	增减量(C)-(B)	备注
	第一部分:建安工程	7966.61	9041.42	7445.78	-1595.64	
一	主体建筑工程	7488.55	8636.58	7109.37	-1527.21	
1	寨体保护	6673.55	6826.79	5959.71	-867.08	工程量及定额修正
	寨体保护人工土石方		550.04	446.51	-103.53	
	寨体保护机械土石方		317.16	256.17	-60.99	
	寨体保护主体建筑		5959.59	5257.03	-702.56	
2	交通桥	345.11	742.78	377.59	-365.19	工程量及定额修正
	交通桥机械土石方		273.45	31.17	-242.28	《修订版》(7月)直接费统计有误
	交通桥建筑结构		410.19	346.42	-63.77	
	交通桥建筑装修		59.14	0.00	-59.14	从实际施工考虑,审核计入交通桥主体工程
3	装修及园林	469.89	621.71	469.46	-152.25	工程量及定额修正
4	电气设备及安装	0.00	124.75	112.86	-11.89	工程量及定额修正
5	给排水设备及安装	0.00	82.55	69.75	-12.89	工程量及定额修正
6	特殊施工措施费	0.00	200.00	120.00	-80.00	工程内容修正
7	环境保护工程费	0.00	38.00	0.00	-38.00	计入独立工程及费用
二	房屋建筑工程	364.75	287.98	287.98	0.00	
三	其他建筑工程	113.32	76.86	38.43	-38.43	未提出变更依据,按原安全监测工程概算
四	施工道路工程	0.00	40.00	10.00	-30.00	未提出变更依据,按原道路工程概算
	第二部分:机电设备	177.66	0.00	0.00	0.00	列入一~4、5
	第三部分:金结设备及安装					
	第四部分:临时工程	221.08	0.00	0.00	0.00	
一	施工道路	10.00	0.00	0.00	0.00	并入一~四
二	施工房屋建筑工程	129.93	0.00	0.00	0.00	取消
三	其他施工临时工程	81.15	0.00	0.00	0.00	取消
	第五部分:工程其他费用	1786.34	1787.23	1057.99	-729.24	
一	建设管理费	414.39	240.45	211.46	-28.99	
1	建设单位管理费	307.31	111.89	107.22	-4.67	取费基数变动
2	工程建设监理费	107.08	128.56	104.24	-24.32	取费基数变动
二	科研勘测设计费	716.06	599.54	493.73	-105.81	

续表

序号	项目名称	《初设概算》A	修订版（7月）(B)	审核调整概算（C）	增减量（C)-(B)	备注
1	科学研究试验费	16.39	0.00	0.00	0.00	取消
2	工程勘测费	397.19	249.31	205.31	-44.00	取费基数变动
3	工程设计费	302.48	350.23	288.42	-61.81	取费基数变动
三	建设用地征地费	80.00	147.29	147.29	0.00	
四	其他	575.89	799.95	205.51	-594.44	
1	定额编制管理费（0.13%）	10.66	0.00	0.00	0.00	工程费中已含此项
2	工程质量监督费（0.5%）	40.98	34.61	37.23	2.62	取费基数变动
3	工程保险费（0.45%）	37.64	0.00	0.00	0.00	取消
4	停业补偿费	120.00	220.00	0.00	-220.00	计入独立工程及费用
5	环境建设与灾害评价费	20.00	3.61	3.61	0.00	执行国家规定
6	招标代理服务费	26.94	29.48	24.77	-4.71	取费基数变动
7	竣工图编制费（0.24%）	19.67	28.02	17.87	-10.15	取费基数变动
8	航道维护费	140.00	140.00	0.00	-140.00	无相关依据(行业取费)
9	港监配套设施建设费	160.00	160.00	0.00	-160.00	无相关依据(行业取费)
10	前期工作费	0.00	49.45	37.23	-12.22	补充漏项、取费基数变动
11	施工图设计审查费	0.00	31.52	31.52	0.00	补充漏项
12	概算审查费	0.00	35.00	35.00	0.00	
13	房屋基础设施配套费	0.00	18.28	18.28	0.00	地方取费
14	勘测成果审查费	0.00	14.96	0.00	-14.96	含在二~2项中
15	预算编制费	0.00	35.02	0.00	-35.02	含在四~6项中
	一至五部分合计	10151.69	10828.65	8503.77	-2324.88	
	基本预备费（5%）	507.58	541.43	425.19	-116.24	取费基数变动
	独立工程及费用	1040.14	991.76	731.49	-260.27	
1	危岩治理	123.00	133.66	127.59	-6.07	预备费按5%计取
2	古建筑保护工程	352.21	355.63	290.63	-65.00	设施工程65万元无依据
3	防腐防虫	65.73	68.27	68.27	0.00	
4	已发生勘查设计费	434.20	434.20	0.00	-434.20	费用含在二~2、3项和四~10项中
5	环境保护工程费	25.00	0.00	25.00	25.00	
6	水土保持专项费	40.0	0.00	0.00	0.00	无取费依据
7	停业补偿费	0.00	0.00	220.00	220.00	政策补偿
	静态总投资	11703.15	12361.84	9660.44	-2701.40	

附表2

石宝寨保护工程资金来源表

单位:万元

序号	项目或费用名称	审核概算投资	三建委承担	重庆市承担	备注
1	**寨体保护建安工程费**	7445.78	7445.78	0.00	
	工程费分担比例	100%	100%	0.00%	
1.1	主体建筑工程	7109.37	7109.37	0.00	
1.2	房屋建筑工程	287.98	287.98	0.00	服务管理项目
1.3	其他建筑工程	38.43	38.43	0.00	安全监测
1.4	施工道路工程	10.00	10.00	0.00	
2	**保护工程其他费用**	1057.99	942.40	115.59	
	其他费用分担比例	100%	89.07%	10.93%	
2.1	国家取费、行业取费	855.19	855.19	0.00	按工程费分担比例计算
2.2	地方政府取费	202.80	87.21	115.59	
2.2.1	建设用地征地费	147.29	87.21	60.08	
2.2.2	工程质量监督费	37.23	0.00	37.23	
2.2.3	房屋基础设施配套费	18.28	0.00	18.28	
	1、2项小计	8503.77	8388.18	115.59	
	1、2项小计分担比例	100%	98.64%	1.36%	
3	**基本预备费**	425.19	419.41	5.78	按1、2项小计分担比例计算
4	**独立工程或费用项目**	731.49	347.59	383.90	
4.1	古建筑保护、防虫防腐工程	358.90	0.00	358.90	石宝寨常规维护工程
4.2	危岩治理工程	127.59	127.59	0.00	
4.3	环境保护工程费	25.00	0.00	25.00	
4.4	停业补偿费	220.00	220.00	0.00	
4.5	已发生勘查设计费用	0.00	0.00	0.00	
5	**概算投资合计(1+2+3+4)**	9660.44	9155.18	505.27	
	总分担比例	100.00%	94.77%	5.23%	

实测设计

与施工图

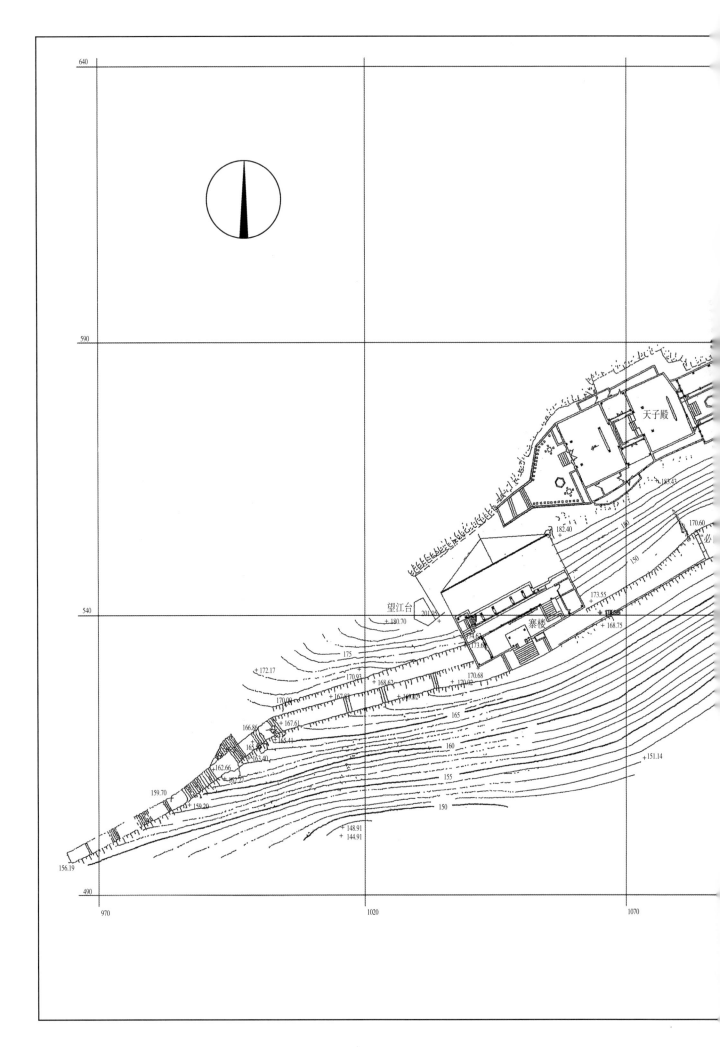

640

590

540

490

970   1020   1070

望江台
寨楼
天子殿

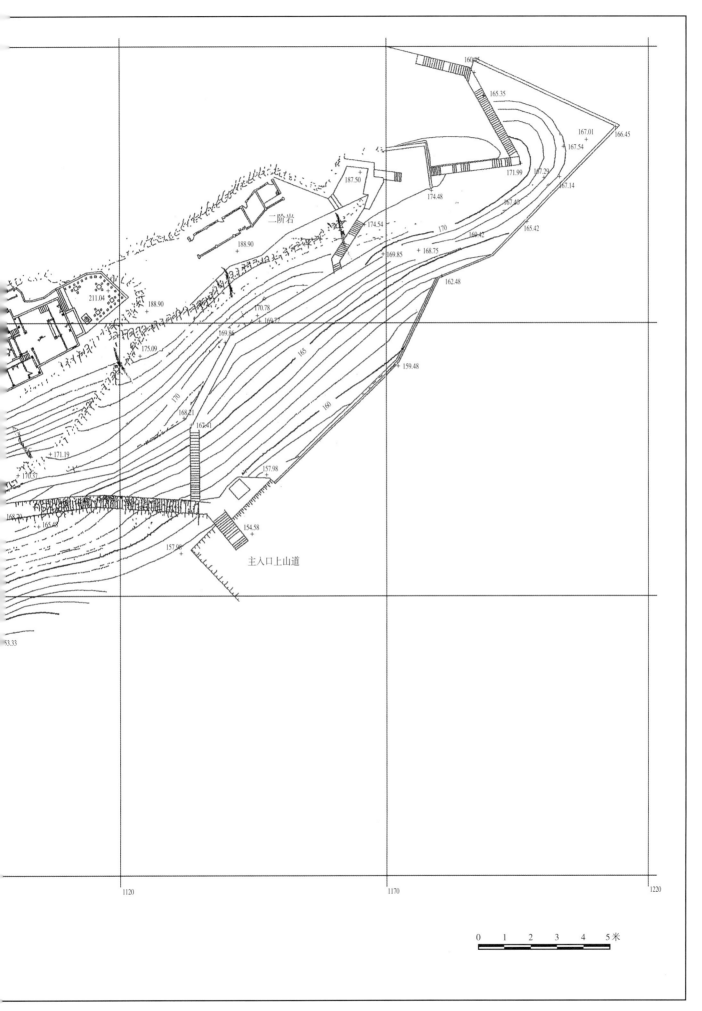

二阶岩

主入口上山道

0 1 2 3 4 5 米

一 石宝寨总平面图

41.105

37.355

34.835

32.135

29.680

26.540

23.265

19.800

16.350

13.375

10.215

6.855

3.350

-2.300

-4.136

0 1 2 3 4 5米

二 寨楼正立面图

41.105

37.355

34.835

32.135

29.680

26.540

23.265

19.800

16.350

13.375

10.215

6.855

3.350

-4.136

0 1 2 3 4 5米

三 寨楼东立面图

41.105

37.335

34.835

32.135

29.680

26.540

23.265

19.800

16.350

13.375

10.215

6.855

3.350

0 1 2 3 4 5米

四 寨楼西立面图

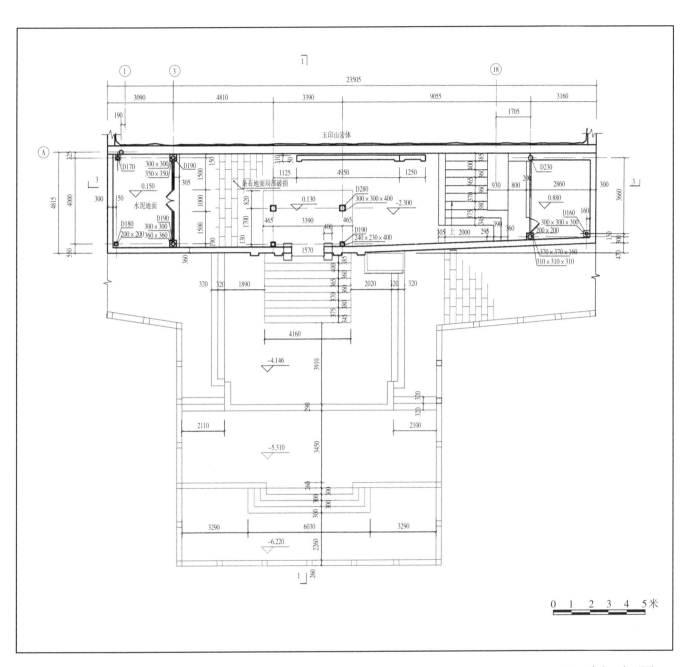

五 寨门平面图

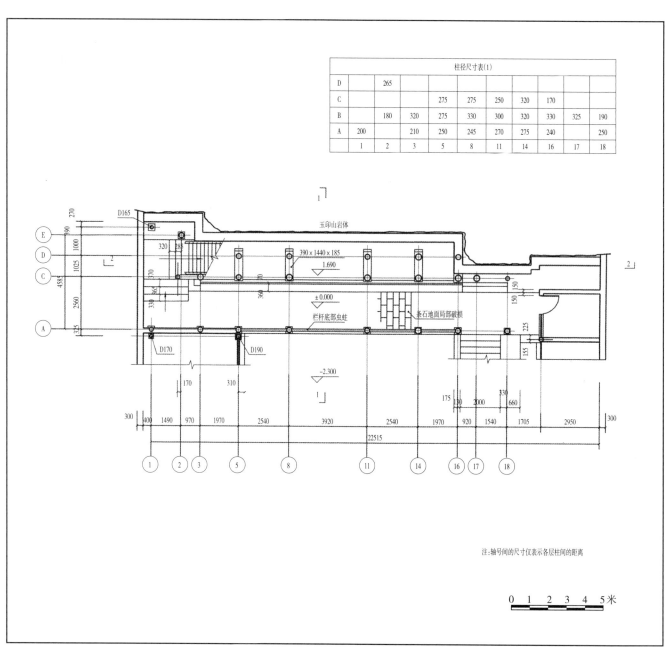

柱径尺寸表(1)									
D	265								
C			275	275	250	320	170		
B	180	320	275	330	300	320	330	325	190
A	200		210	250	245	270	275	240		250
	1	2	3	5	8	11	14	16	17	18

玉印山岩体

390×1440×185
1.690
±0.000
栏杆底部虫蛀
条石地面局部破损
-2.300

D165
320
D170
D190

注:轴号间的尺寸仅表示各层柱间的距离

0 1 2 3 4 5 米

六 寨楼一层平面图

160

柱径尺寸表(2)							
J					450			
H	150	220	410	390	370			
G		200		420	390	300	240	230
F		230	320	350	360	270		
E	240	270	400	370	290	250	250	160
D			270	250	240	230		
C	200	300	310	270	300	270	270	230
B	190		200	210	230	220		200
	2	3	5	8	11	14	16	17

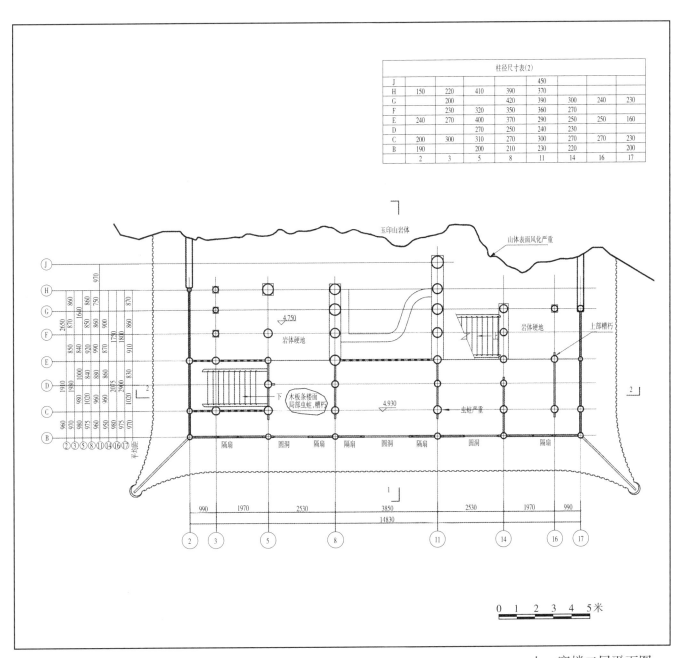

七 寨楼二层平面图

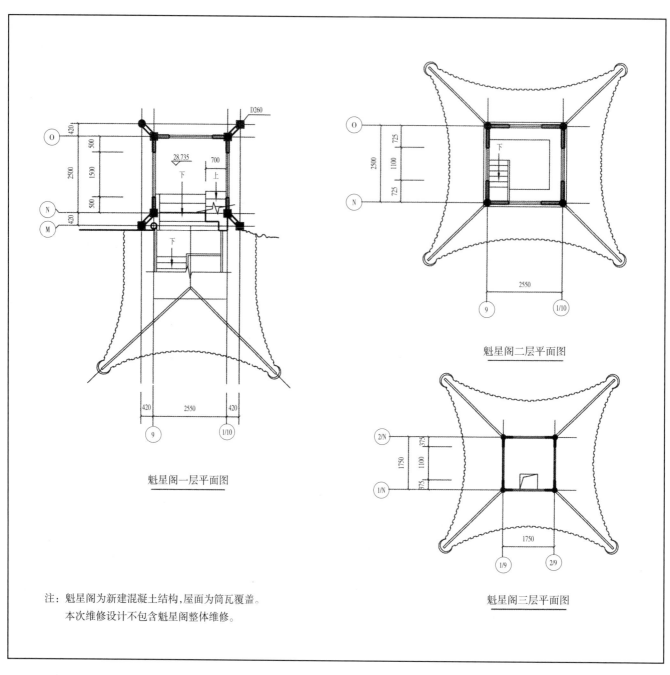

魁星阁一层平面图

魁星阁二层平面图

魁星阁三层平面图

注：魁星阁为新建混凝土结构,屋面为筒瓦覆盖。
本次维修设计不包含魁星阁整体维修。

八 魁星阁一、二、三层平面图

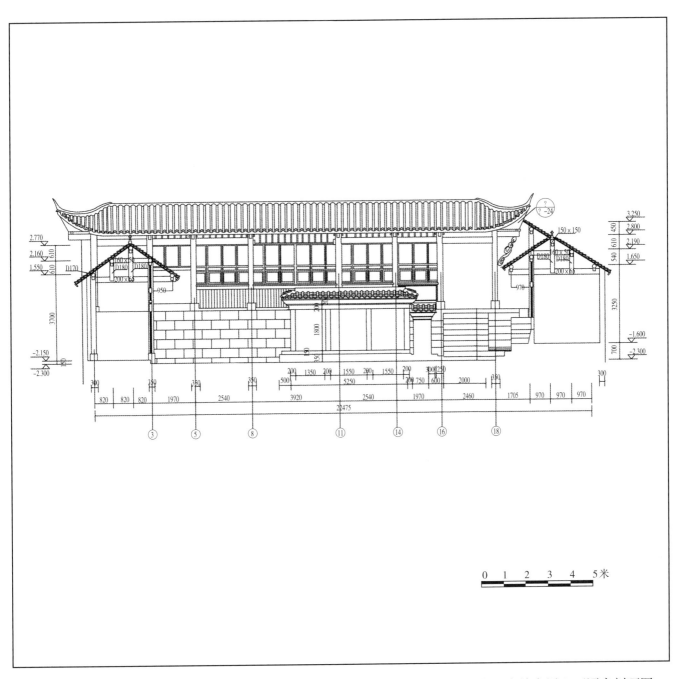

九 寨楼底层立面厢房剖面图

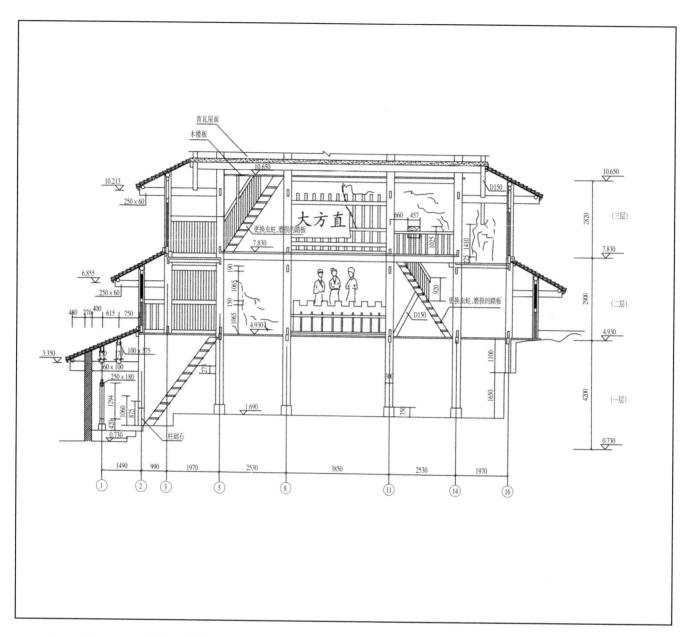

青瓦屋面
木楼板
10.650
10.215
250×60
更换虫蛀,磨损的踏板
大方直
7.830
6.855
250×60
更换虫蛀,磨损的踏板
480 270 400 615 750
4.930
D150
3.350
100×375
60×100
250×180
1.690
1294 1060 875 420
柱础石
10.650
2820 (三层)
7.830
2900 (二层)
4.930
D150
4200 (一层)
0.730

1490 990 1970 2530 3850 2530 1970

① ② ③ ⑤ ⑧ ⑪ ⑭ ⑯

一〇 寨楼一~三层纵剖面图

164

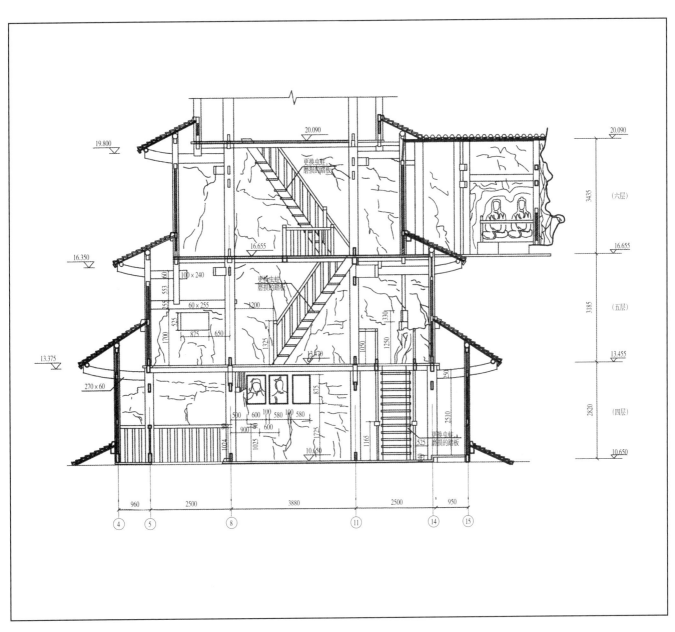

一一 寨楼四～六层纵剖面图

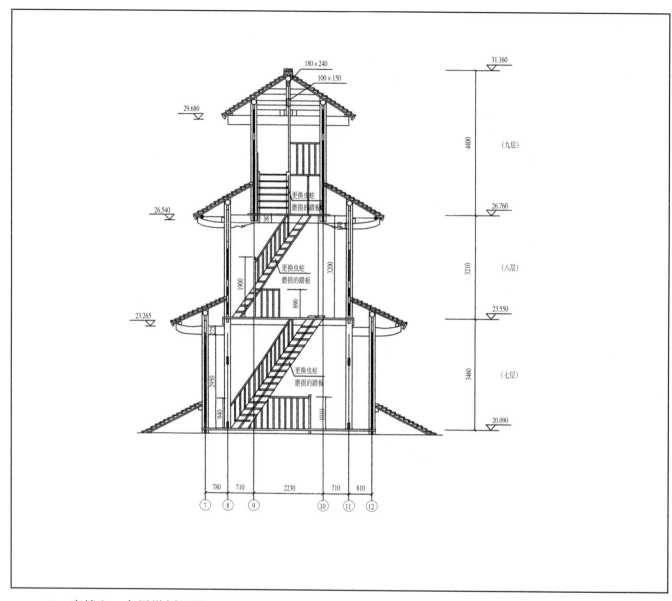

一二 寨楼七～九层纵剖面图

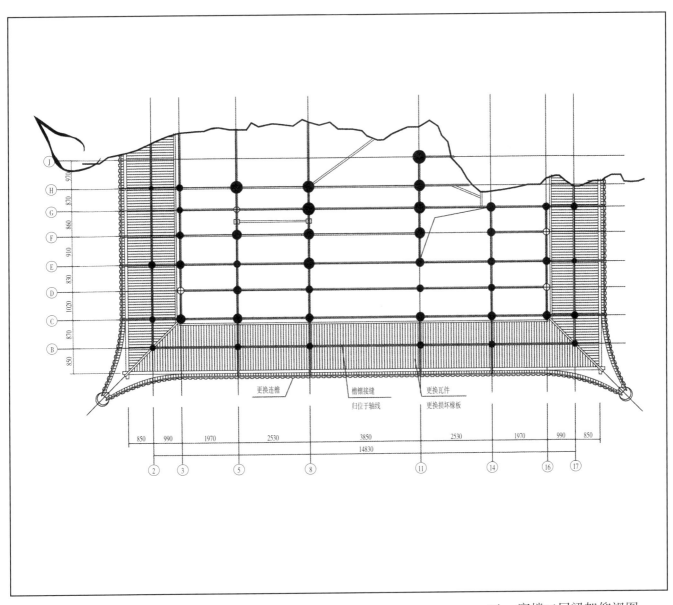

更换连檐

檐檩接缝

归位于轴线

更换瓦件

更换损坏椽板

一三　寨楼二层梁架仰视图

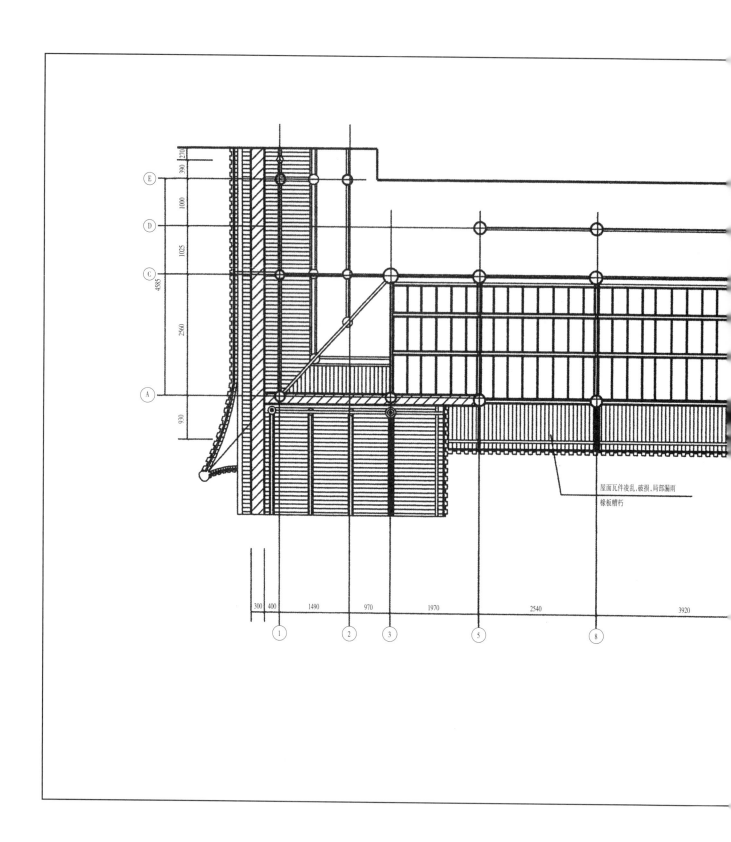

屋面瓦件凌乱、破损、局部漏雨
椽板槽杇

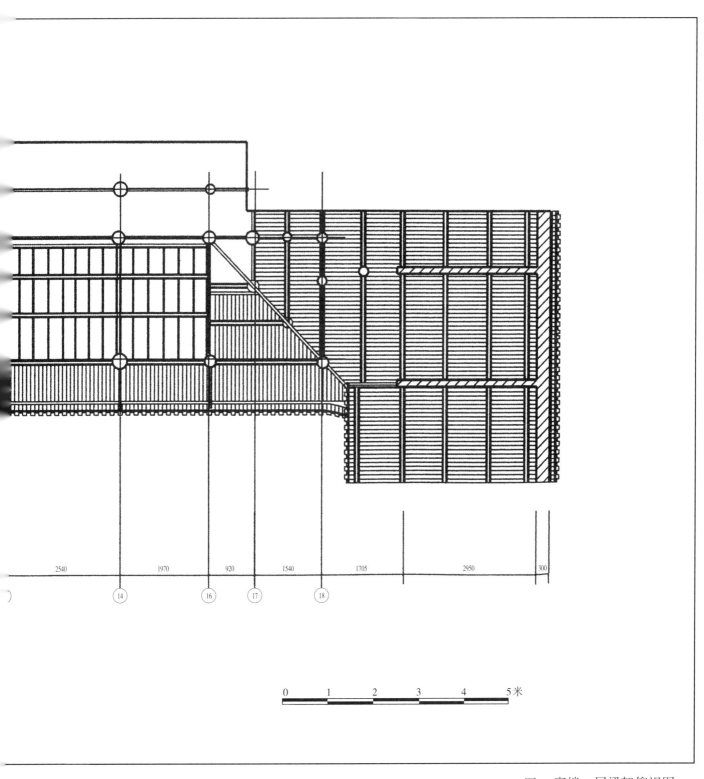

一四　寨楼一层梁架仰视图

2540　　1970　　920　　1540　　1705　　2950　　300

14　　16　　17　　18

0　1　2　3　4　5 米

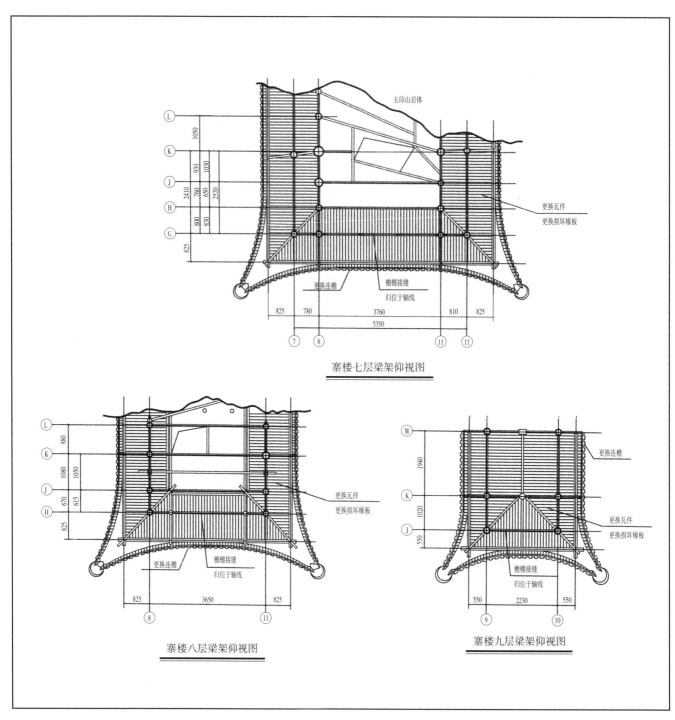

玉印山岩体

更换瓦件
更换损坏椽板

更换连檐

檐椽接缝
归位于轴线

寨楼七层梁架仰视图

更换瓦件
更换损坏椽板

更换连檐

檐椽接缝
归位于轴线

寨楼八层梁架仰视图

更换连檐

更换瓦件
更换损坏椽板

檐椽接缝
归位于轴线

寨楼九层梁架仰视图

一五　寨楼七、八、九层梁架仰视图

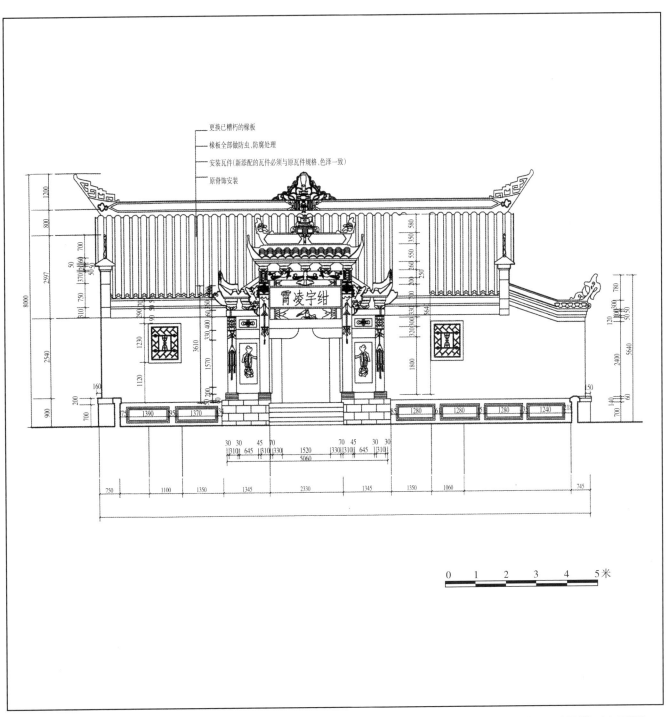

更换已糟朽的椽板

椽板全部做防虫、防腐处理

安装瓦件(新添配的瓦件必须与原瓦件规格、色泽一致)

原脊饰安装

绀宇凌霄

0 1 2 3 4 5米

一六 天子殿正立面图

171

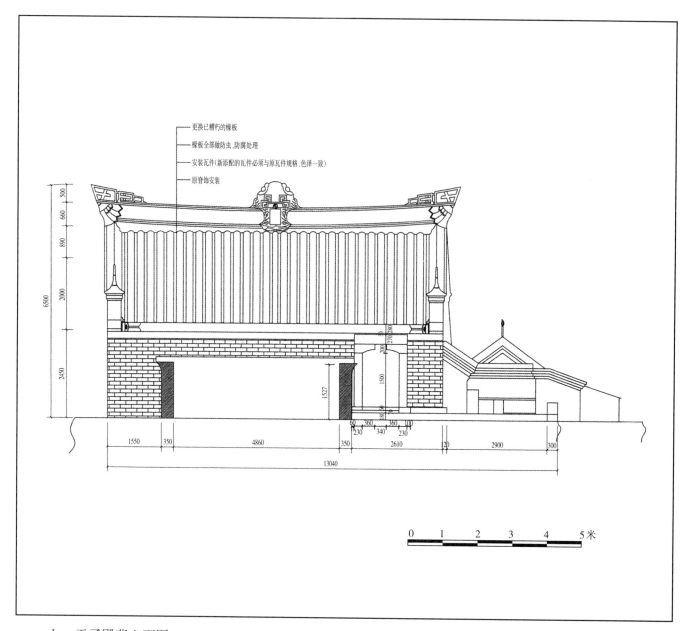

更换已糟朽的椽板

椽板全部做防虫、防腐处理

安装瓦件(新添配的瓦件必须与原瓦件规格、色泽一致)

原脊饰安装

一七　天子殿背立面图

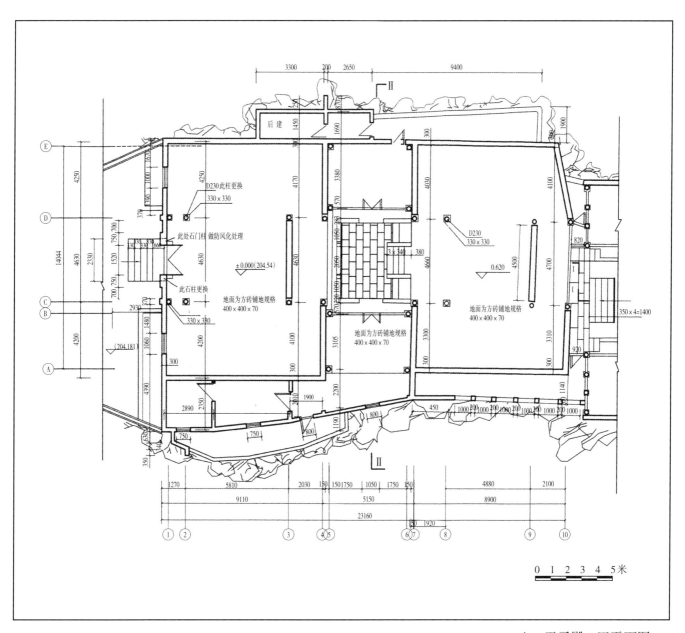

一八 天子殿A区平面图

173

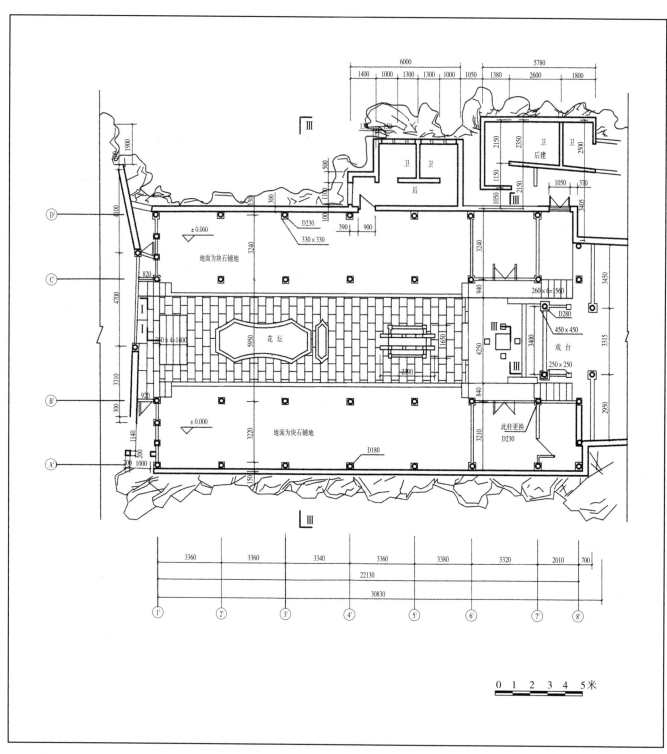

一九　天子殿B区平面图

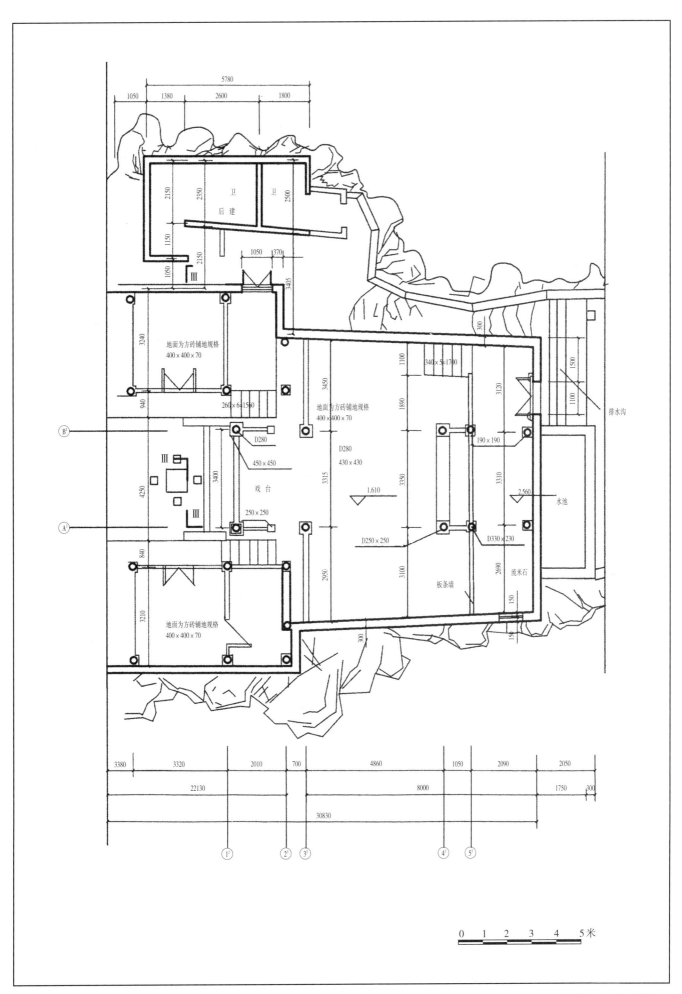

5780

1050 1380 2600 1800

2150 2350 卫 卫 2500
后 建

1150 1050 1370
1050 2150
3405
Ⅲ

3240 地面为方砖铺地规格
400×400×70

940 260×6=1560 3450 地面为方砖铺地规格
400×400×70

1100 340×5=1700 1500 300 3120 1500

B¹ D280 1890 190×190 1100

Ⅲ 450×450 D280
430×430 排水沟
3400 3315 3350
4250 戏 台 1.610 3310

A¹ 250×250 D250×250 2.560 水池

840 D330×230 3100

板条墙 2690 流米石

3210 地面为方砖铺地规格 150
400×400×70 150

3380 3320 2010 700 4860 1050 2090 2050

22130 8000 1750 300

30830

1¹ 2¹ 3² 4¹ 5¹

0 1 2 3 4 5米

二〇 天子殿C区平面图

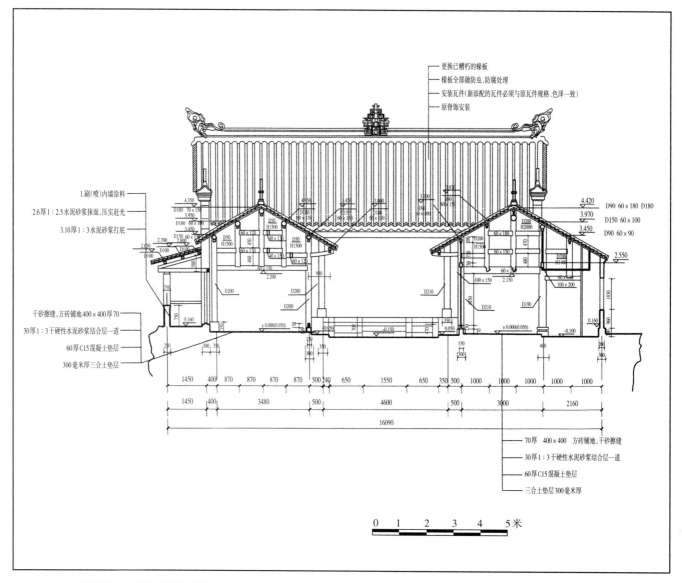

更换已糟朽的橼板
橼板全部做防虫、防腐处理
安装瓦件(新添配的瓦件必须与原瓦件规格、色泽一致)
原脊饰安装

1.刷(喷)内墙涂料

2.6厚1:2.5水泥砂浆抹面,压实赶光

3.10厚1:3水泥砂浆打底

D90 60×180 D180
D150 60×100
D90 60×90

干砂擦缝,方砖铺地 400×400厚70

30厚1:3干硬性水泥砂浆结合层一道

60厚C15混凝土垫层

300毫米厚三合土垫层

70厚 400×400 方砖铺地,干砂擦缝

30厚1:3干硬性水泥砂浆结合层一道

60厚C15混凝土垫层

三合土垫层300毫米厚

0 1 2 3 4 5 米

二一　天子殿B区连廊剖面图

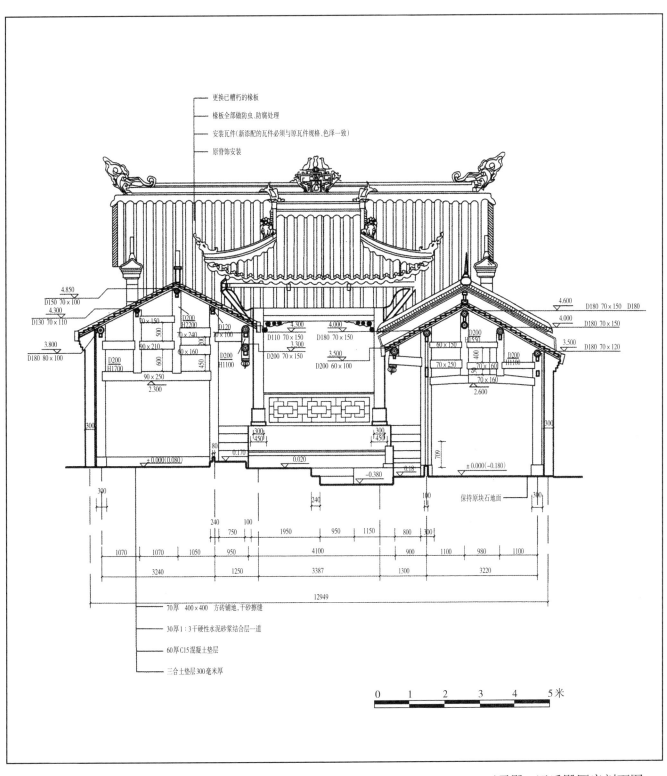

更换已糟朽的椽板

椽板全部做防虫、防腐处理

安装瓦件(新添配的瓦件必须与原瓦件规格、色泽一致)

原脊饰安装

4.850
D150 70×100
4.300
D130 70×110

3.800
D180 80×100

70×150
500

D200
H2200
70×240

90×210
600

90×250
2.300

D200
H1700

300

±0.000(0.080)

80

0.170

D120
70×100

D200
H1100

450

60×160

400

4.300

D110 70×150
3.300
D200 70×150

4.000

D180 70×150
3.500
D200 60×100

0.020

−0.380

1300
450

1300
450

0.18

4.600
D180 70×150 D180
4.000
D180 70×150

3.500
D180 70×120

60×150

D200
1550

70×250

70×160

D200
H1100

400
500

2.600

300

±0.000(−0.180)

709

保持原块石地面

300

300

240

100

240
750 100

1950

950 1150

800 300

100

1070

1070

1050

950

4100

900

1100

980

1100

3240

1250

3387

1300

3220

12949

70厚 400×400 方砖铺地,干砂擦缝

30厚1:3干硬性水泥砂浆结合层一道

60厚C15混凝土垫层

三合土垫层300毫米厚

0   1   2   3   4   5米

二二　天子殿C区后殿厢房剖面图

177

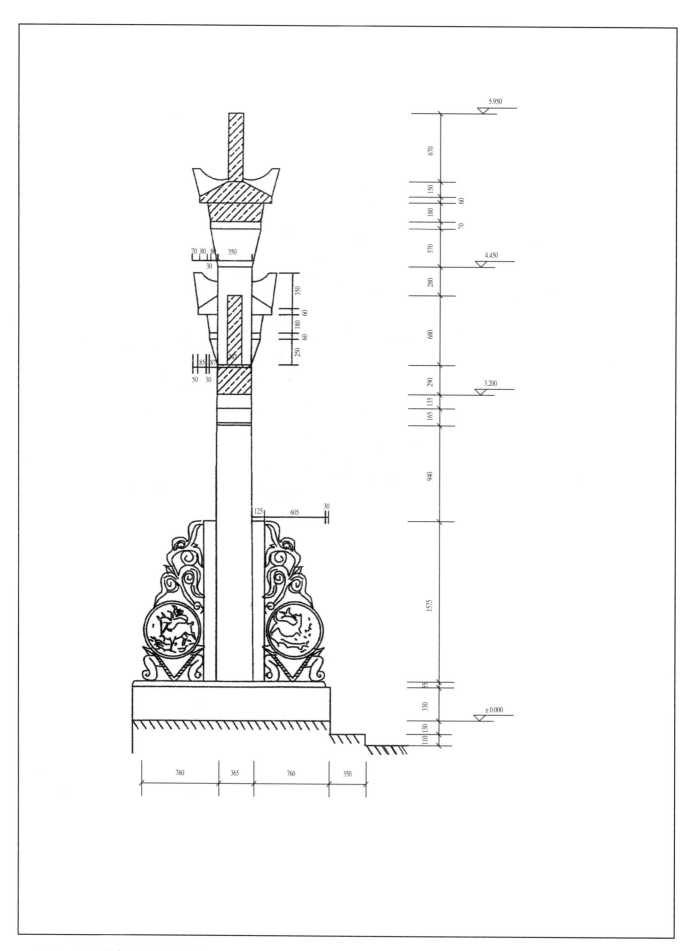

二三 "必自卑"牌坊剖面图

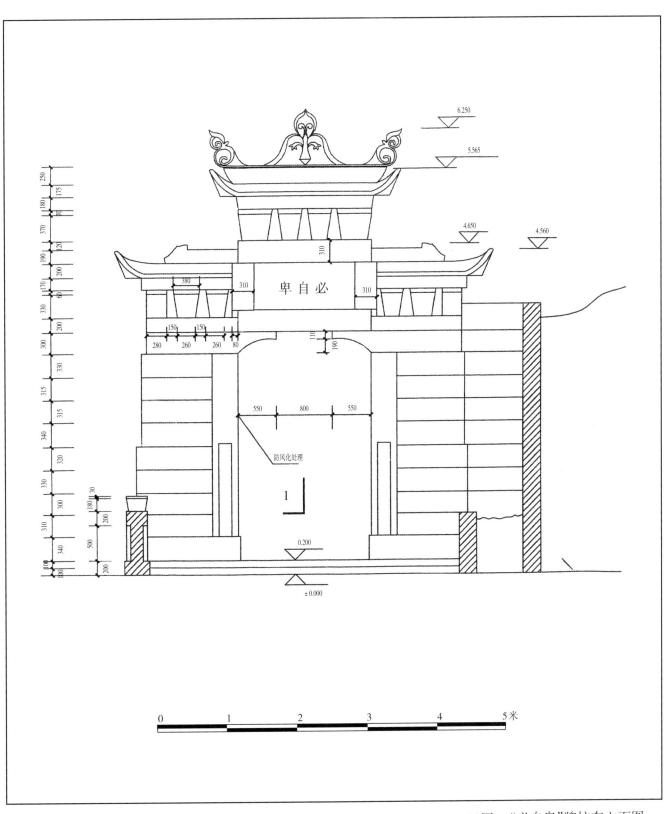

6.250

5.565

4.650 4.560

卑自必

防风化处理

1

0.200

± 0.000

0 1 2 3 4 5米

二四 "必自卑"牌坊东立面图

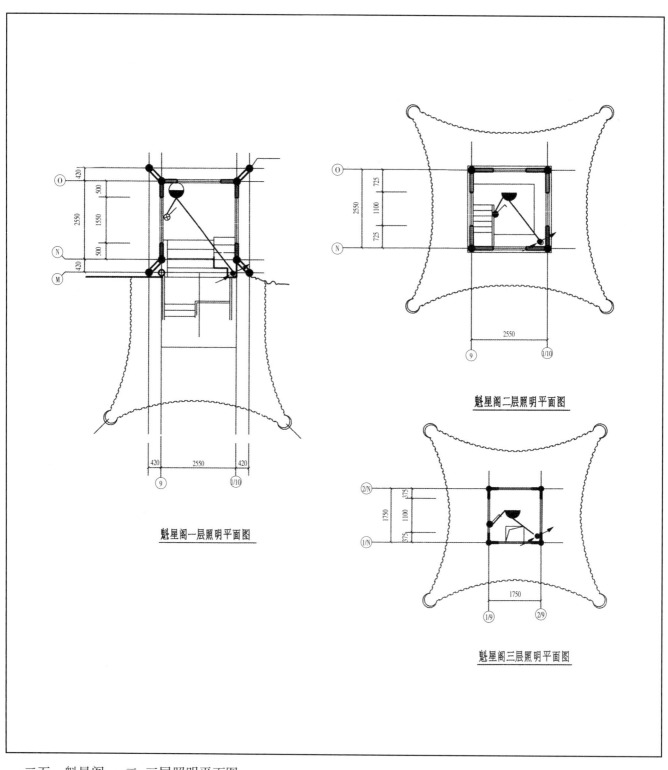

魁星阁二层照明平面图

魁星阁一层照明平面图

魁星阁三层照明平面图

二五 魁星阁一、二、三层照明平面图

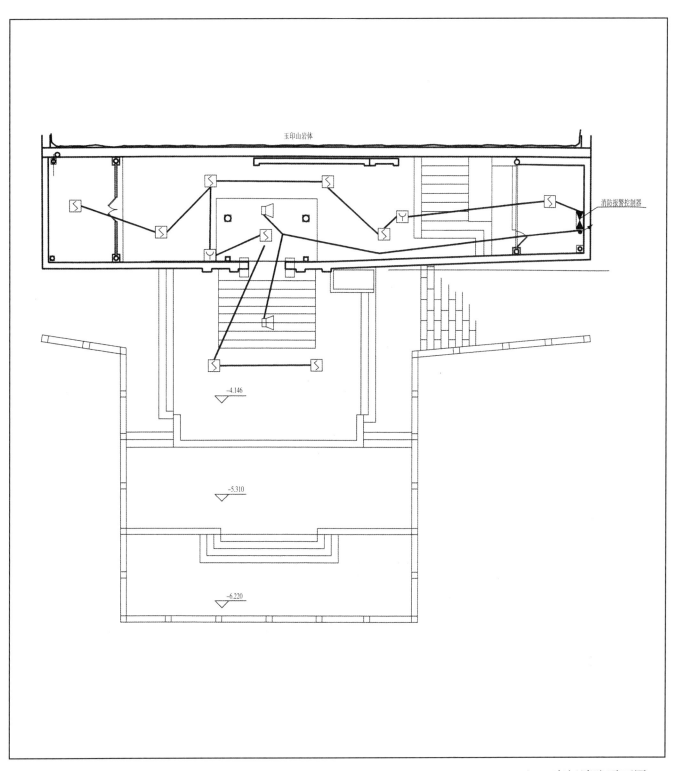

玉印山岩体

消防报警控制器

-4.146

-5.310

-6.220

二六　寨门消防平面图

181

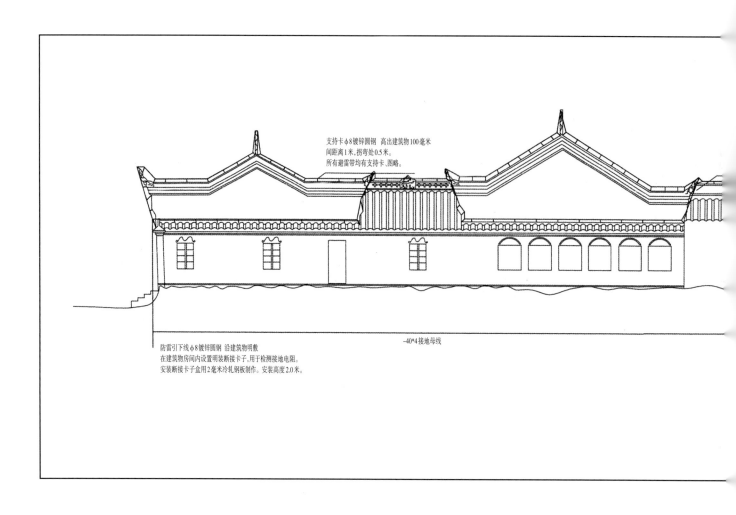

支持卡φ8镀锌圆钢 高出建筑物100毫米
间距离1米,拐弯处0.5米。
所有避雷带均有支持卡,图略。

—40*4接地母线

防雷引下线φ8镀锌圆钢 沿建筑物明敷
在建筑物房间内设置明装断接卡子,用于检测接地电阻。
安装断接卡子盒用2毫米冷轧钢板制作。安装高度2.0米。

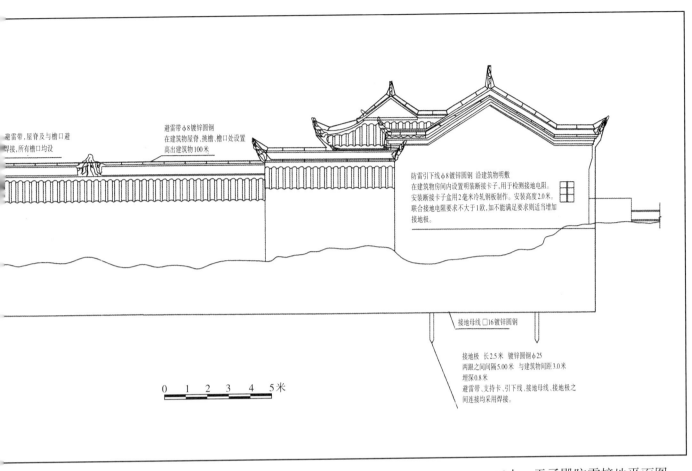

避雷带,屋脊及与檐口避
焊接,所有檐口均设

避雷带φ8镀锌圆钢
在建筑物屋脊,挑檐,檐口处设置
高出建筑物100米

防雷引下线φ8镀锌圆钢 沿建筑物明敷
在建筑物房间内设置明装断接卡子,用于检测接地电阻。
安装断接卡子盒用2毫米冷轧钢板制作。安装高度2.0米。
联合接地电阻要求不大于1欧,如不能满足要求则适当增加
接地极。

接地母线 □16镀锌圆钢

接地极 长2.5米 镀锌圆钢φ25
两跟之间间隔5.00米 与建筑物间距3.0米
埋深0.8米
避雷带,支持卡,引下线,接地母线,接地极之
间连接均采用焊接。

0 1 2 3 4 5米

二七 天子殿防雷接地平面图

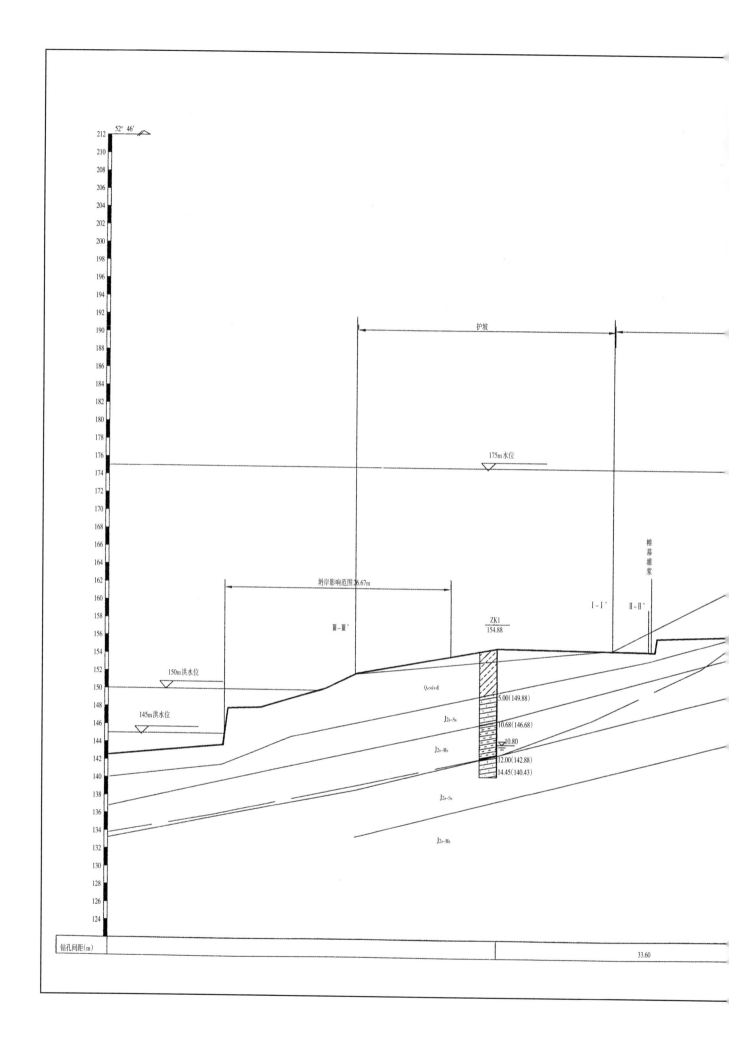

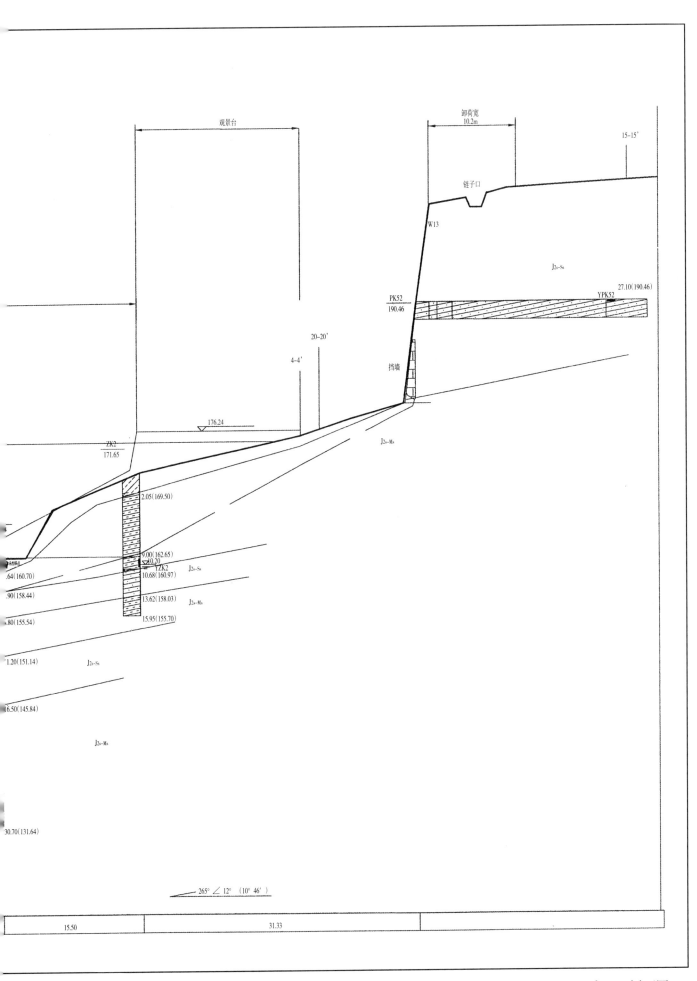

观景台

卸荷宽
10.2m

15-15'

链子口

W13

J_{2s-Ss}

PK52
190.46

27.10(190.46)

YPK52

20-20'

4-4'

挡墙

176.24

ZK2
171.65

J_{2s-Ms}

2.05(169.50)

9.00(162.65)
0.20
ZK2
.64(160.70)

J_{2s-Ss}

10.68(160.97)

.90(158.44)

13.62(158.03)

J_{2s-Ms}

.80(155.54)

15.95(155.70)

.20(151.14)

J_{2s-Ss}

.50(145.84)

J_{2s-Ms}

30.70(131.64)

265° ∠ 12° (10° 46′)

15.50

31.33

二八　工程地质1-1′剖面图

185

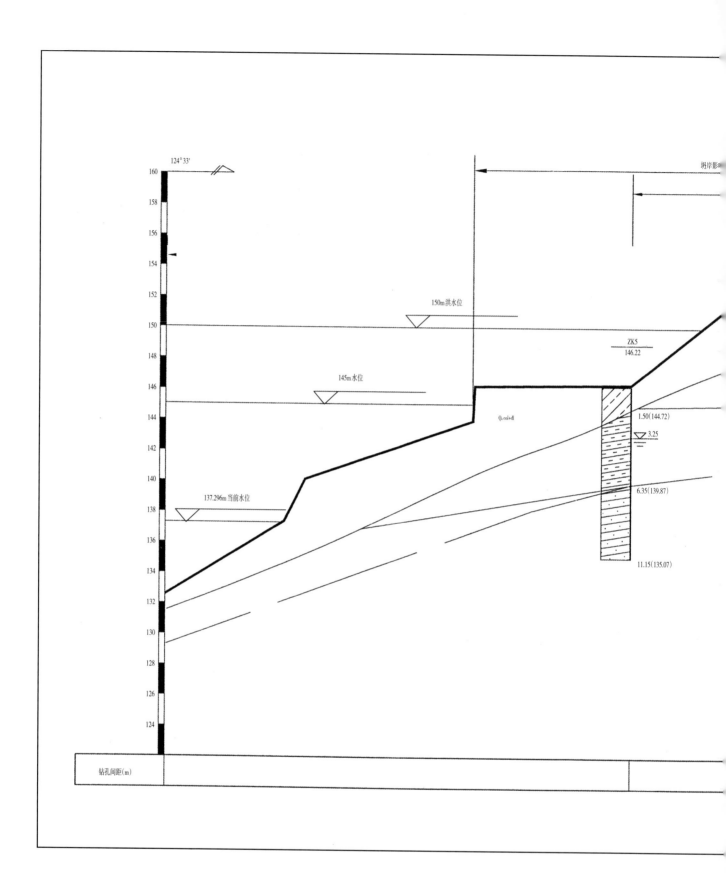

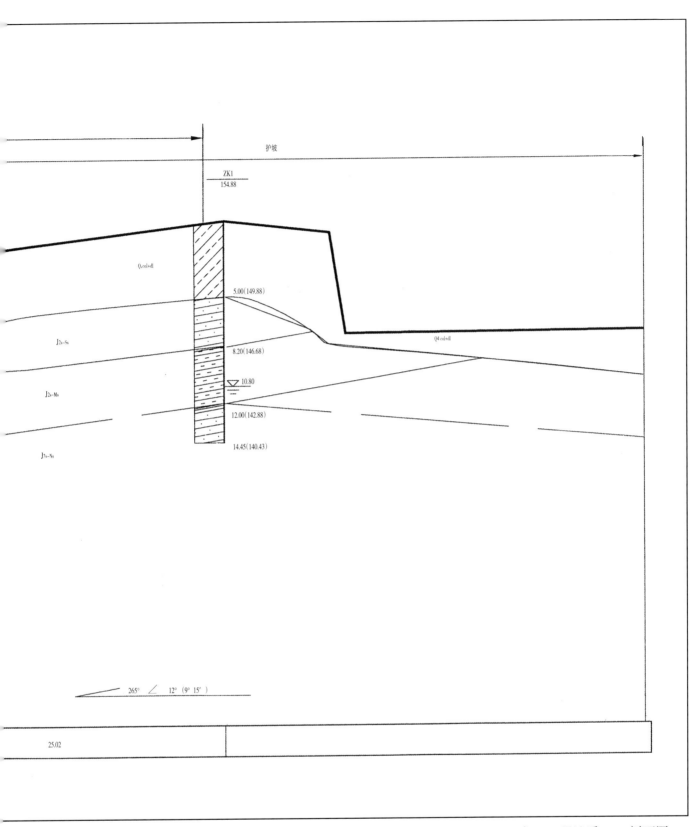

护坡

ZK1
154.88

Q₄col+dl

5.00(149.88)

8.20(146.68)

▽ 10.80

12.00(142.88)

14.45(140.43)

J₂ₛ₋Sₛ

J₂ₛ₋Mₛ

J₂ₛ₋Nₛ

Q4 col+dl

265° ∠ 12°（9° 15′）

25.02

二九　工程地质2–2′剖面图

工程地质钻孔柱状图

工程名称	重庆市忠县石宝寨保护工程					钻孔编号		ZK3		
孔口标高(m)	137.30	坐标(m)	X：66929.98	施工机械	XY-100	开孔日期		2004年1月7日		
钻孔深度(m)	23.30		Y：17452.70			终孔日期		2004年1月7日		

地层代号	层底深度(m)	地层厚度(m)	层底标高(m)	采取率(%)	风化带	柱状图 1:200	岩 性 描 述	样品	水位 0.00 ▽
水							江水。		
	6.75	6.75	130.55						
Q₄ᵃˡ				94			粉土，灰黑色，可塑，表层0.50m为块碎石土，土石比8∶2，较软，刀切无光滑面，干强度、韧性低，摇振反应中等。		
				76					
				80					
				87					
				79					
				84					
				83					
				95					
	19.50	12.75	117.80		强 1.00		泥岩，紫红色，泥质结构，中厚层状构造，主要由黏土矿物组成，岩心破碎，呈饼状或碎块状，为强风化带		
J₂ₛ	20.50	1.00	116.80		中				
	23.30	2.80	114.00	84			泥质砂岩，灰褐色，细粒结构，中厚层状构造，主要由石英、长石等矿物组成，岩心较完整，呈柱状或短柱状，节长6~20cm，为中风化带。		

三〇　工程地质钻孔柱状图(ZK3)

188

工程地质钻孔柱状图

工程名称	重庆市忠县石宝寨保护工程			钻孔编号	ZK4
孔口标高(m)	142.19	坐标(m)	X：66912.42	施工机械 XY-100	开孔日期 2004年1月1日
钻孔深度(m)	27.80		Y：17477.43		终孔日期 2004年1月1日

地层代号	层底深度(m)	地层厚度(m)	层底标高(m)	采取率(%)	风化带	柱状图 1:200	岩性描述	样品	水位
Q_4^{col+dl}	9.50	9.50	132.69	83 83 100 80 80 75 90 93 89			粉质黏土，黄色，粉质黏土夹砂岩碎块，土石比7：3，块径20~50cm，最大0.90m，稍密，可塑。刀切稍有光滑面，干强度中等、韧性中等，无摇振反应。		6.50 ▽
Q_4^{al}	20.00	10.50	122.19	95 90 95 86 91			粉土，灰黑色，湿，可塑，手捻有砂感，用手可搓成细条。刀切无光滑面，干强度低等、韧性低等，摇振反应中等。	SZK4	
J_{2s}	22.60	2.60	119.59	82	强 2.60		泥岩，紫红色，泥质结构，中厚层状构造，主要由黏土矿物组成，岩心破碎，呈碎块状，为强风化带。		
	27.80	5.20	114.39	88 89	中		泥质砂岩，灰褐色，细粒结构，中厚层状构造，主要由石英、长石等矿物组成，泥质胶结，岩心完整，呈柱状或短柱状，节长6~25cm，为中风化带。		

三一 工程地质钻孔柱状图(ZK4)

189

工程地质钻孔柱状图

工程名称	重庆市忠县石宝寨保护工程					钻孔编号	ZK5

孔口标高(m)	146.22	坐标(m)	X:66875.23	施工机械	XY-100	开孔日期	2004年1月2日
钻孔深度(m)	11.15		Y:17471.62			终孔日期	2004年1月2日

地层代号	层底深度(m)	地层厚度(m)	层底标高(m)	采取率(%)	风化带	柱状图 1:100	岩性描述	样品	水位
Q_4^{col+dl}				77			粉质黏土，棕色，粉质黏土夹砂岩碎块，土石比7：3，块径20~40cm，可塑，稍密。刀切稍有光滑面，干强度中等、韧性中等，无摇振反应。		
	1.50	1.50	144.72	75					
J_{2s}				87	强		泥岩，紫红色，泥质结构，中厚层状构造，主要由黏土矿物组成，岩心破碎，呈碎块状，为强风化带。		3.25
				80					
	6.35	4.85	139.87	85	4.85				
				88	中		砂岩，灰白色，粗中粒结构，中厚层状构造，主要由石英、长石等矿物组成，含泥质，岩心完整，呈柱状，节长5~20cm，为中风化带。		
				88					
	11.15	4.80	135.07	87					

三二　工程地质钻孔柱状图(ZK5)

工程地质钻孔柱状图

工程名称	重庆市忠县石宝寨保护工程				钻孔编号	Z1
孔口标高(m)	204.18	坐标(m)	X:66930.79	施工机械 XY-100	开孔日期	2000年4月11日
钻孔深度(m)	32.00		Y:17575.47		终孔日期	2004年1月13日

地层代号	层底深度(m)	地层厚度(m)	层底标高(m)	采取率(%)	风化带	柱状图 1:200	岩性描述	样品	水位
Q_4^{col+dl}	2.00	2.00	202.18	75			粉质黏土，棕色，粉质黏土夹砂岩碎块，土石比8：2，块径20~30cm，可塑，稍密。刀切稍有光滑面，干强度中等、韧性中等，无摇振反应。		无
J_{2s}				82					
				85					
				90			砂岩，灰白色，中粗粒结构，中厚层状构造，主要由石英、长石等矿物组成，岩心较完整，呈柱状或短柱状，节长5~150cm，为中风化带。其中，16.80~17.80m为一钙质砾岩薄层。		
				80					
				80					
				85					
				80					
				85					
				87	中				
				82					
				83					
				80					
				90					
				81					
				80					
	25.40	23.40	178.78	80			泥岩，紫红色，泥质结构，中厚层状构造，主要由黏土矿物组成，岩心完整，呈柱状，节长6~30cm，为中风化带。		
				81					
				82					
	32.00	6.60	172.18	89					

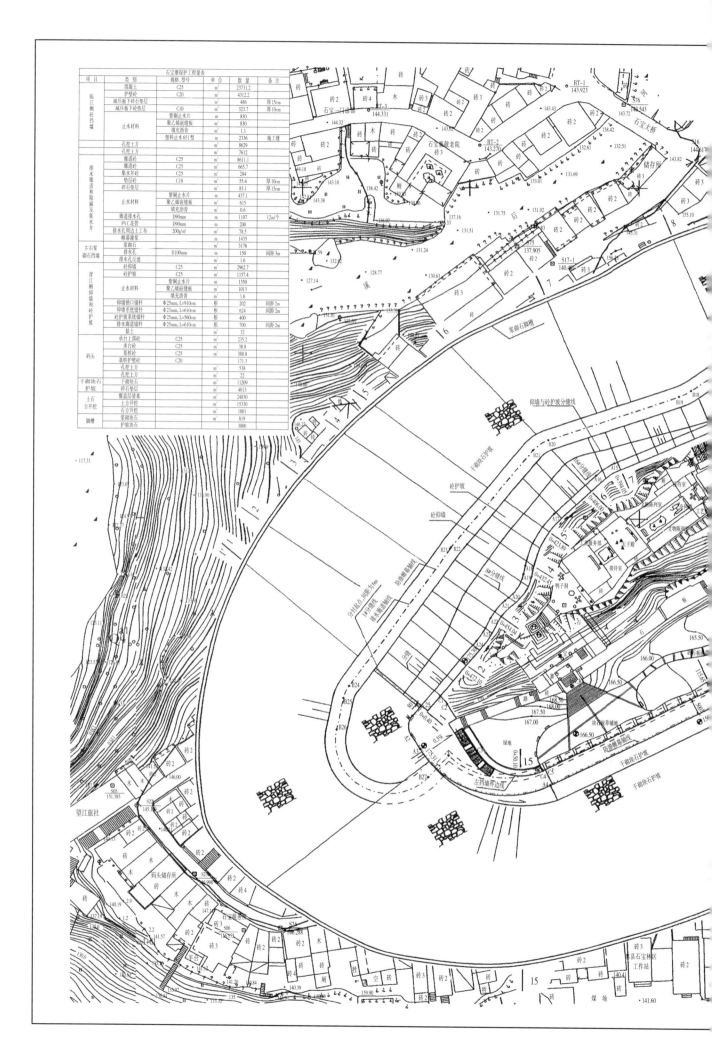

石宝寨保护工程量表

项 目	类 别	规格、型号	单位	数 量	备 注
临江侧砼挡墙	挡墙砼	C25	m³	23731.2	
	护壁砼	C20	m³	4312.2	
	减压板下碎石垫层		m³	486	厚15cm
	减压板下砼垫层	C10	m³	323.7	厚10cm
	止水材料	紫铜止水片	m	830	
		聚乙烯嵌缝板	m²	830	
		填充沥青	m³	1.1	
		塑料止水651型	m	2336	施工缝
	孔挖边土方		m³	8629	
	孔挖土方		m³	7612	
排水廊道和箱涵及集水井	廊道砼	C25	m³	8611.1	
	箱涵砼	C25	m³	665.7	
	集水井砼	C25	m³	284	
	垫层砼	C10	m³	55.4	厚10cm
	碎石垫层		m³	83.1	厚15cm
	止水材料	紫铜止水片	m	437.1	
		聚乙烯嵌缝板	m²	615	
		填充沥青	m³	0.6	
	廊道排水孔	D90mm	m	1107	12m/个
	PVC花管	D90mm	m	200	
	排水孔周边土工布	200g/m²	m²	78.5	
	帷幕灌浆		m	1435	
左右浆砌石挡墙	浆砌石		m³	5176	
	排水孔	D100mm	m	150	间距3m
	排水孔反滤		m³	1.6	
背江侧仰墙和砼护坡	砼仰墙	C25	m³	2962.7	
	砼护坡	C25	m³	1157.4	
	止水材料	紫铜止水片	m	1350	
		聚乙烯嵌缝板	m²	1013	
		填充沥青	m³	1.6	
	仰墙墙口锚杆	Φ25mm,L=910cm	根	202	间距2m
	仰墙系统锚杆	Φ25mm,L=610cm	根	624	间距2m
	砼护坡系统锚杆	Φ25mm,L=560cm	根	400	
	排水廊道锚杆	Φ25mm,L=610cm	根	700	间距2m
	黏土		m³	32	
码头	承台上部砼	C25	m³	235.2	
	承台砼	C25	m³	38.8	
	基桩砼	C25	m³	388.8	
	基桩护壁砼	C20	m³	171.3	
	孔挖土方		m³	538	
	孔挖土方		m³	22	
干砌块石护坡	干砌块石		m³	11209	
	碎石垫层		m³	4013	
土石方开挖	覆盖层清基		m³	24830	
	土方开挖		m³	15330	
	石方开挖		m³	1001	
脚槽	浆砌块石		m³	819	
	护坡块石		m³	3000	

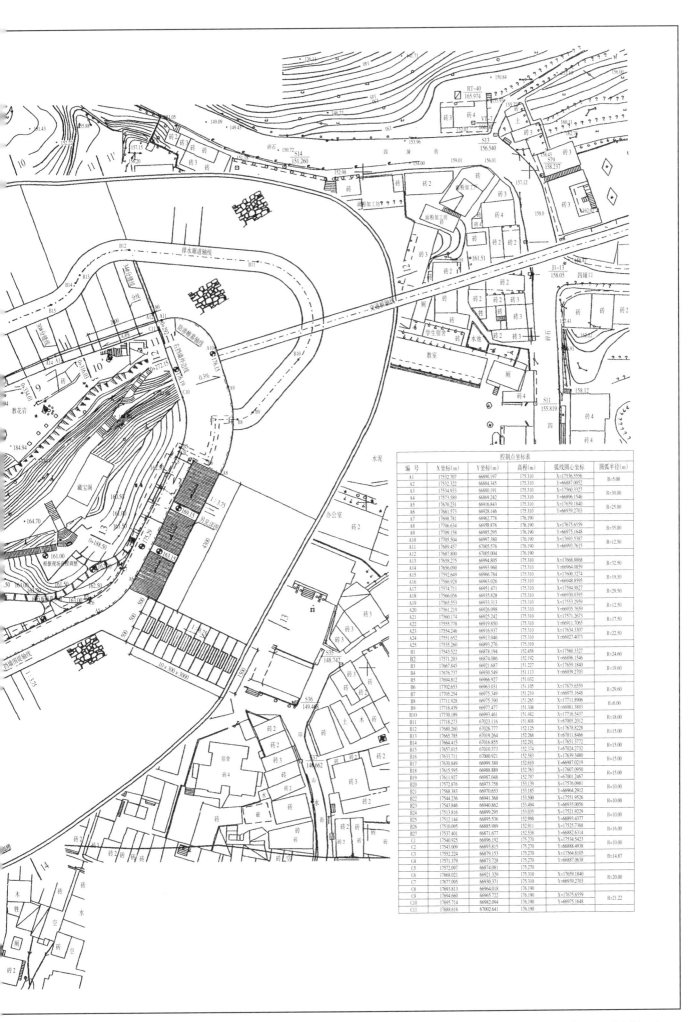

控制点坐标表

编 号	X坐标(m)	Y坐标(m)	高程(m)	弧线圆心坐标	圆弧半径(m)
A1	17532.707	66890.197	175.310	X=17536.5556	R=5.00
A2	17532.322	66884.345	175.310	Y=66887.0052	
A3	17534.933	66880.191	175.310	X=17560.3327	R=30.00
A4	17573.589	66869.242	175.310	Y=66896.1546	
A5	17670.231	66916.843	175.310	X=17659.1840	R=25.00
A6	17681.573	66928.146	175.310	Y=66939.2703	
A7	17698.781	66962.778	176.190		
A8	17706.634	66958.876	176.190	X=17675.6559	R=35.00
A9	17700.158	66985.295	176.190	Y=66975.1648	
A10	17705.504	66997.380	176.190	X=17693.5387	R=12.50
A11	17689.457	67005.576	176.190	Y=66993.7615	
A12	17687.800	67005.004	176.190		
A13	17658.275	66994.805	175.310	X=17668.8868	R=32.50
A14	17656.090	66993.960	175.310	Y=66964.0859	
A15	17592.649	66966.784	175.310	X=17600.3274	R=19.50
A16	17586.928	66963.026	175.310	Y=66948.8595	
A17	17574.711	66951.471	175.310	X=17594.9827	R=29.50
A18	17566.056	66935.828	175.310	Y=66930.0395	
A19	17565.553	66933.313	175.310	X=17553.2959	R=12.50
A20	17561.219	66926.088	175.310	Y=66935.7659	
A21	17560.174	66925.242	175.310	X=17571.2673	R=17.50
A22	17555.778	66919.850	175.310	Y=66911.7065	
A23	17554.246	66916.937	175.310	X=17634.3307	R=22.50
A24	17551.652	66913.046	175.310	Y=66927.4073	
A25	17535.260	66893.276	175.310		
B1	17543.522	66878.194	152.458	X=17560.3327	R=24.60
B2	17571.203	66874.086	152.192	Y=66896.1546	
B3	17667.845	66921.687	151.227	X=17659.1840	R=19.60
B4	17676.737	66930.549	151.113	Y=66939.2703	
B5	17694.812	66966.927	151.032		
B6	17702.653	66963.031	151.105	X=17675.6559	R=29.60
B7	17705.254	66975.349	151.210	Y=66975.1648	
B8	17711.928	66975.390	151.265	X=17711.8906	R=6.00
B9	17716.439	66977.477	151.308	Y=66981.3893	
B10	17730.189	66993.461	151.482	X=17716.5437	R=18.00
B11	17718.273	67023.116	151.808	Y=67005.2012	
B12	17680.260	67026.777	152.125	X=17678.8228	R=15.00
B13	17665.785	67019.264	152.268	Y=67011.8466	
B14	17664.415	67016.855	152.291	X=17651.3772	R=15.00
B15	17657.015	67010.373	152.374	Y=67024.2732	
B16	17633.711	67000.021	152.583	X=17639.3480	R=15.00
B17	17630.849	66999.380	152.610	Y=66987.0219	
B18	17615.595	66988.889	152.763	X=17607.0950	R=15.00
B19	17611.927	66987.048	152.797	Y=67001.2467	
B20	17572.876	66973.758	153.139	X=17576.0981	R=10.00
B21	17568.383	66970.653	153.185	Y=66964.2912	
B22	17544.236	66941.368	153.500	X=17551.9526	R=10.00
B23	17543.846	66940.862	153.494	Y=66935.0056	
B24	17513.816	66899.295	153.025	X=17521.9229	R=10.00
B25	17512.144	66895.536	152.998	Y=66893.4377	
B26	17510.095	66885.989	152.911	X=17525.7388	R=16.00
B27	17537.401	66871.677	152.538	Y=66882.6314	
C1	17540.925	66896.192	175.270	X=17534.5423	R=10.00
C2	17543.009	66893.815	175.270	Y=66888.4938	
C3	17552.224	66879.153	175.270	X=17564.8105	R=14.87
C4	17571.379	66873.728	175.270	Y=66887.0638	
C5	17572.097	66874.081	175.270		
C6	17568.021	66921.329	175.310	X=17659.1840	R=20.00
C7	17677.095	66930.371	175.310	Y=66939.2703	
C8	17693.813	66964.018	176.190		
C9	17694.660	66965.722	176.190	X=17675.6559	R=21.22
C10	17695.714	66982.094	176.190	Y=66975.1648	
C11	17688.616	67002.641	176.190		

三四 保护工程结构布置示意图(一)

A-A

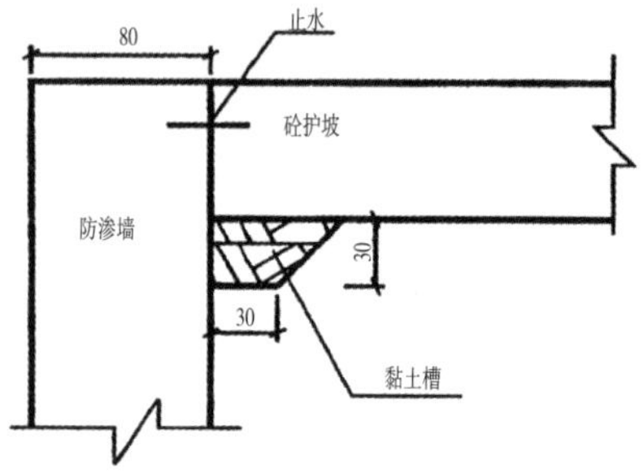
80
止水
砼护坡
防渗墙
30
30
黏土槽

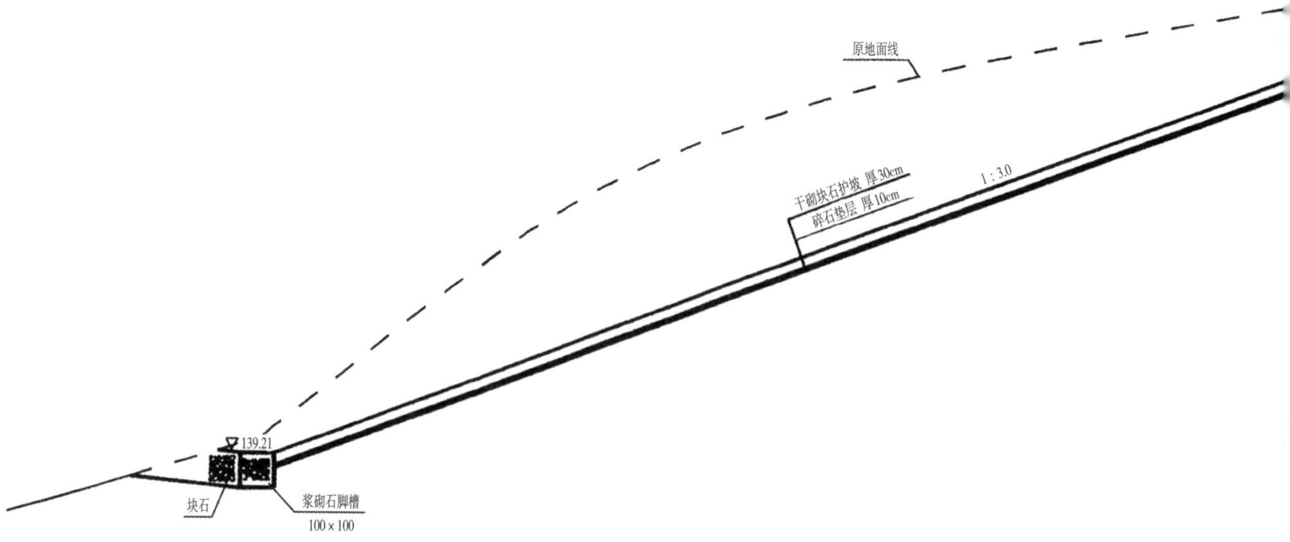
原地面线
干砌块石护坡 厚30cm
碎石垫层 厚10cm
1 : 3.0
139.21
块石
浆砌石脚槽
100×100

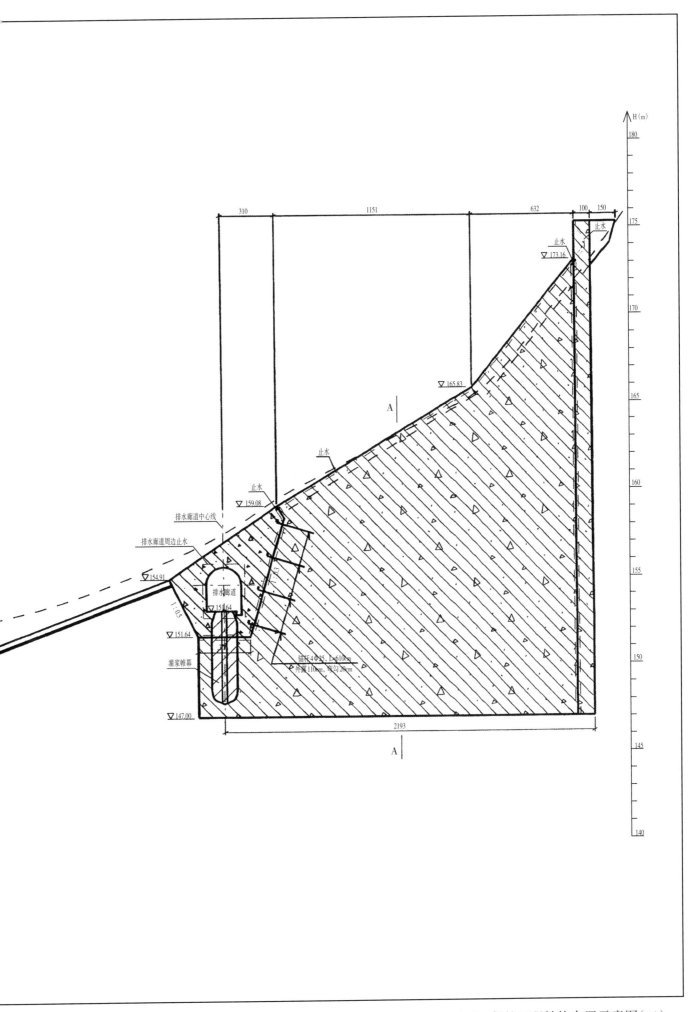

H（m）

止水

止水
▽173.16

▽165.83

A

止水

止水
▽159.08

排水廊道中心线

排水廊道周边止水

▽154.91

排水廊道

▽151.64

▽151.64

灌浆帷幕

锚杆4Φ25，L=610cm
外露110cm，弯勾20cm

▽147.00

2193

A

310　　　1151　　　632　　100　150

三五　保护工程结构布置示意图（二）

195

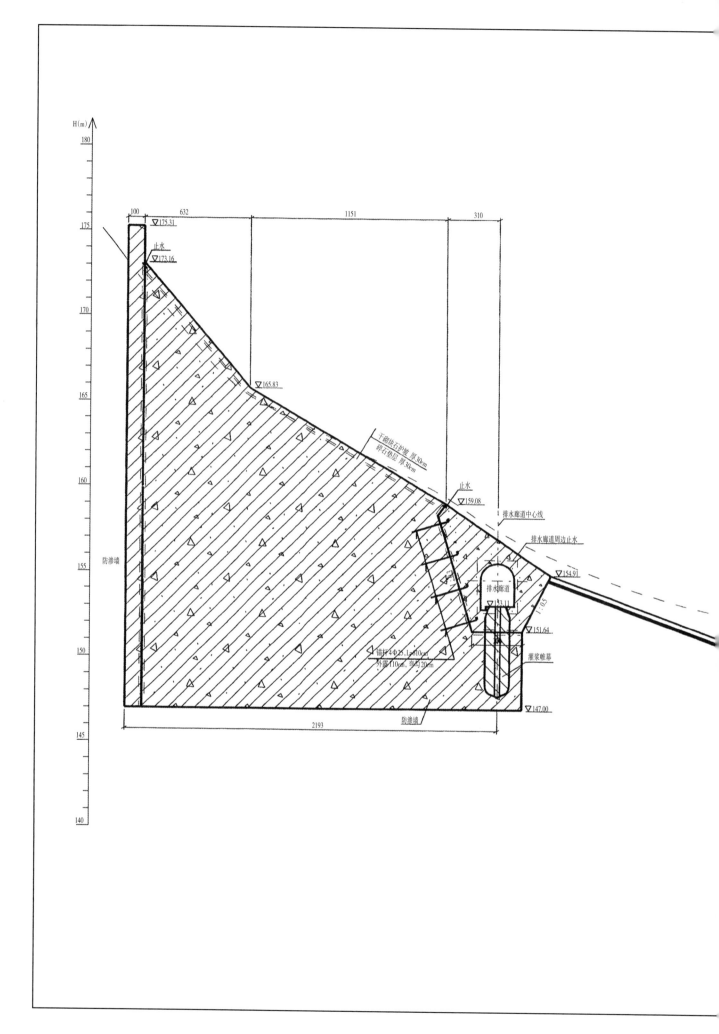

1'- 1'

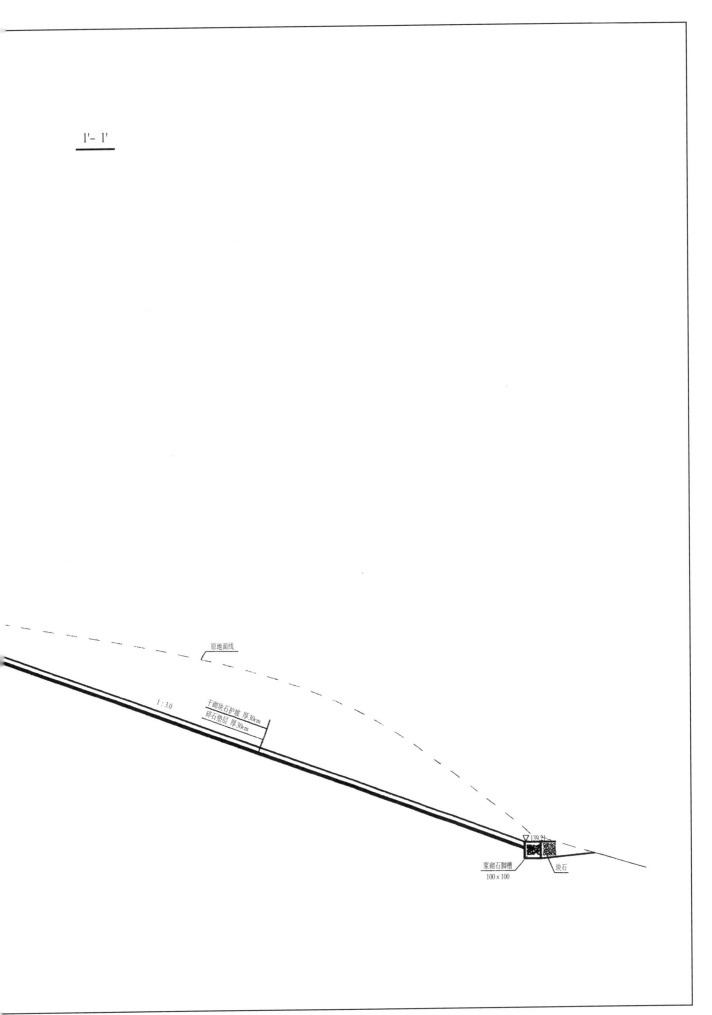

原地面线

1:3.0

干砌块石护坡 厚30cm
碎石垫层 厚30cm

▽139.34

浆砌石脚槽
100×100

块石

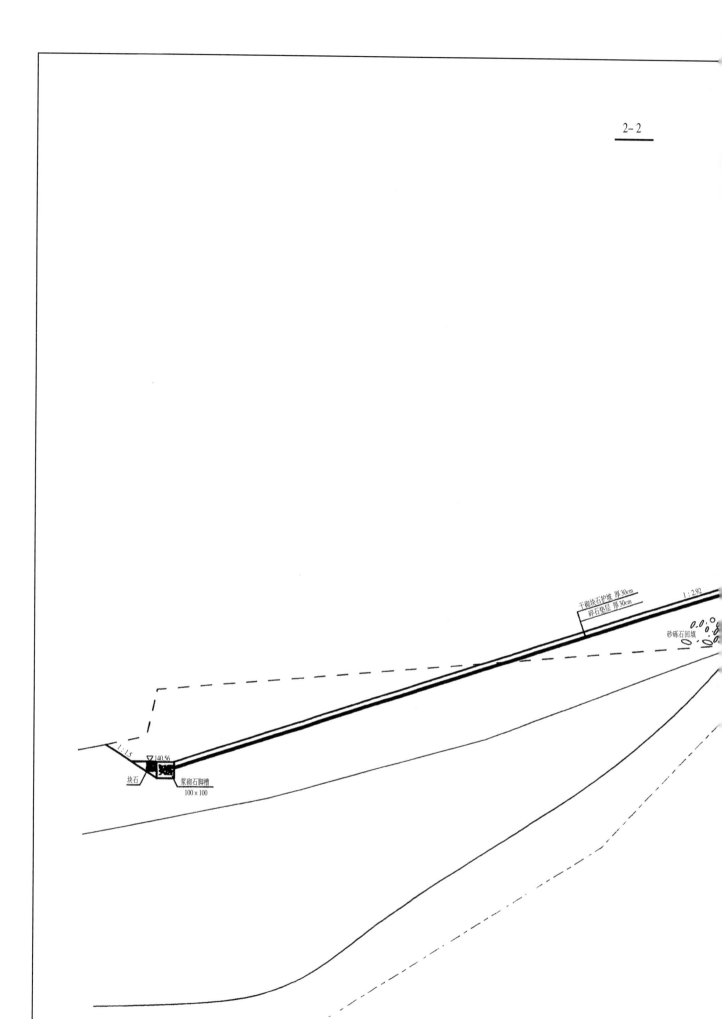

干砌块石护坡 厚30cm
碎石垫层 厚30cm
砂砾石回填
1：2.92

1：1.5
▽140.56
块石
浆砌石脚槽
100×100

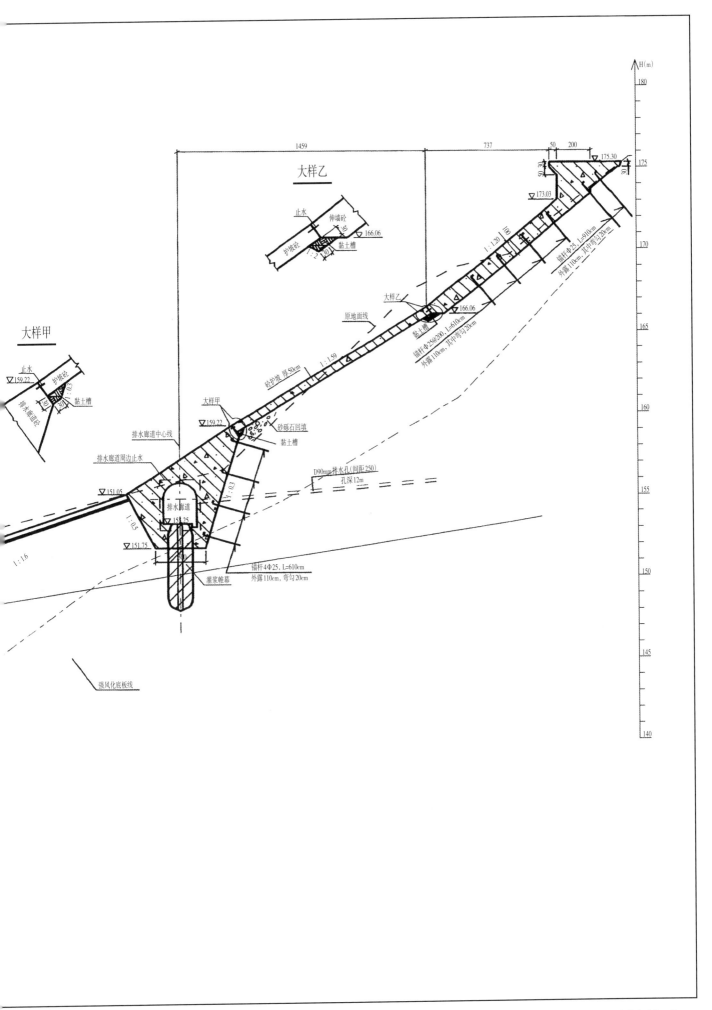

三七 保护工程结构布置示意图(四)

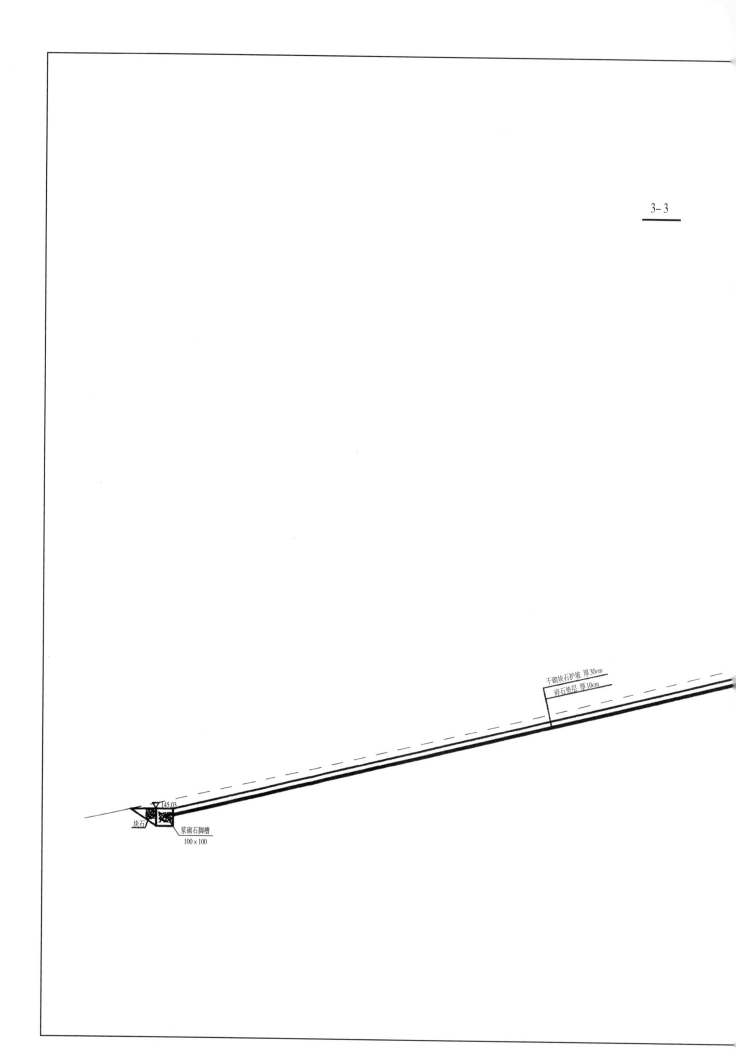

干砌块石护坡 厚30cm
碎石垫层 厚10cm

∇45.03

块石

浆砌石脚槽
100×100

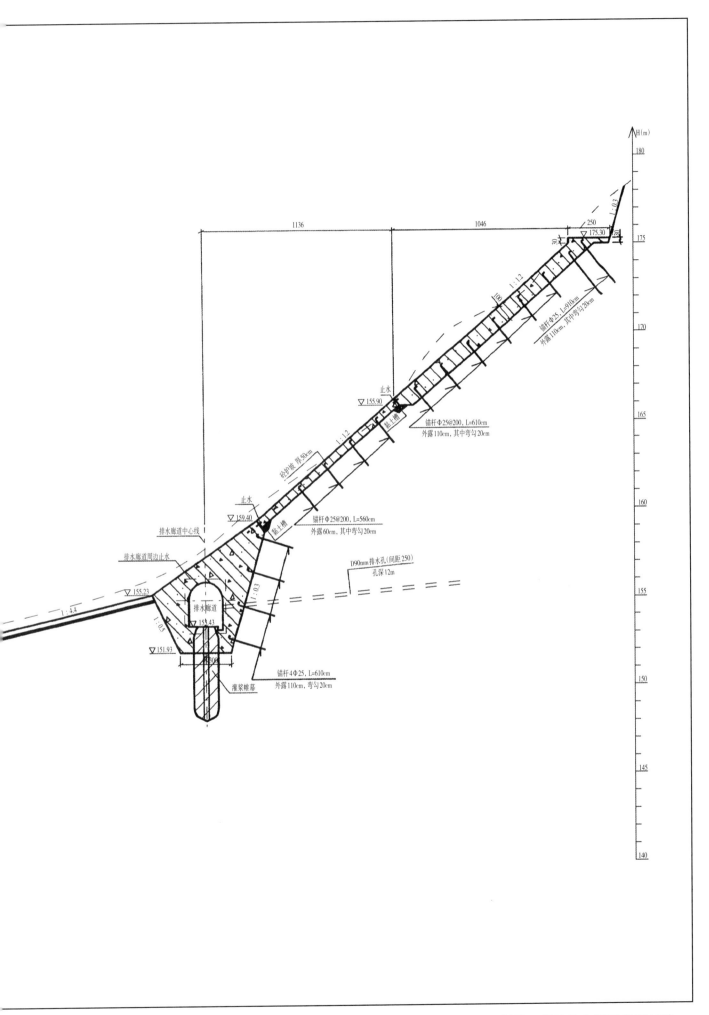

三八 保护工程结构布置示意图（五）

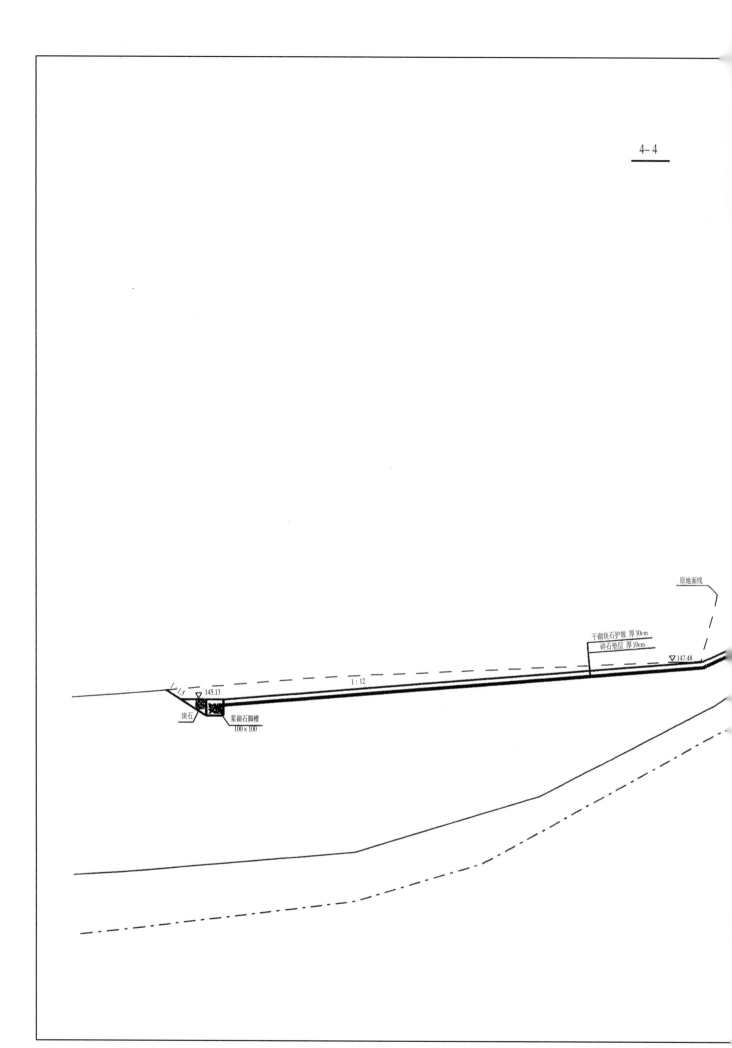

原地面线

干砌块石护坡 厚30cm

碎石垫层 厚10cm

▽ 147.48

1 : 12

▽ 145.13

1.5

块石

浆砌石脚槽
100×100

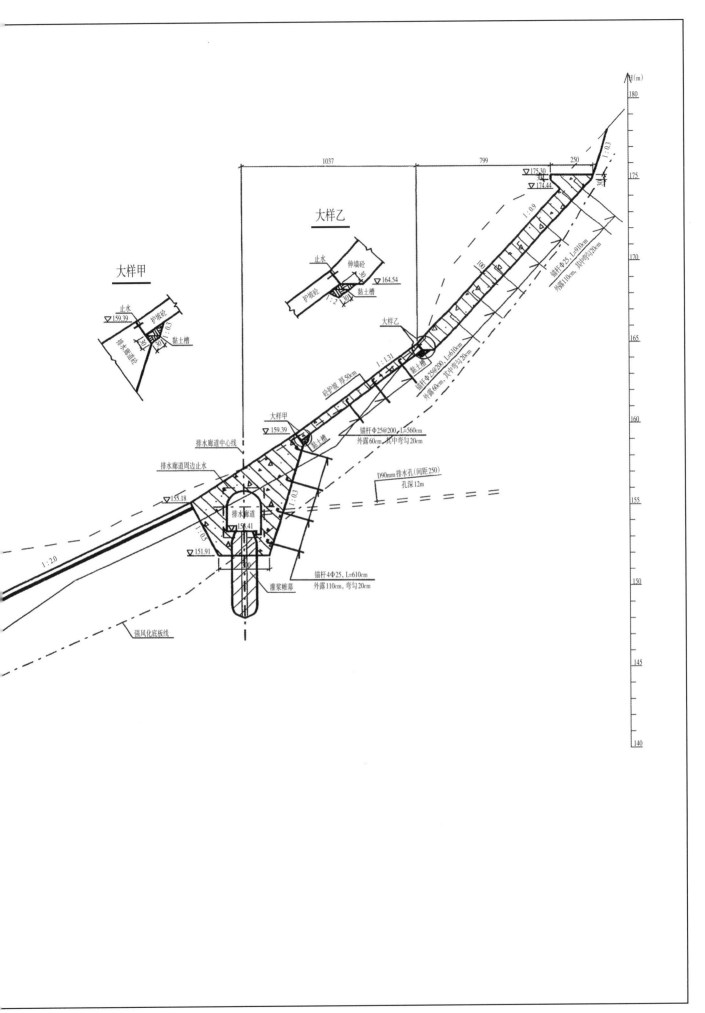

大样甲

大样乙

三九 保护工程结构布置示意图(六)

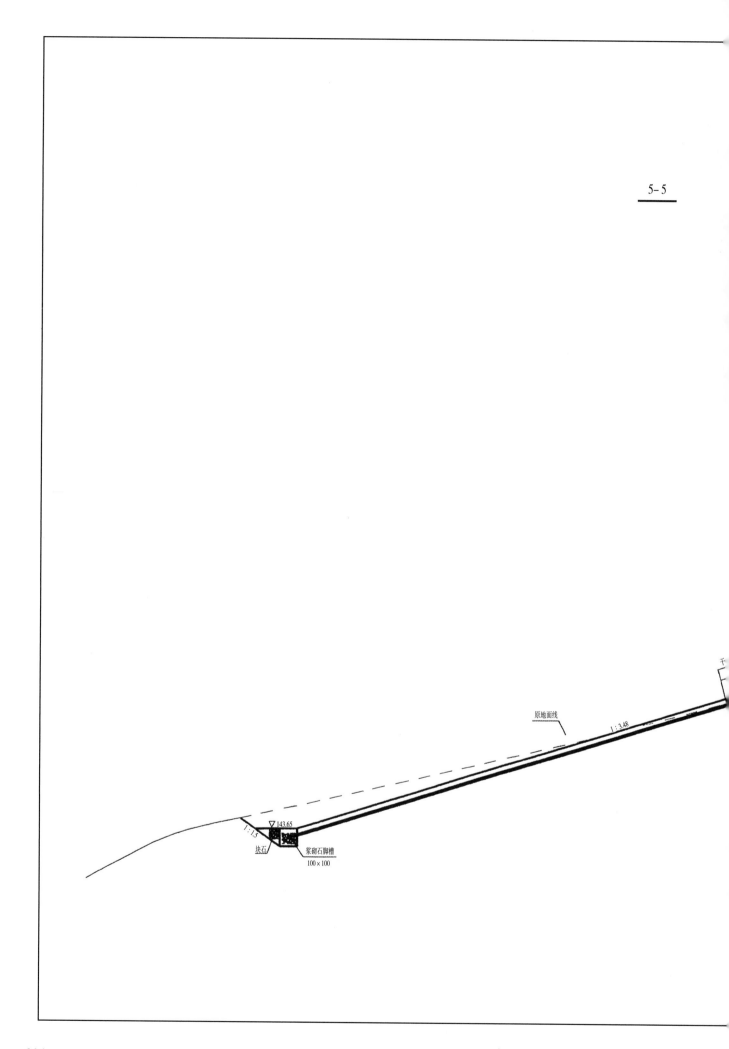

原地面线

1 : 3.48

1 : 1.5

▽ 143.65

块石

浆砌石脚槽
100 × 100

干

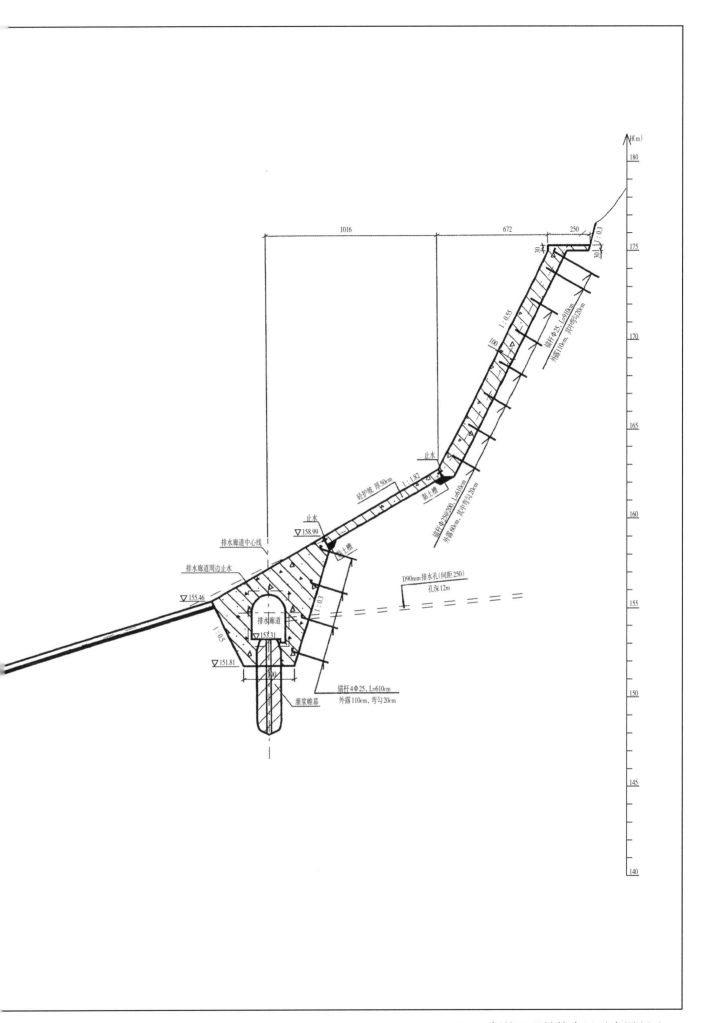

四〇 保护工程结构布置示意图（七）

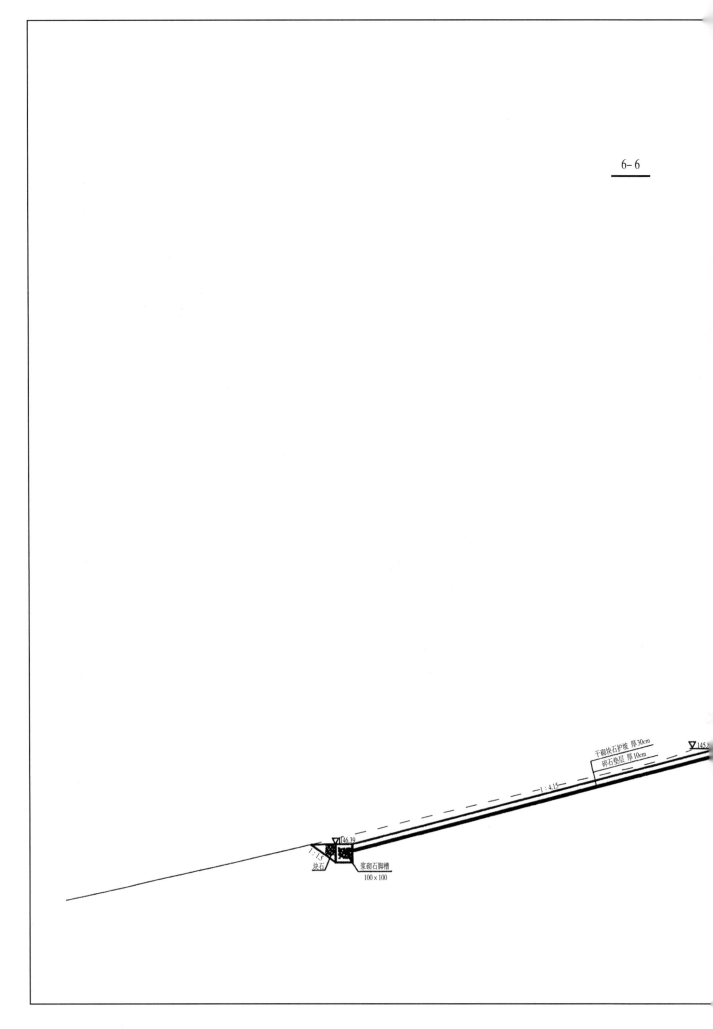

6-6

干砌块石护坡 厚30cm
碎石垫层 厚10cm

▽145.8

1:4.15

▽146.39

1:1.5
块石

浆砌石脚槽
100×100

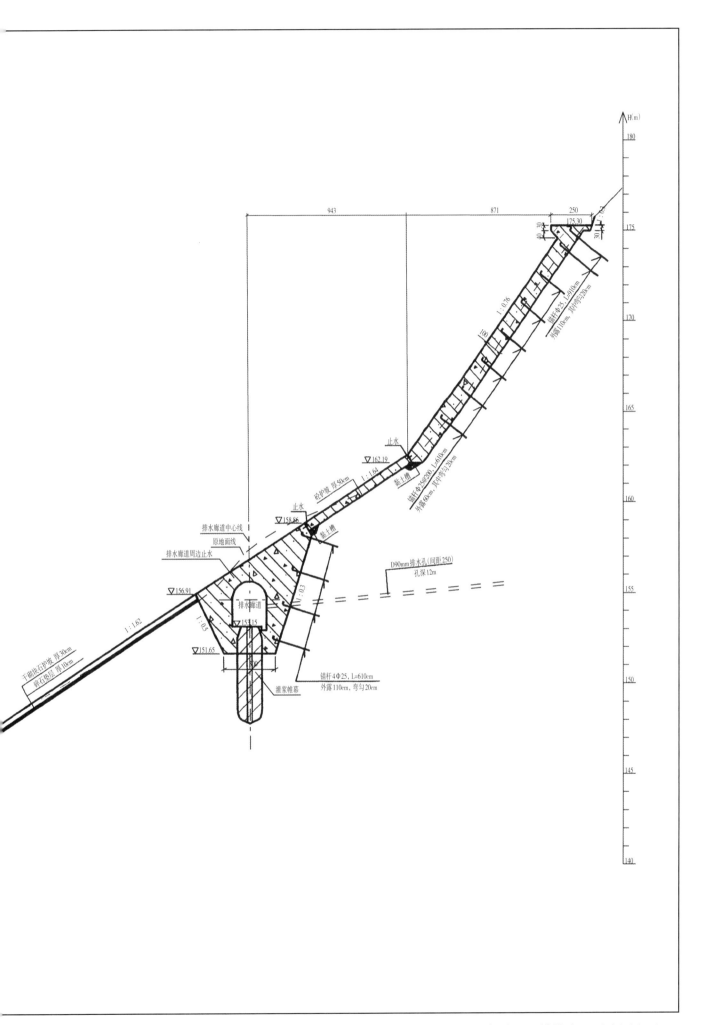

四一　保护工程结构布置示意图(八)

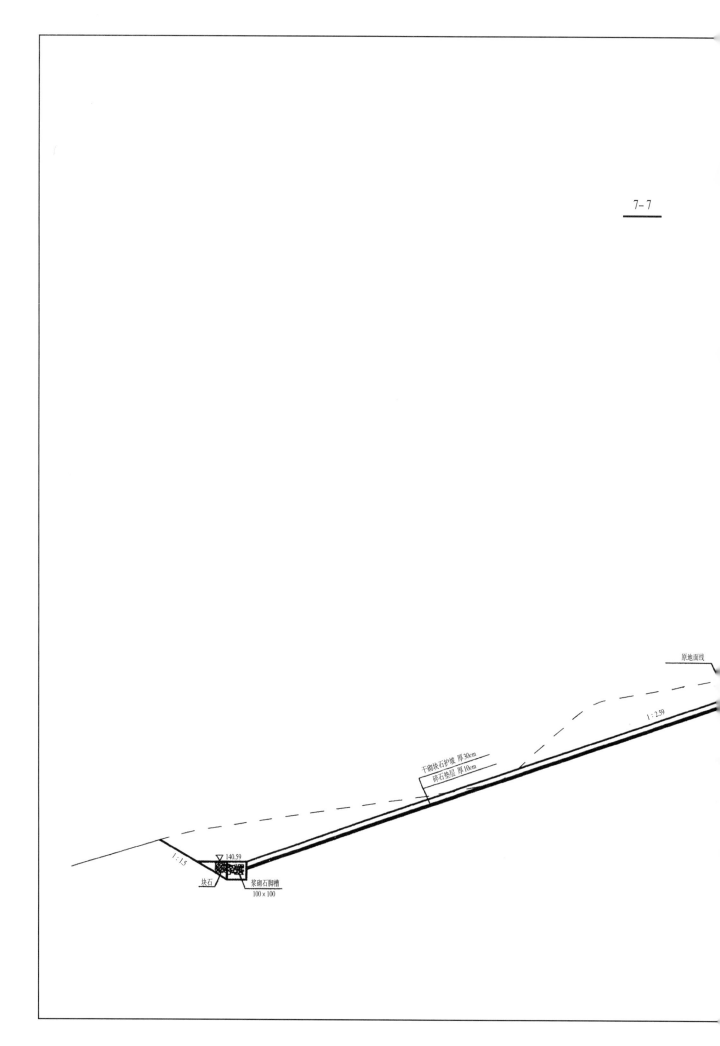

7-7

原地面线

干砌块石护坡 厚30cm
碎石垫层 厚10cm

1:2.59

1:1.5

▽ 140.59

块石

浆砌石脚槽
100×100

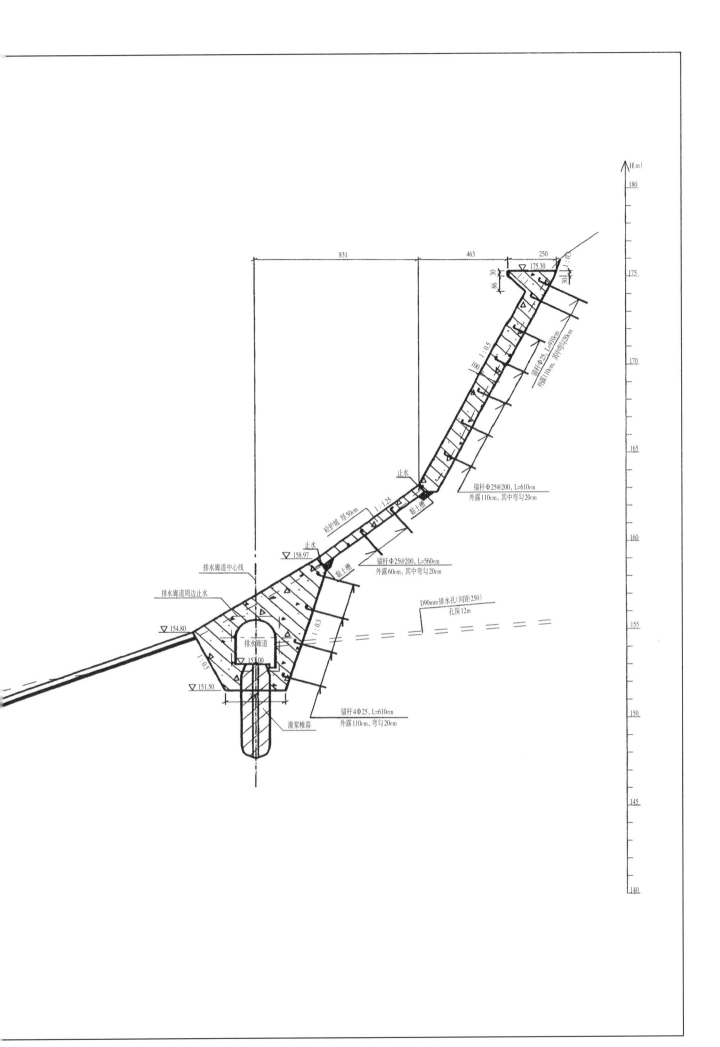

四二 保护工程结构布置示意图（九）

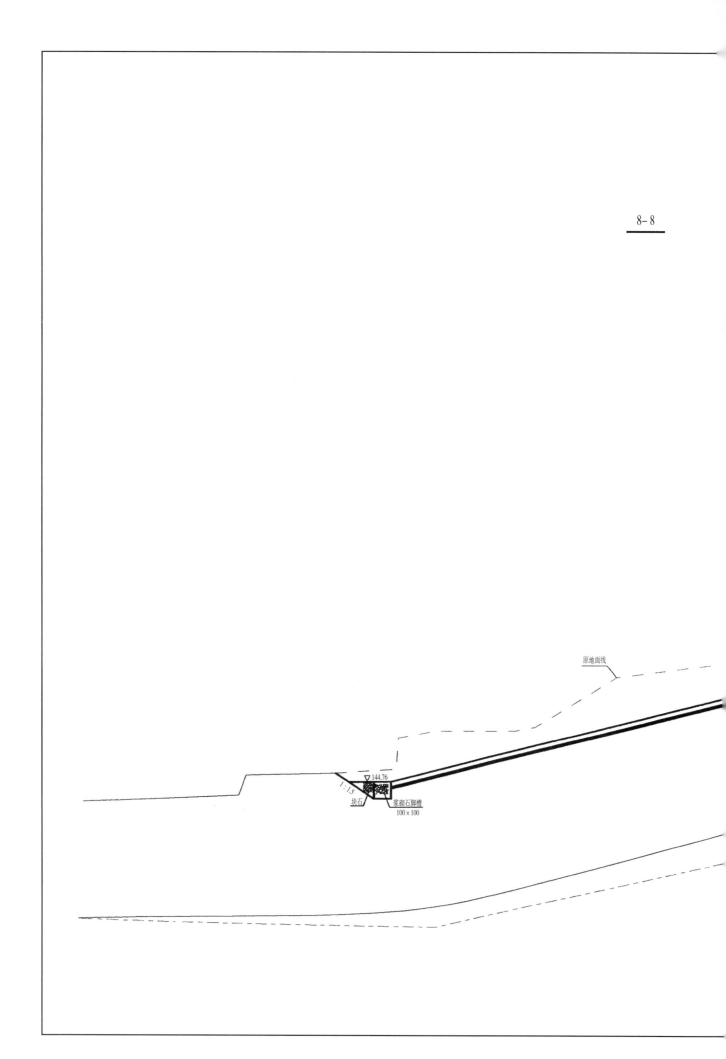

原地面线

▽144.76

1:1.5

块石   浆砌石脚槽
100×100

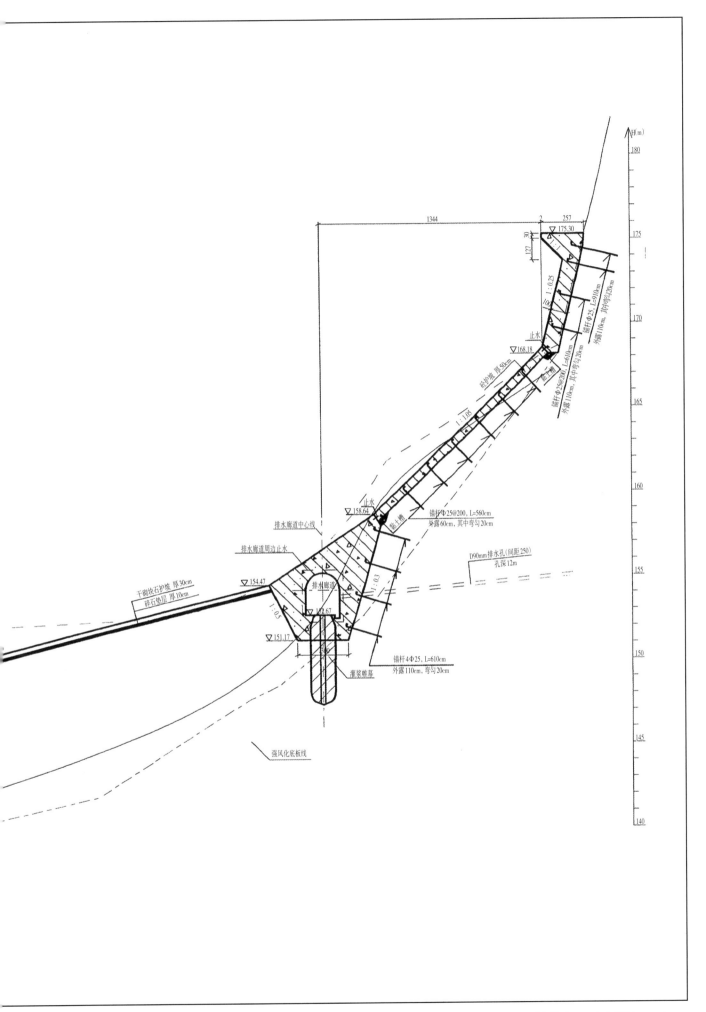

四三 保护工程结构布置示意图(一○)

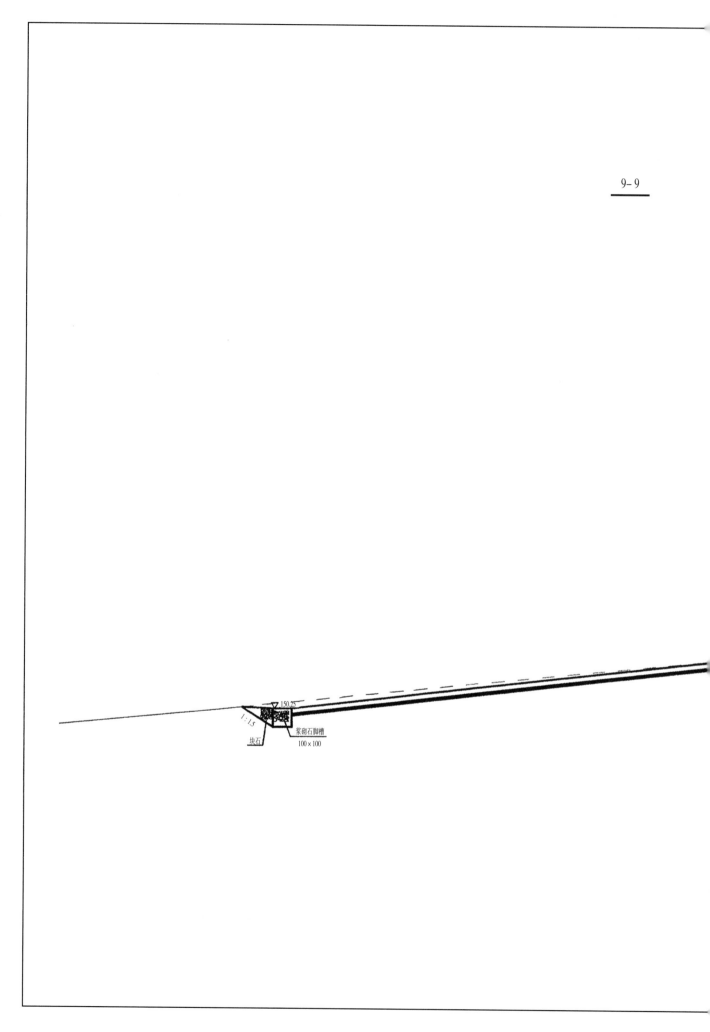

9–9

150.25

1:1.5

块石

浆砌石脚槽
100×100

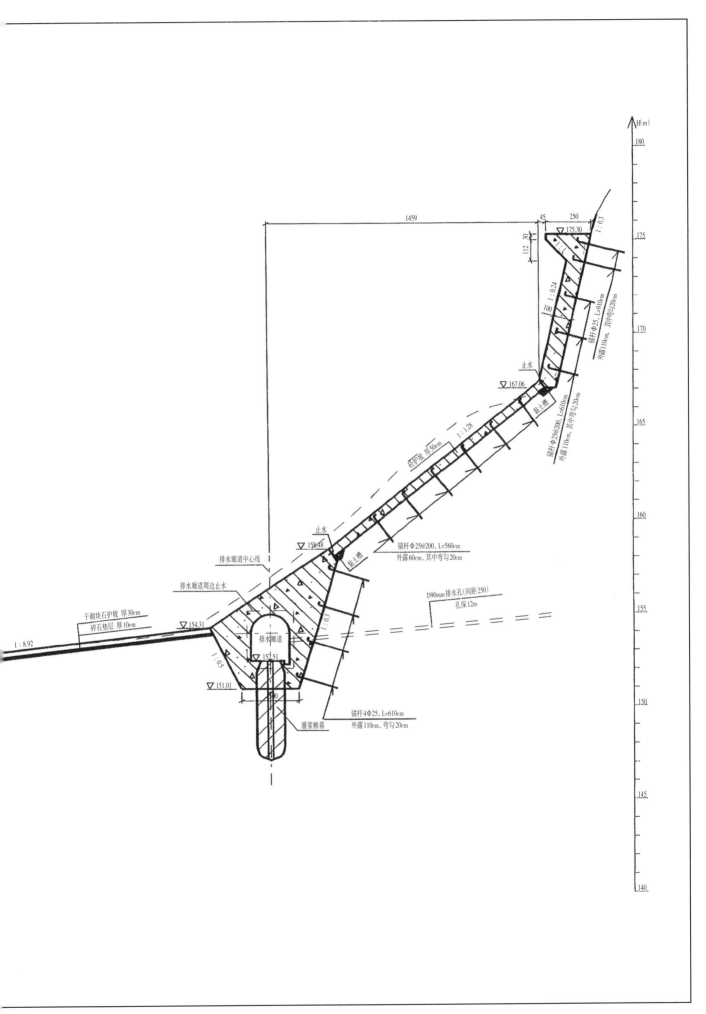

四四　保护工程结构布置示意图(一一)

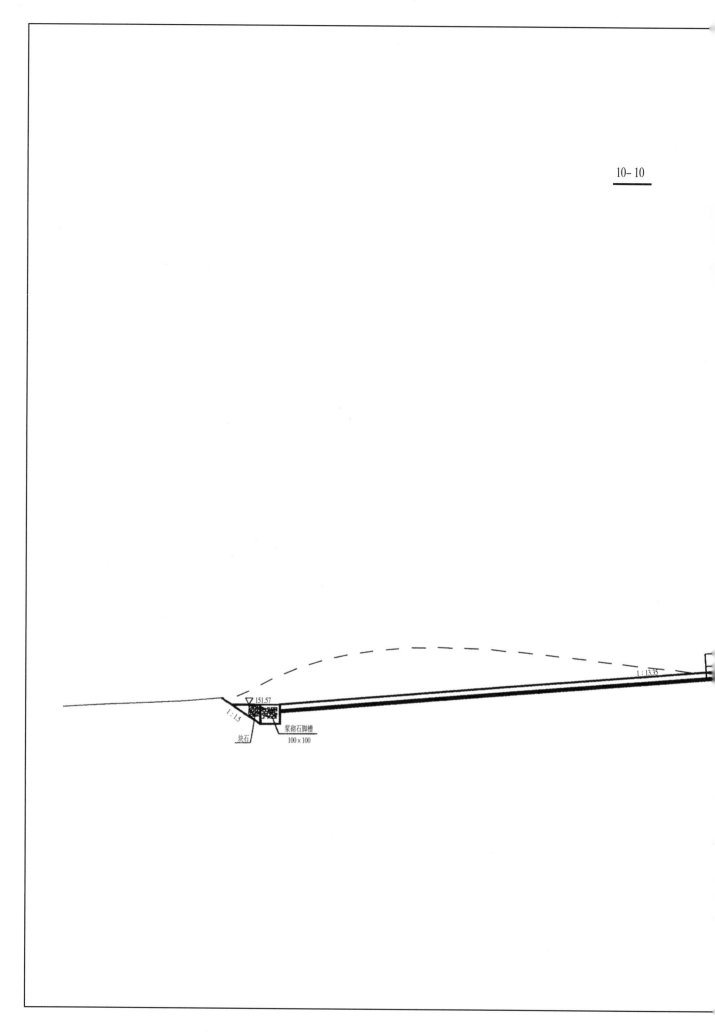

10-10

151.57

1 : 1.5

块石

浆砌石脚槽
100×100

1 : 13.35

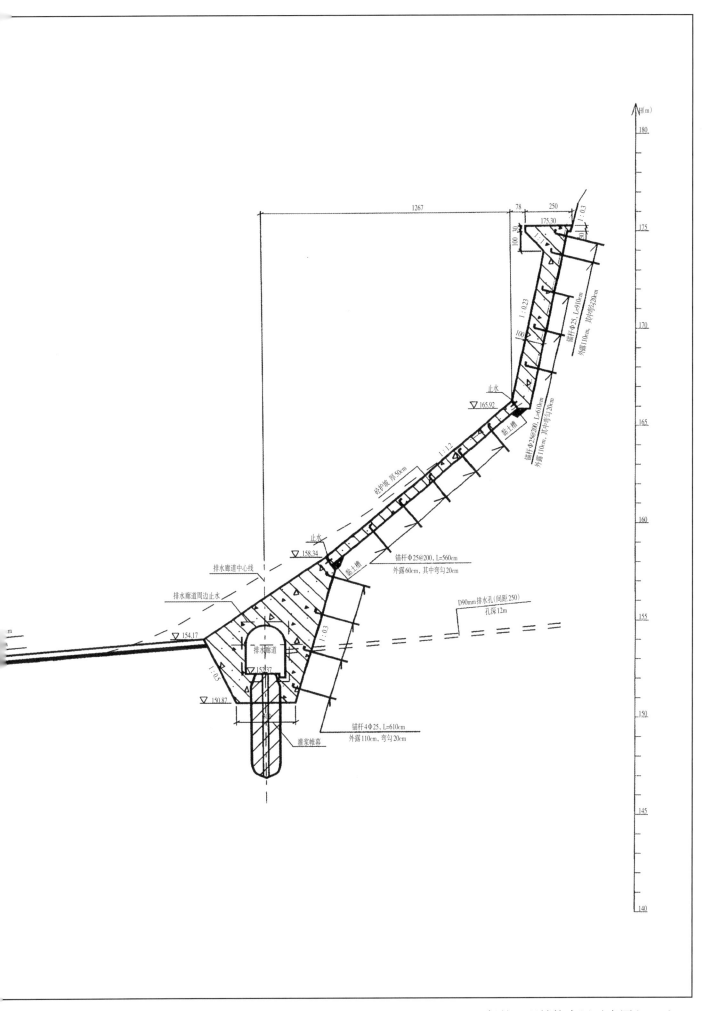

四五 保护工程结构布置示意图(一二)

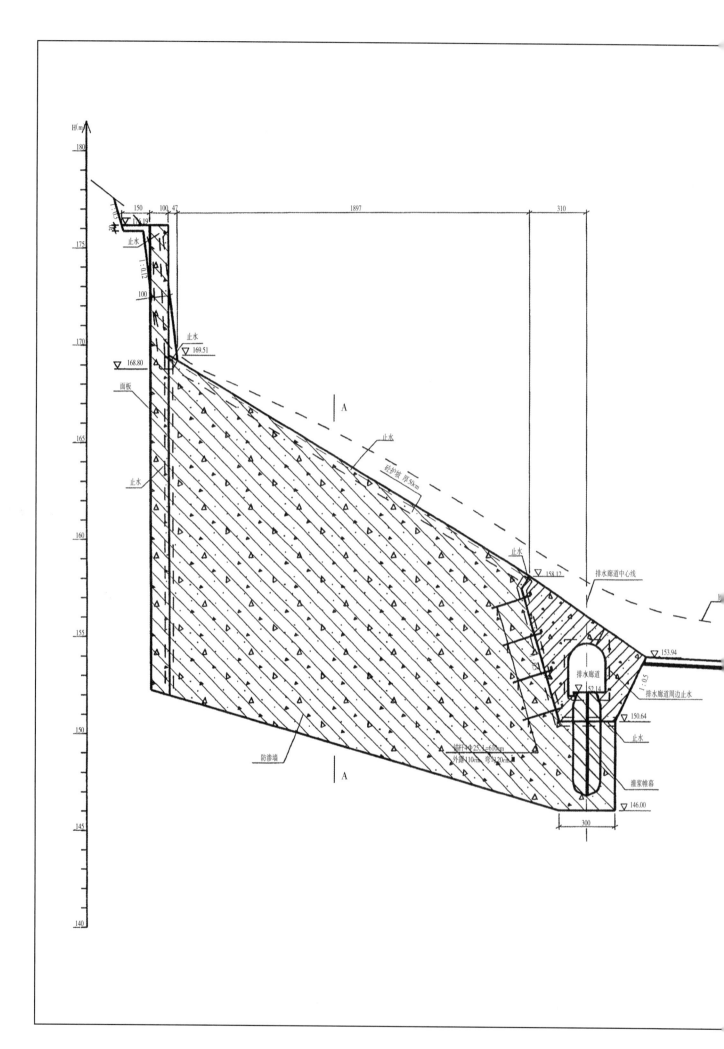

H(m)

180

175

170

165

160

155

150

145

140

150 100 47 1897 310

止水

1:0.12

止水
▽ 169.51

▽ 168.80

面板

止水

▽ 158.12

排水廊道中心线

▽ 153.94

排水廊道

1:0.5

排水廊道周边止水

▽ 52.14

止水
▽ 150.64

灌浆帷幕

防渗墙

锚杆2Φ25, L=610cm
外露110cm 弯头120cm

300

▽ 146.00

砼护坡 厚50cm

止水

A

A

11-11

A-A

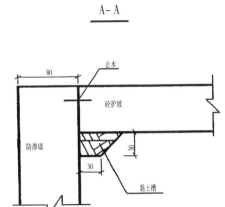

止水
砼护坡
80
防渗墙
30
30
黏土槽

干砌块石护坡 厚30cm
碎石垫层 厚10cm
153.20
1:15
块石
浆砌石脚槽
100×100

四六　保护工程结构布置示意图(一三)

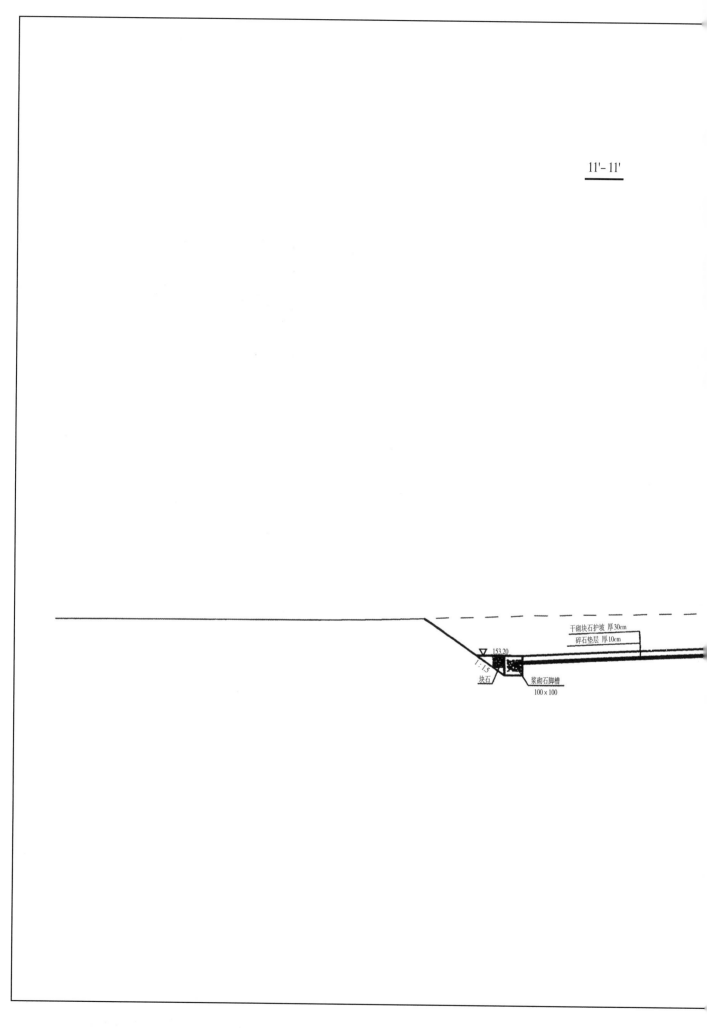

11'– 11'

干砌块石护坡 厚30cm
碎石垫层 厚10cm

▽ 153.20
1:15
块石
浆砌石脚槽
100×100

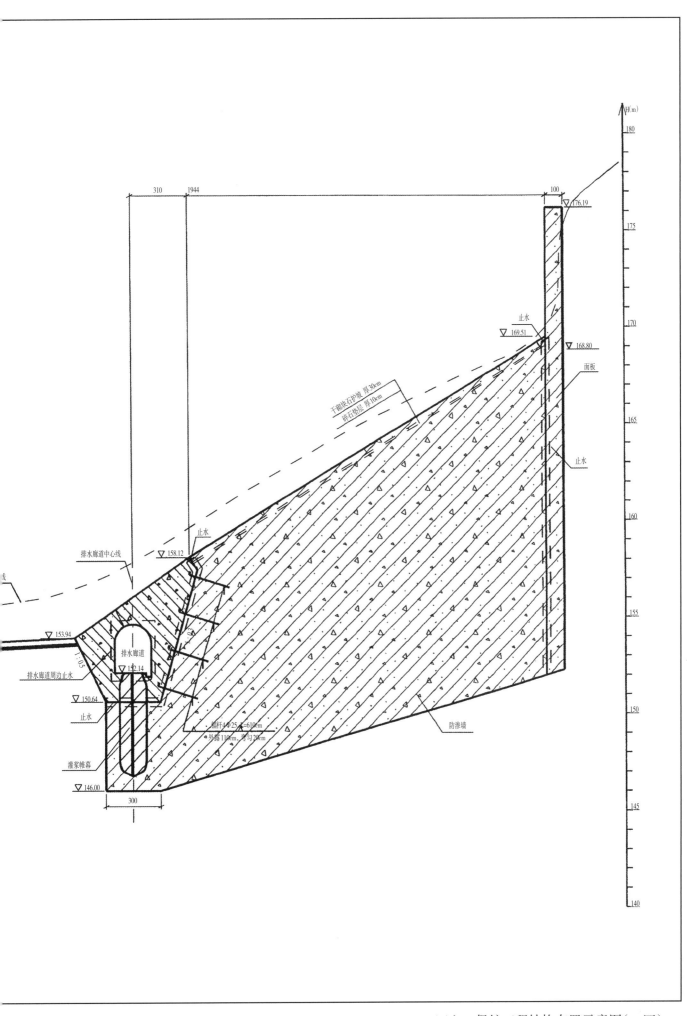

四七　保护工程结构布置示意图(一四)

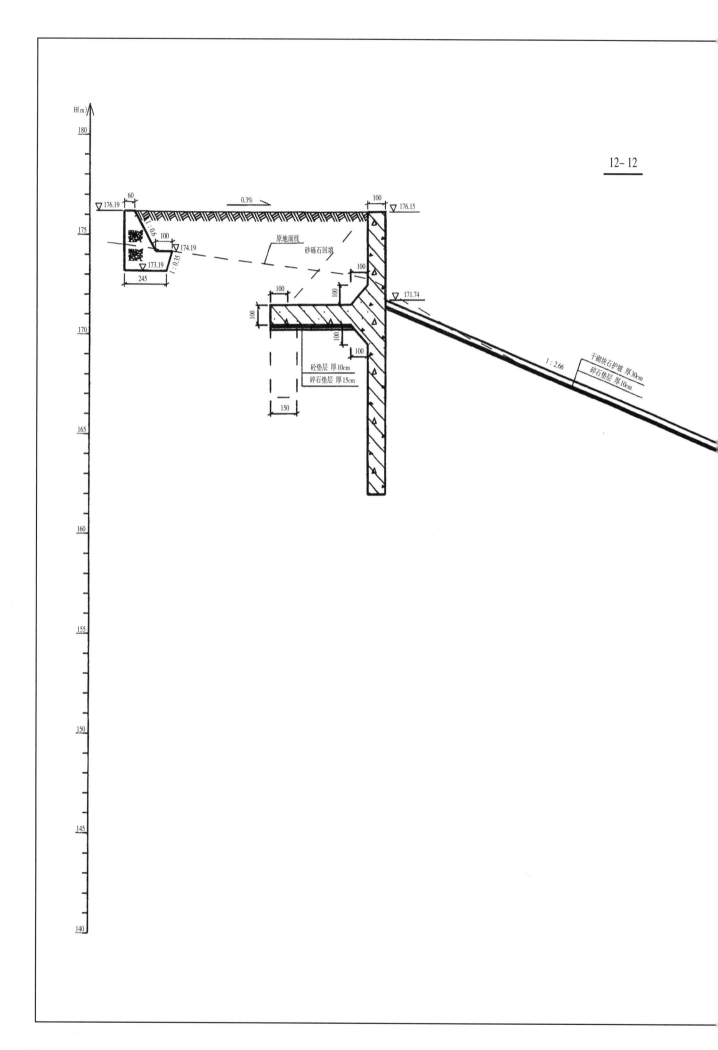

12-12

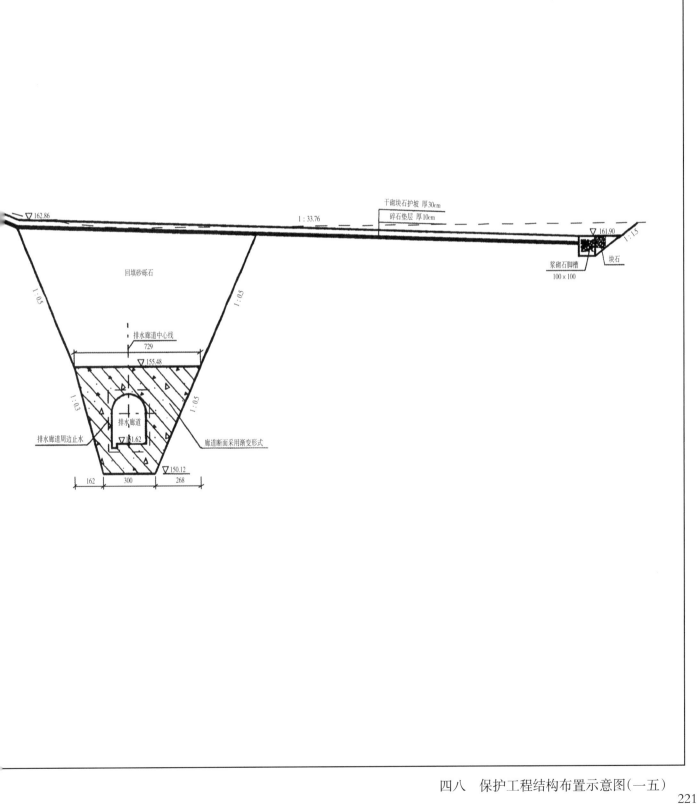

干砌块石护坡 厚30cm
碎石垫层 厚10cm
▽162.86
1:33.76
▽161.90
1:15
回填砂砾石
浆砌石脚槽
100×100
块石
1:0.5
1:0.5
排水廊道中心线
729
▽155.48
1:0.3
1:0.5
排水廊道周边止水
排水廊道
▽151.62
廊道断面采用渐变形式
▽150.12
162
300
268

四八 保护工程结构布置示意图(一五)

221

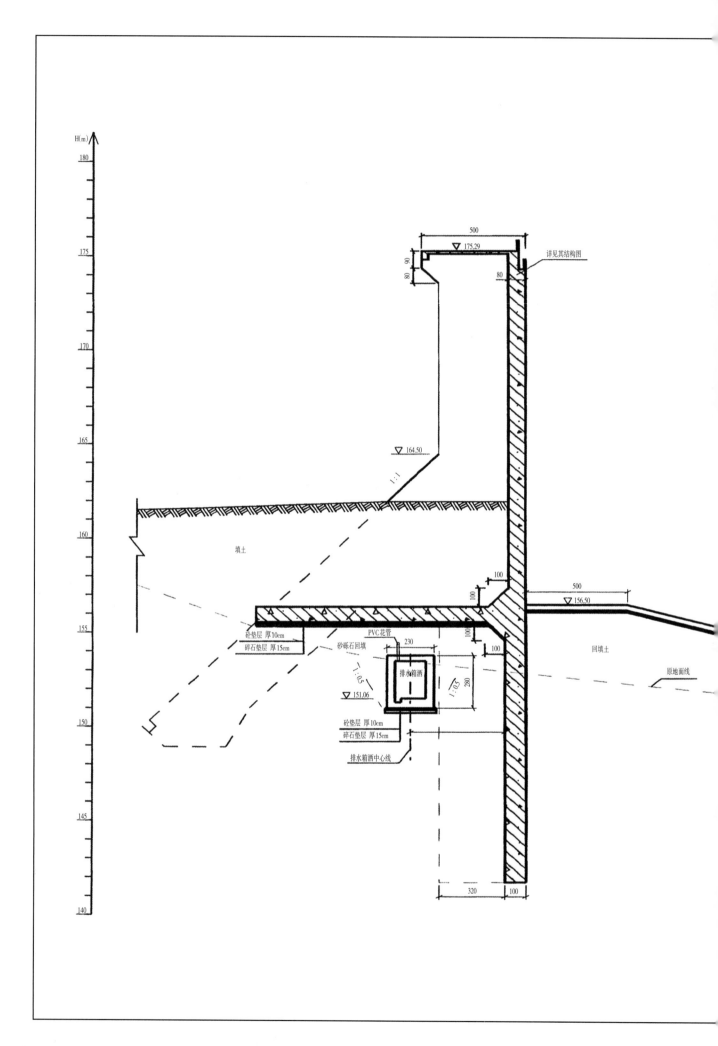

H(m)

180

175 ▽ 175.29
500
90
80 80
详见其结构图

170

165 ▽ 164.50
1:1

160 填土

100
500
155 ▽ 156.50
100
砼垫层 厚10cm 100 回填土
碎石垫层 厚15cm 砂砾石回填
PVC花管 230 原地面线
1:0.5 排水箱洒 100
280
1:0.5
150 ▽ 151.06
砼垫层 厚10cm
碎石垫层 厚15cm
排水箱洒中心线

145

320 100

140

222

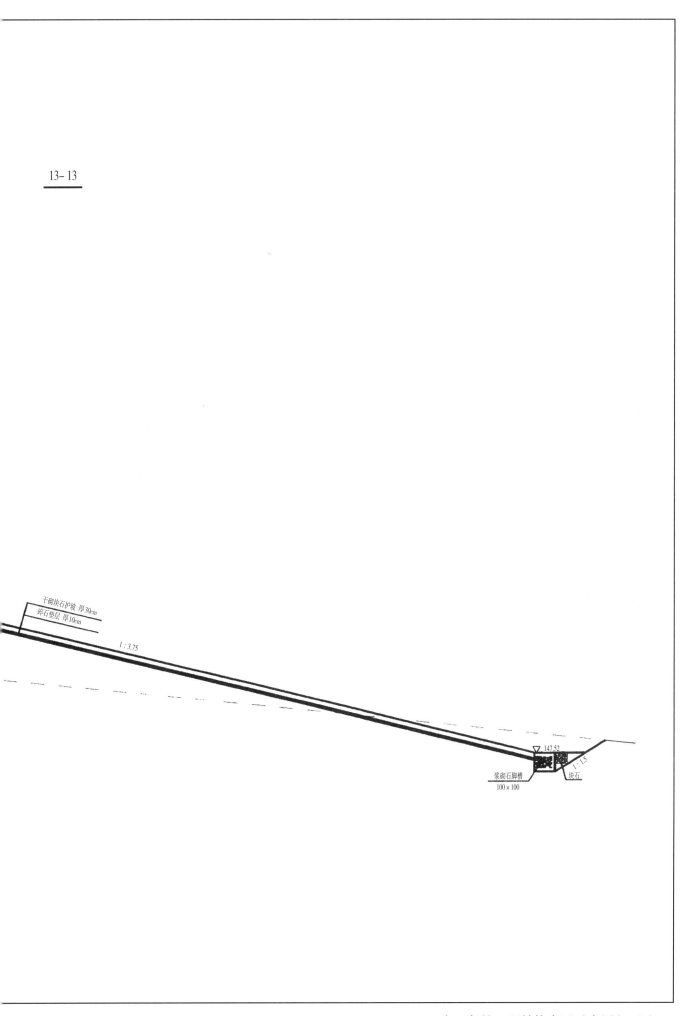

13-13

干砌块石护坡 厚30cm
碎石垫层 厚10cm

1 : 3.75

▽ 147.52

浆砌石脚槽
100×100

1 : 1.5

块石

四九 保护工程结构布置示意图(一六)

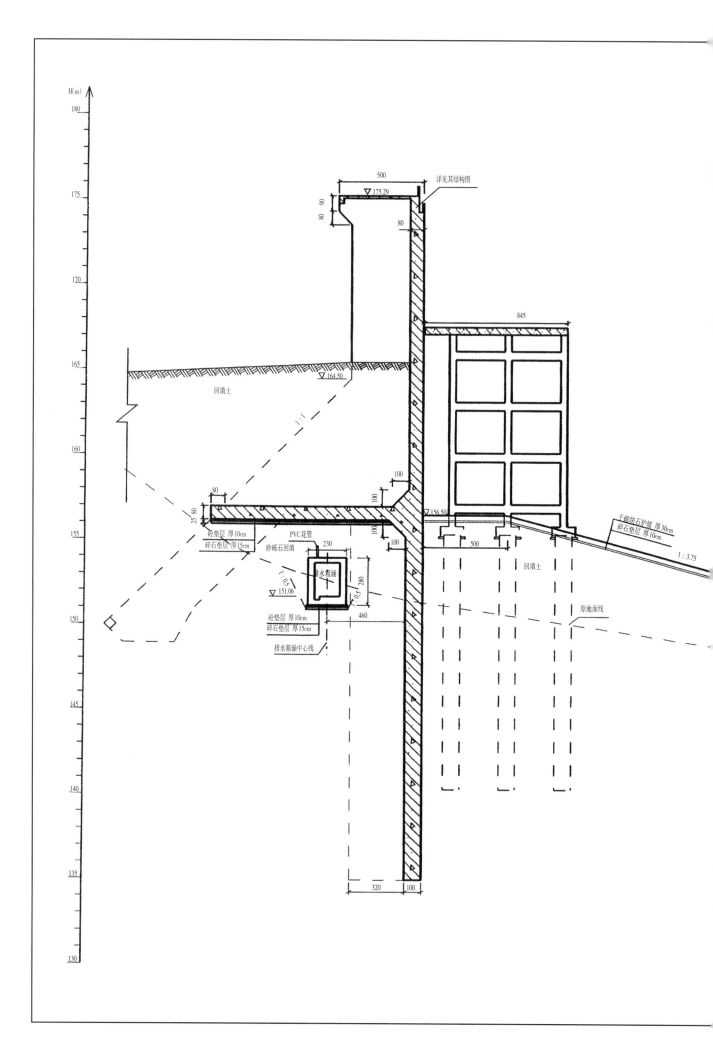

H(m)

180

175

170

165

160

155

150

145

140

135

130

500

详见其结构图

▽175.29

80 90

80

845

回填土

▽164.50

100

80

25 80

100

▽156.50

砼垫层 厚10cm

碎石垫层 厚15cm

PVC花管

砂砾石回填

230

排水箱涵

280

100

100

500

干砌块石护坡 厚30cm

碎石垫层 厚10cm

1:3.75

回填土

原地面线

1:0.5

▽151.06

0.5

砼垫层 厚10cm

碎石垫层 厚15cm

排水箱涵中心线

460

320 100

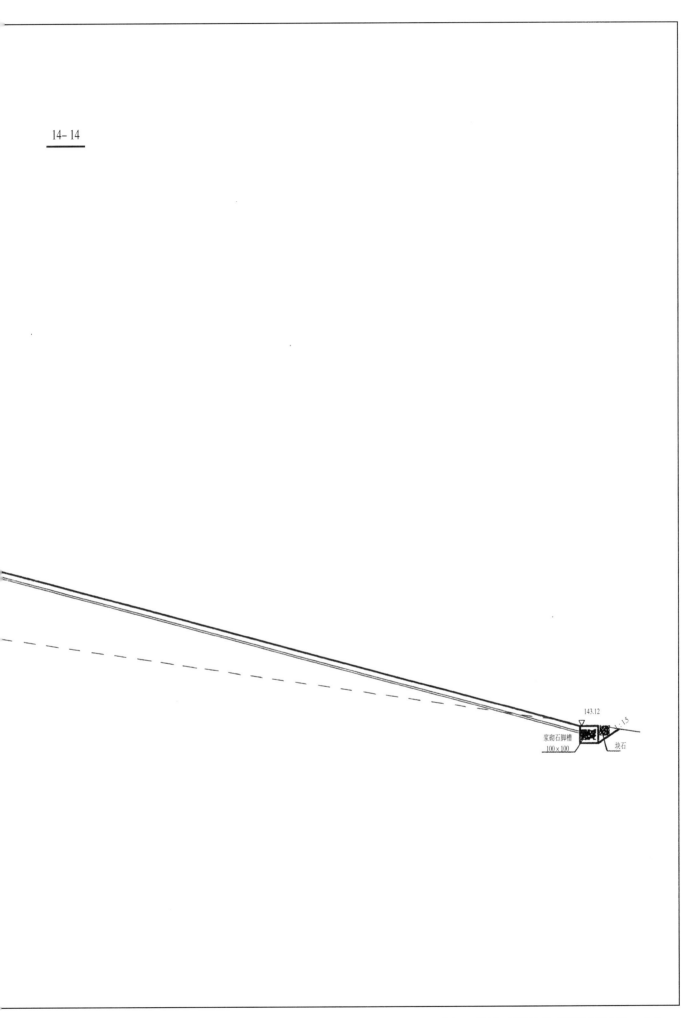

$\dfrac{14\text{-}14}{}$

143.12

1:1.5

浆砌石脚槽
100×100

块石

五〇　保护工程结构布置示意图(一七)

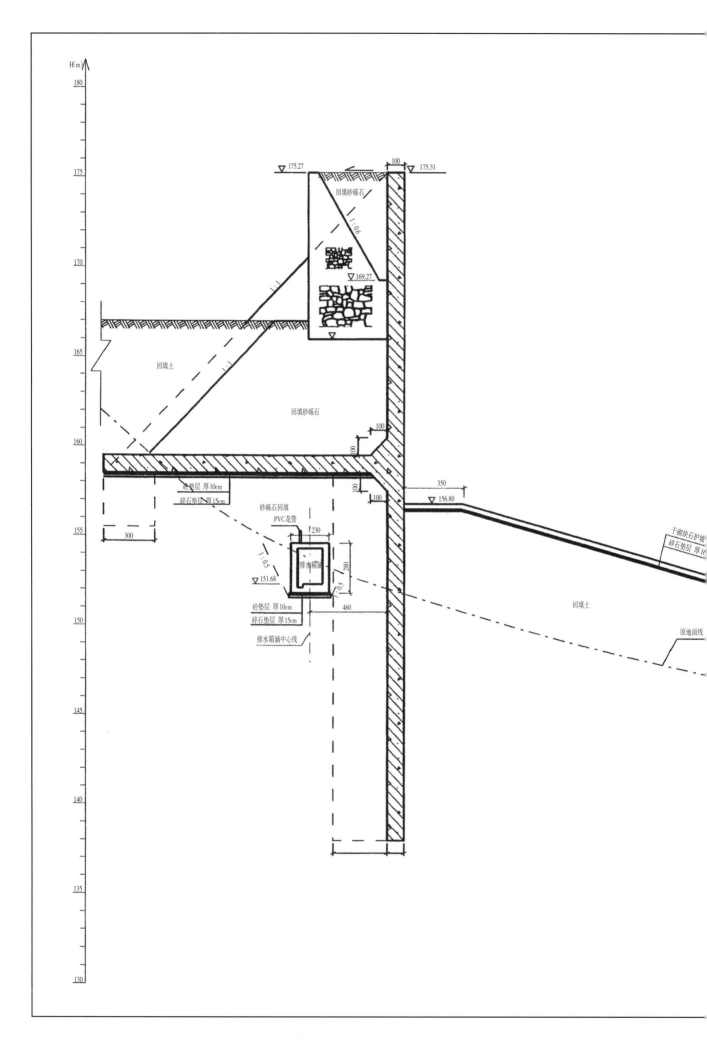

226

15- 15

1 : 3.75
142.49
1 : 1.5
块石
浆砌石脚槽
100 x 100

五一 保护工程结构布置示意图(一八)

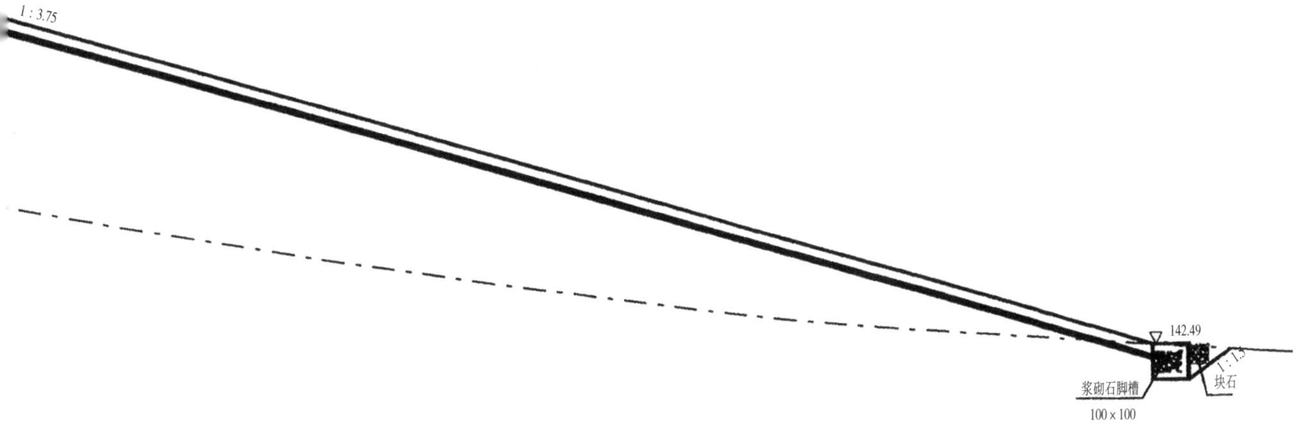

临江侧挡墙平面布置图

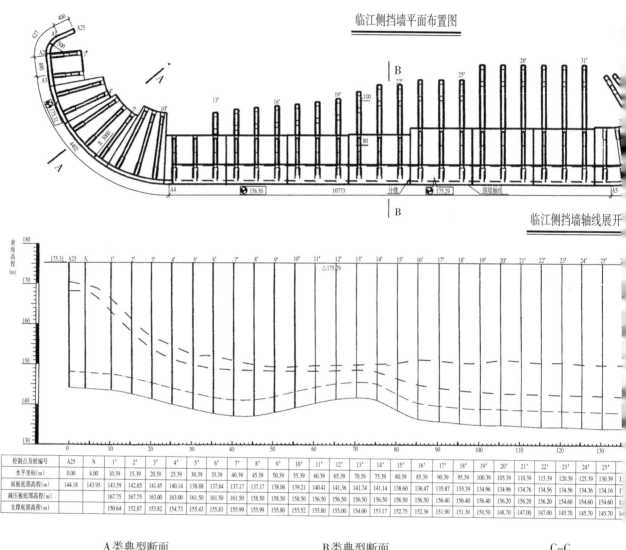

临江侧挡墙轴线展开

控制点及桩编号	A25	N	1#	2#	3#	4#	5#	6#	7#	8#	9#	10#	11#	12#	13#	14#	15#	16#	17#	18#	19#	20#	21#	22#	23#	24#	25#
水平坐标(m)	0.00	4.00	10.39	15.39	20.39	25.39	30.39	35.39	40.39	45.39	50.39	55.39	60.39	65.39	70.39	75.39	80.39	85.39	90.39	95.39	100.39	105.39	110.39	115.39	120.39	125.39	130.39
面板底部高程(m)	144.18	143.95	143.59	142.65	141.45	140.14	138.88	137.84	137.17	137.17	138.06	139.21	140.41	141.36	141.74	141.14	138.60	136.47	135.87	135.39	134.96	134.96	134.76	134.56	134.56	134.36	134.16
减压板底部高程(m)			167.75	167.75	163.00	163.00	161.50	161.50	161.50	158.50	158.50	158.50	156.50	156.50	156.50	156.50	156.50	156.50	156.40	156.40	156.40	156.20	156.20	156.20	154.60	154.60	154.60
支撑底部高程(m)			150.64	152.87	153.82	154.73	155.43	155.83	155.99	155.99	155.80	155.52	155.80	155.00	154.00	153.17	152.75	152.36	151.90	151.30	150.50	148.70	147.00	147.00	145.70	145.70	145.70

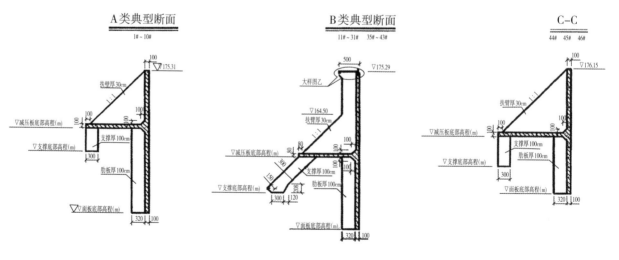

A类典型断面
1#~10#

B类典型断面
11#~31# 35#~43#

C-C
44# 45# 46#

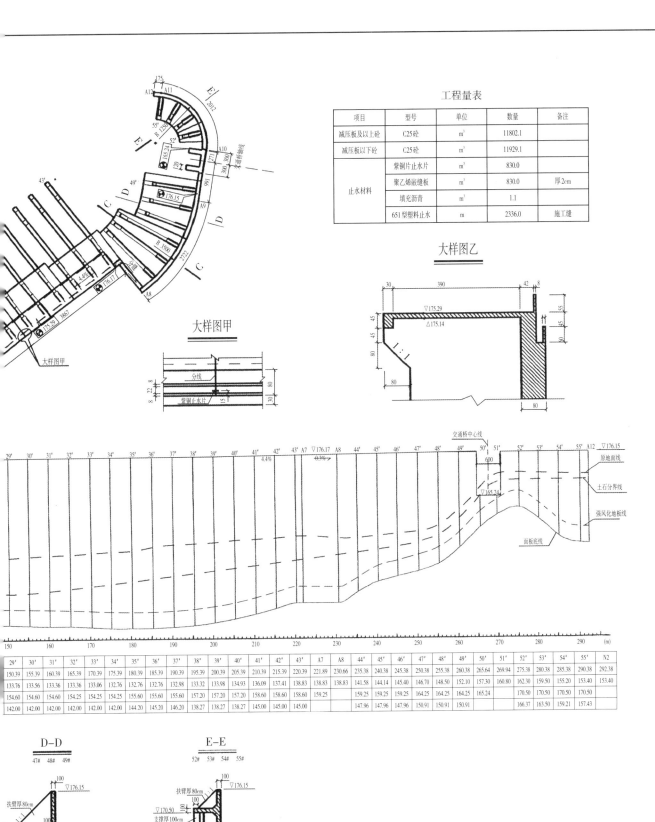

工程量表

项目	型号	单位	数量	备注
减压板及以上砼	C25砼	m³	11802.1	
减压板以下砼	C25砼	m³	11929.1	
止水材料	紫铜片止水片	m³	830.0	
	聚乙烯嵌缝板	m³	830.0	厚2cm
	填充沥青	m³	1.1	
	651型塑料止水	m	2336.0	施工缝

大样图乙

大样图甲

	29′	30′	31′	32′	33′	34′	35′	36′	37′	38′	39′	40′	41′	42′	43′	A7	A8	44′	45′	46′	47′	48′	49′	50′	51′	52′	53′	54′	55′	N2
	150.39	155.39	160.39	165.39	170.39	175.39	180.39	185.39	190.39	195.39	200.39	205.39	210.39	215.39	220.39	221.89	230.66	235.38	240.38	245.38	250.38	255.38	260.38	265.64	269.94	275.38	280.38	285.38	290.38	292.38
	133.76	133.56	133.36	133.36	133.06	132.76	132.76	132.76	132.98	133.32	133.98	134.93	136.09	137.41	138.83	138.83	138.83	141.58	144.14	145.40	146.70	148.50	152.10	157.30	160.80	162.30	159.50	155.20	153.40	153.40
	154.60	154.60	154.60	154.25	154.25	154.25	155.60	155.60	155.60	157.20	157.20	157.20	158.60	158.60	158.60	159.25		159.25	159.25	159.25	164.25	164.25	164.25	165.24		170.50	170.50	170.50	170.50	
	142.00	142.00	142.00	142.00	142.00	142.00	144.20	145.20	146.20	138.27	138.27	138.27	145.00	145.00	145.00			147.96	147.96	147.96	150.91	150.91	150.91			166.37	163.50	159.21	157.43	

D—D

47# 48# 49#

E—E

52# 53# 54# 55#

五二　保护工程临江侧挡墙结构图

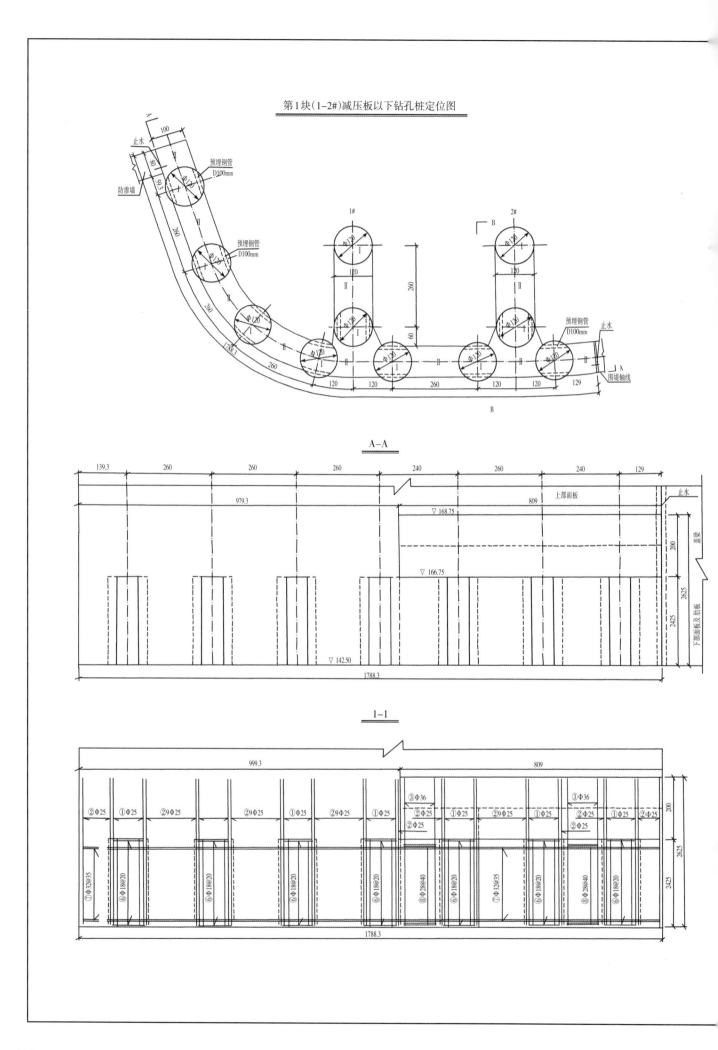

第1块(1-2#)减压板以下钻孔桩定位图

A—A

1—1

第1块(1-2#)减压板以下钢筋图

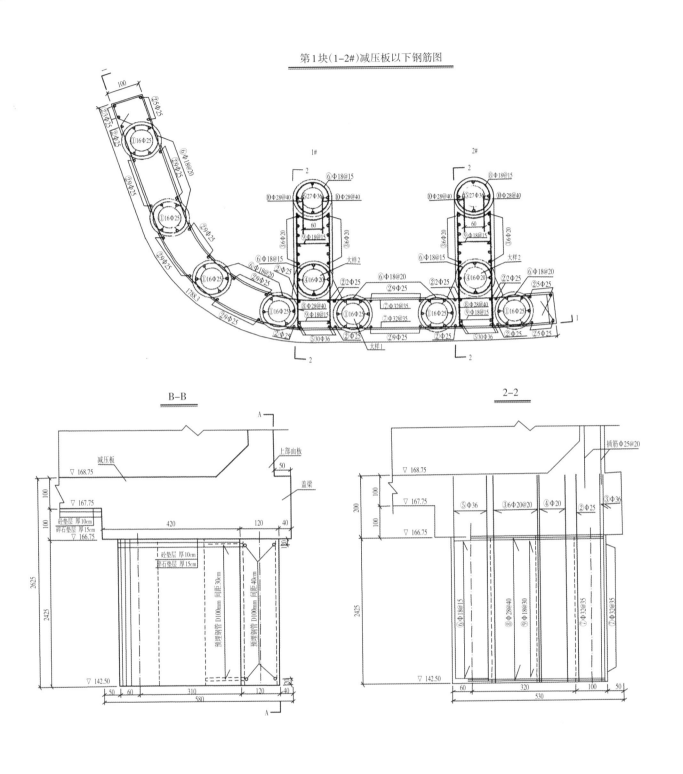

B—B

2—2

五三 临江侧挡墙第1块(1~2#)减压板以下面板、肋板结构钢筋图

第2块(3-4#)减压板以下钻孔桩定位图

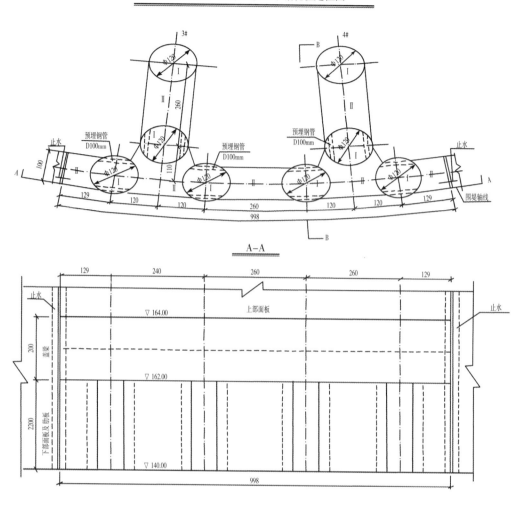

A-A

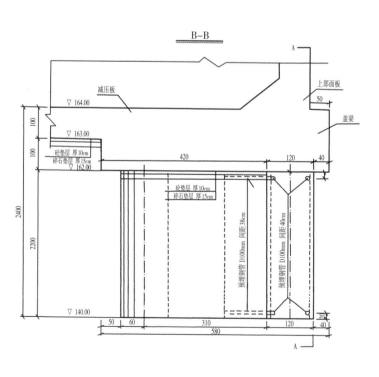

B-B

第2块(3-4#)减压板以下钢筋图

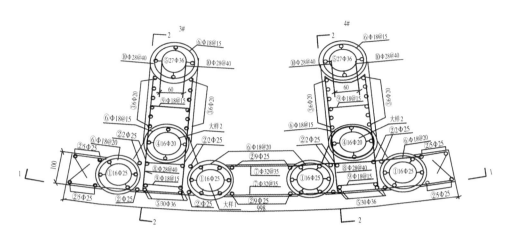

1-1

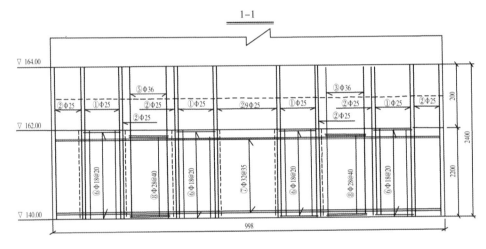

2-2

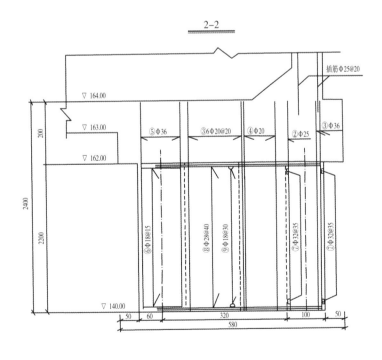

五四 临江侧挡墙第2块(3～4#)减压板以下面板、肋板结构钢筋图

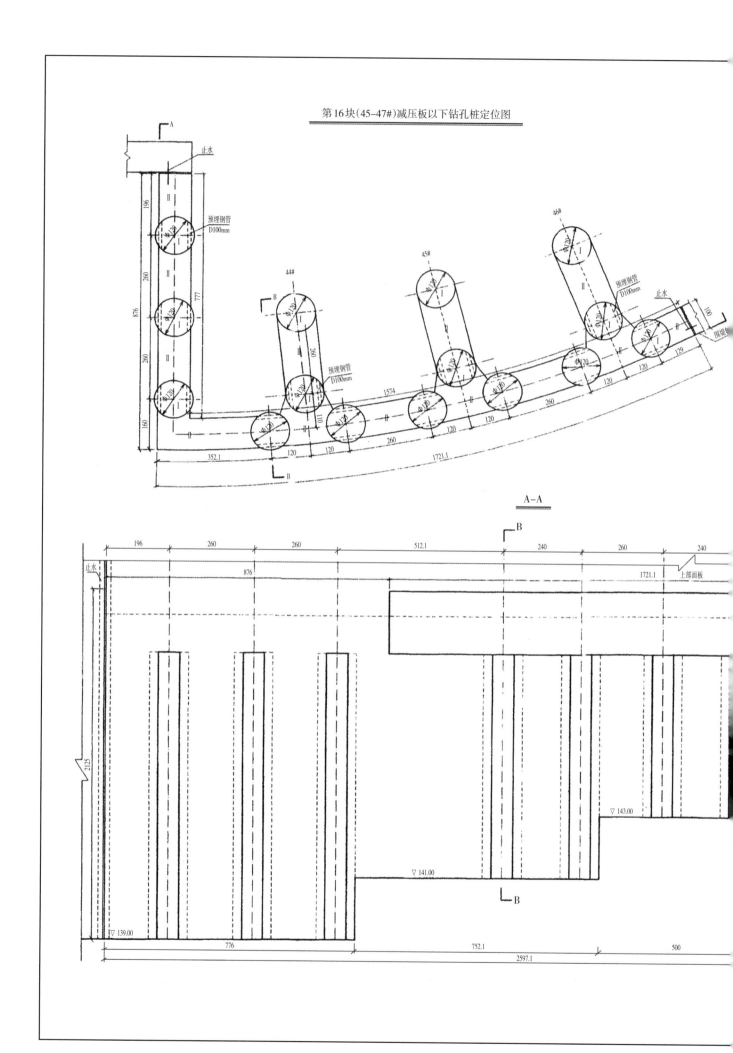

第16块(45-47#)减压板以下钻孔桩定位图

234

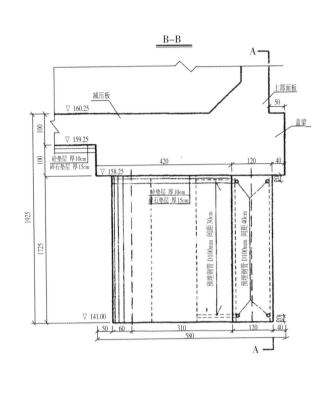

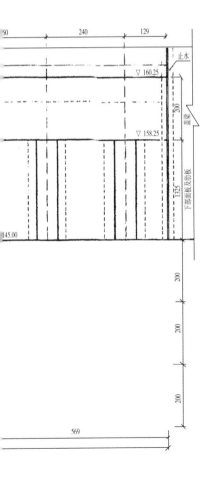

五五　临江侧挡墙第16块(44～46#)减压板以下面板、肋板结构钢筋图

第18块(50-52#)减压板以下钻孔桩定位图

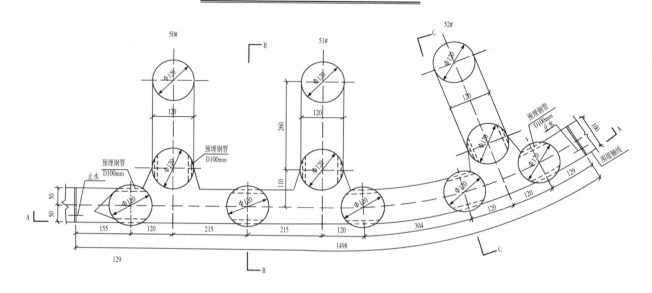

A-A

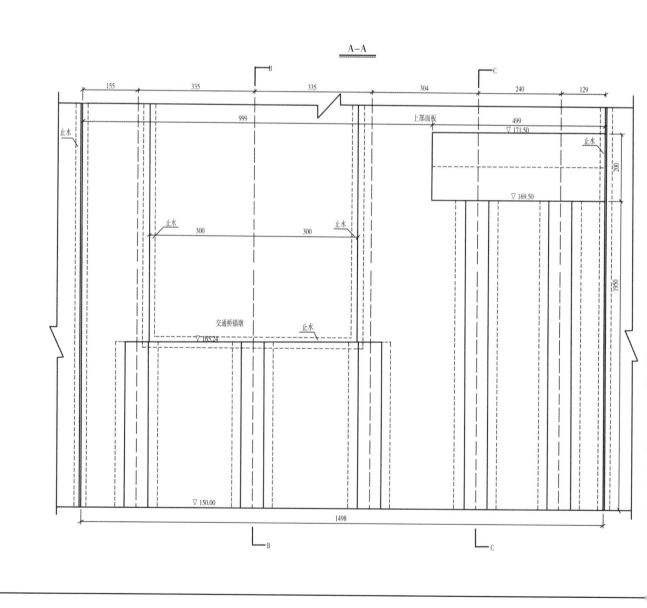

第18块(50-52#)减压板以下钢筋图

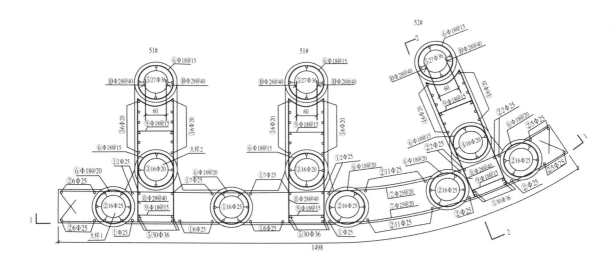

B-B

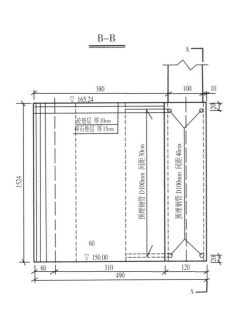

C-C

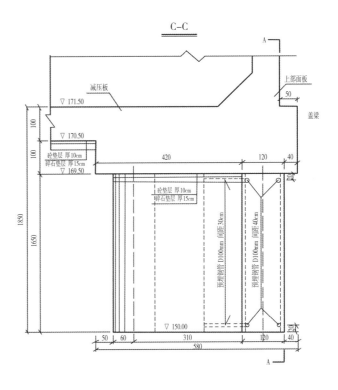

五六　临江侧挡墙第18块(51～52#)减压板以下面板、肋板结构钢筋图

第19块(53-55#)减压板以下钻孔桩定位图

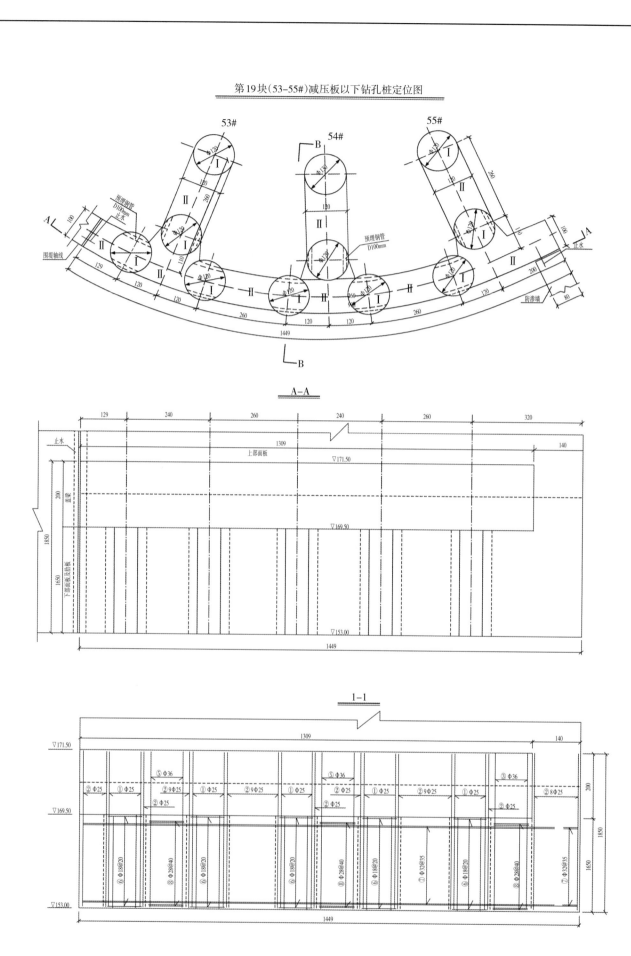

A–A

1–1

238

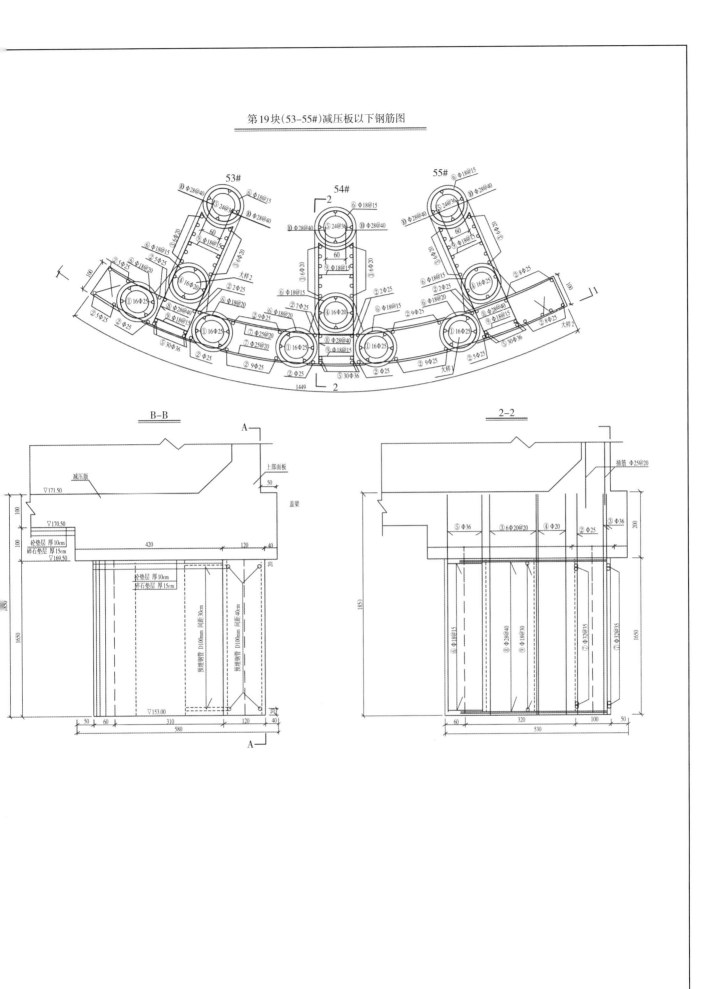

第19块(53-55#)减压板以下钢筋图

五七　临江侧挡墙第19块(53～55#)减压板以下面板、肋板结构钢筋图

减压板以下标准块钻孔桩定位图

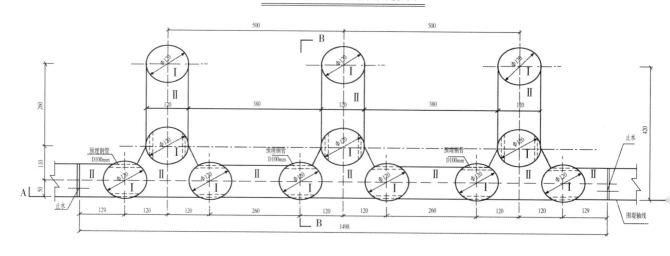

A-A

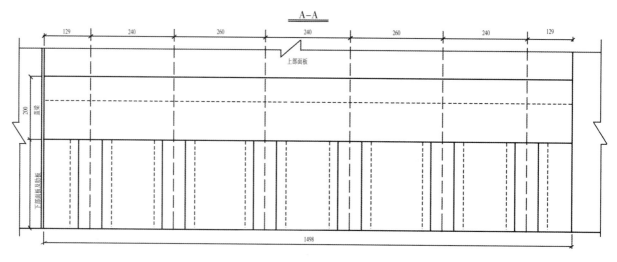

B-B

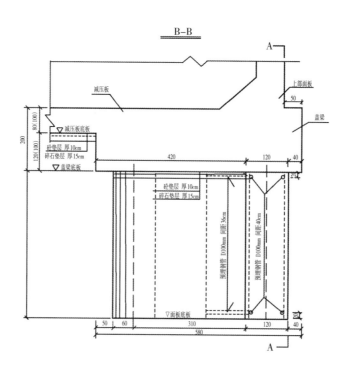

减压板以下标准块钢筋图

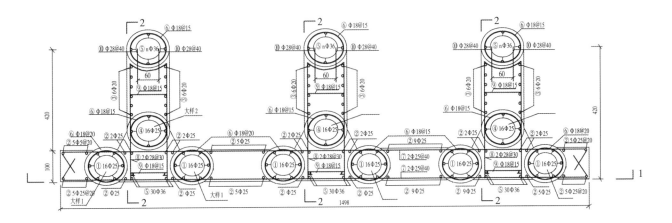

1-1

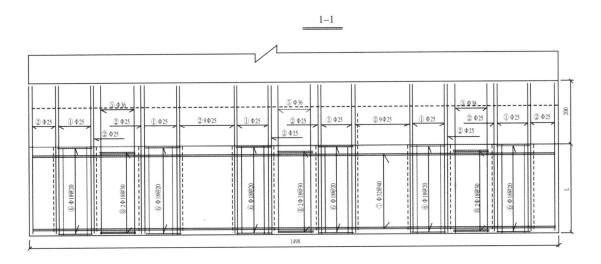

2-2

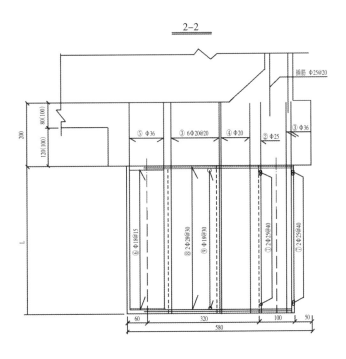

五八　临江侧挡墙减压板以下面板、肋板结构钢筋图

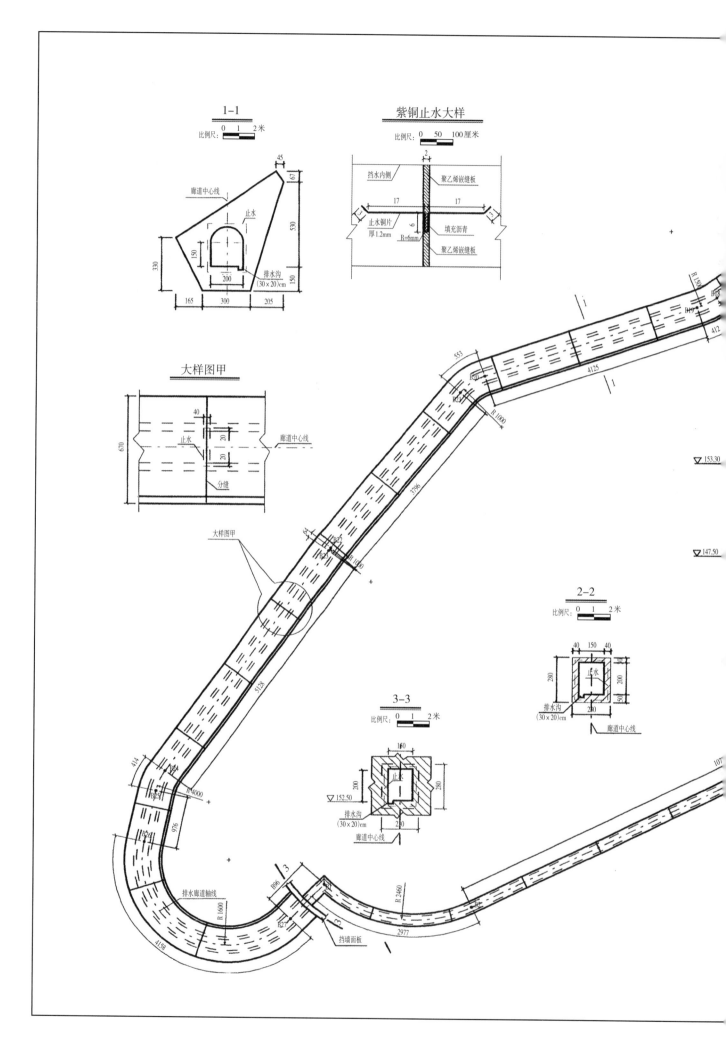

1-1

比例尺: 0 1 2 米

廊道中心线

止水

排水沟
(30×20)cm

紫铜止水大样

比例尺: 0 50 100厘米

挡水内侧

聚乙烯嵌缝板

止水铜片
厚1.2mm

填充沥青

R=6mm

聚乙烯嵌缝板

大样图甲

止水

廊道中心线

分缝

大样图甲

排水廊道轴线

挡墙面板

2-2

比例尺: 0 1 2 米

止水

排水沟
(30×20)cm

廊道中心线

3-3

比例尺: 0 1 2 米

止水

排水沟
(30×20)cm

廊道中心线

▽153.30

▽147.50

▽152.50

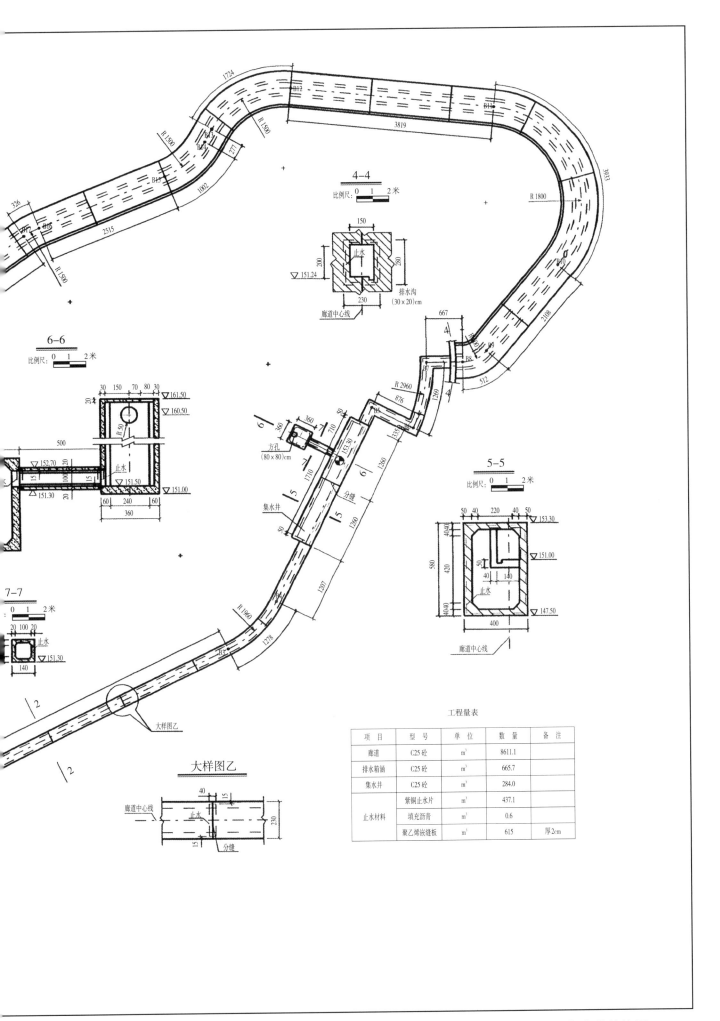

工程量表

项 目	型 号	单 位	数 量	备 注
廊道	C25 砼	m³	8611.1	
排水箱涵	C25 砼	m³	665.7	
集水井	C25 砼	m³	284.0	
止水材料	紫铜止水片	m³	437.1	
	填充沥青	m³	0.6	
	聚乙烯嵌缝板	m³	615	厚2cm

五九　保护工程排水廊道、箱涵和集水井结构图

钢筋混凝土码头主要工程量表

项 目	混凝土(m³)	钢筋(t)	土石方(m³)	备 注
梯道板	91.3	6.03		
立柱	60.5	11.46		
框架梁	40.6	13.00		
防撞梁	42.8	5.13		
基桩	388.8	17.02		计算长度15m
承台	38.8	1.94		
基桩护壁	171.3	4.28		
孔挖土方			538	
孔挖石方			22	

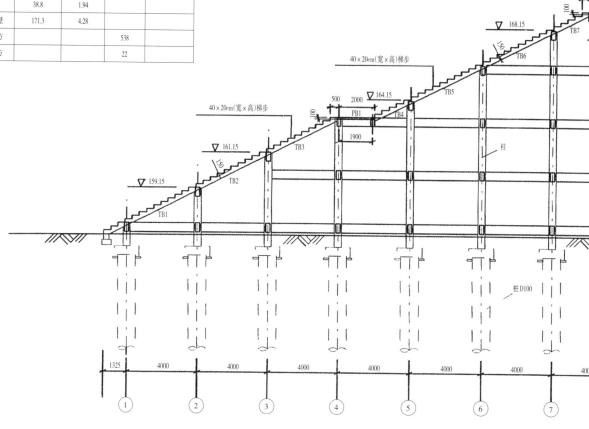

钢筋混凝土刚架码头平面布置图

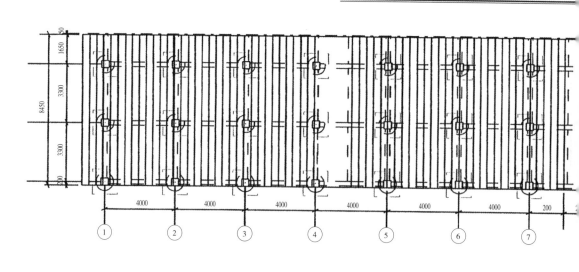

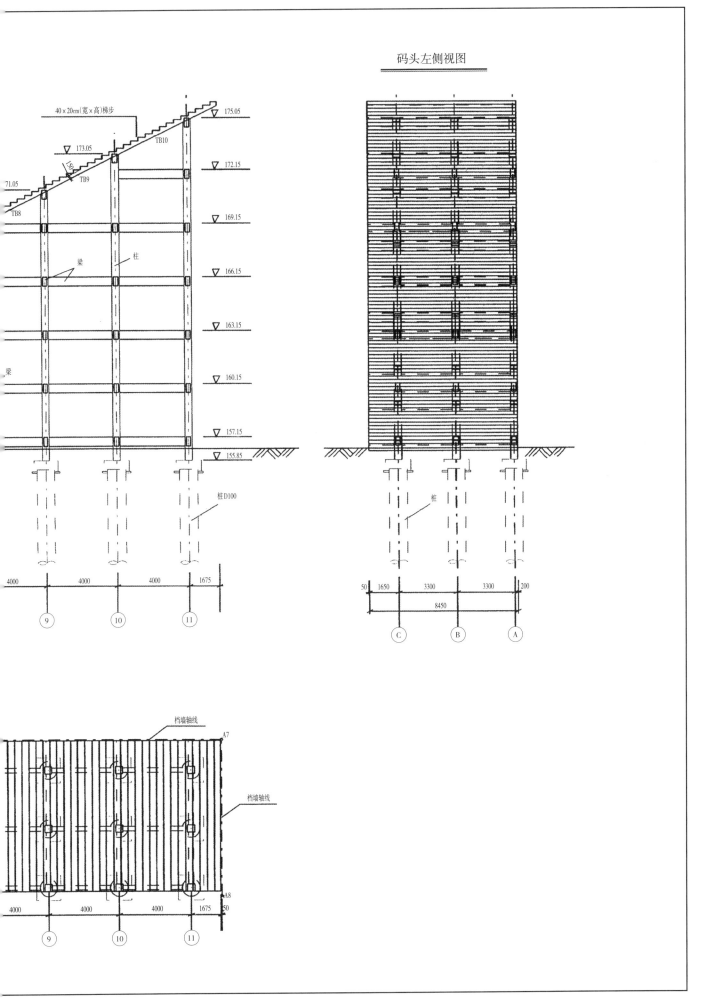

码头左侧视图

六〇 钢筋混凝土刚架码头布置图

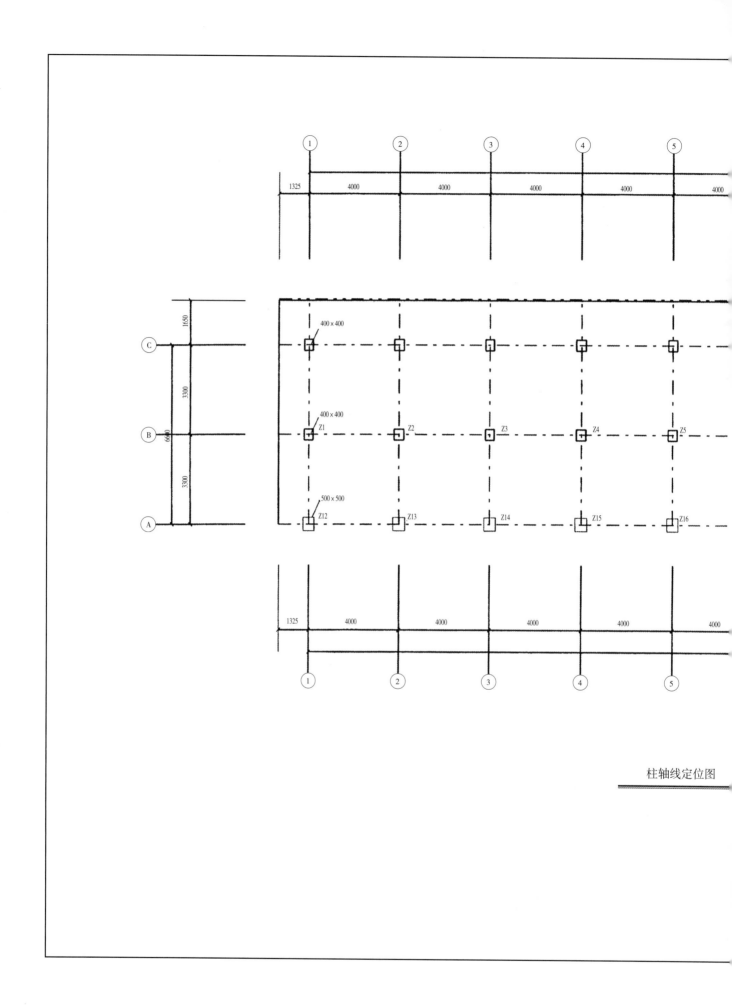

柱轴线定位图

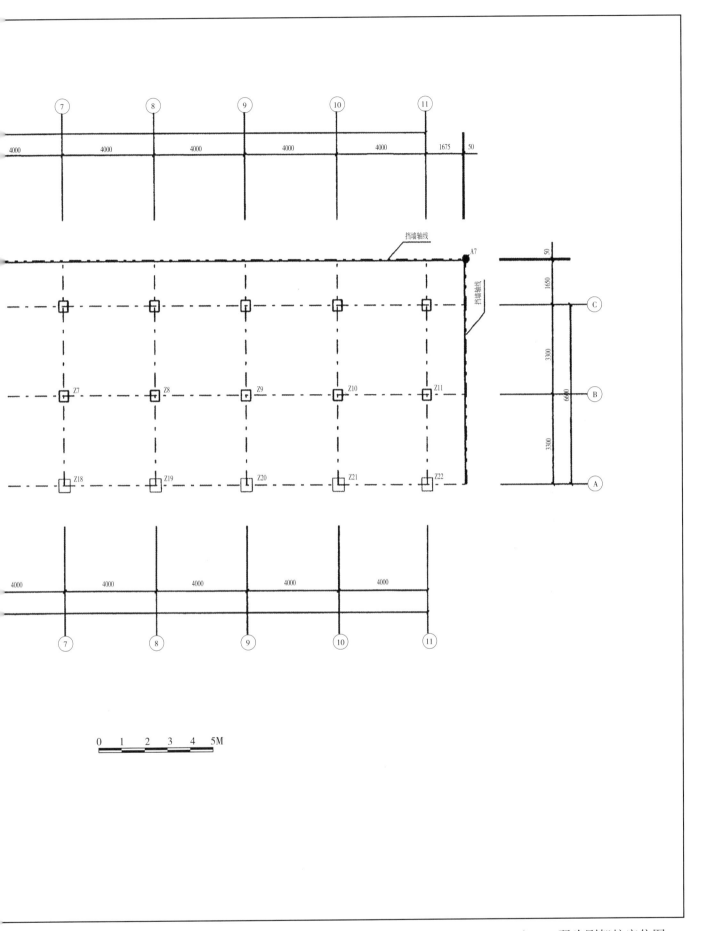

六一　码头刚架柱定位图

B–B

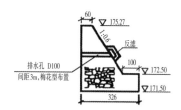

左浆砌石挡墙平面图

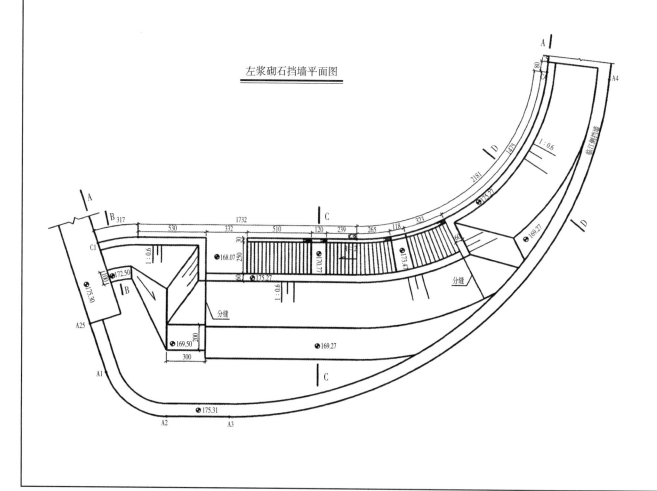

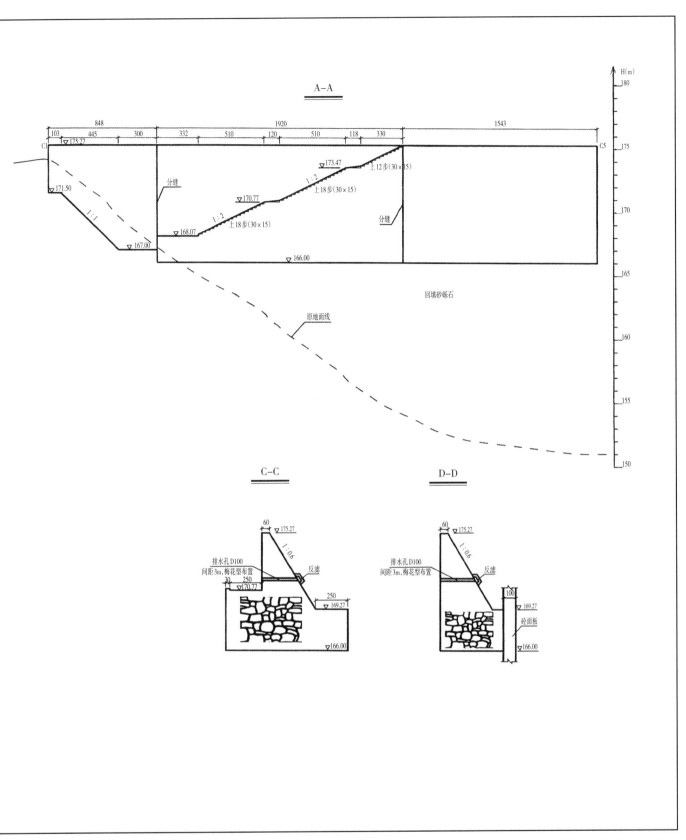

A–A

C–C

D–D

六二 左浆砌石挡墙结构图

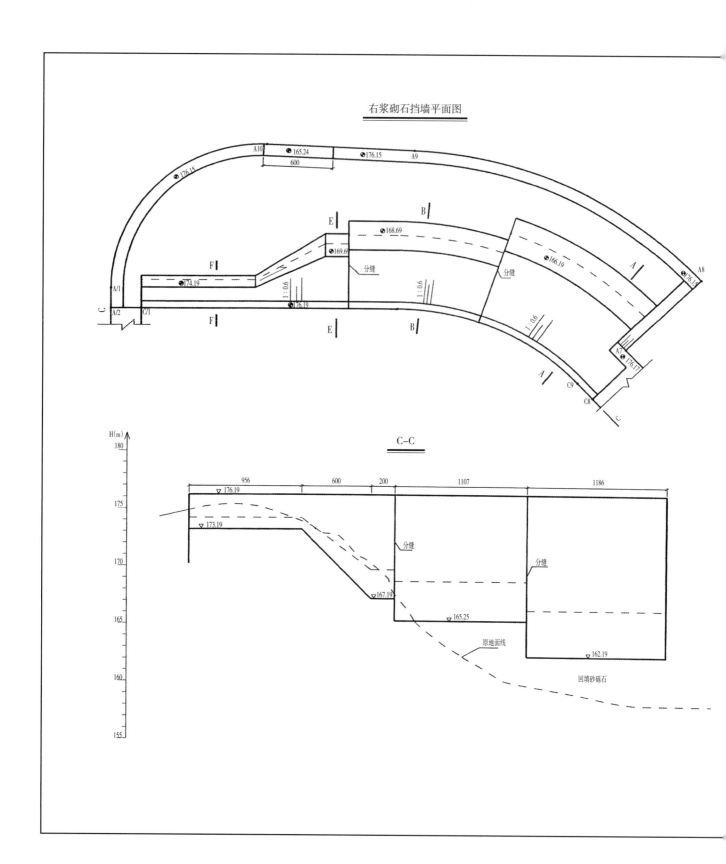

右浆砌石挡墙平面图

C—C

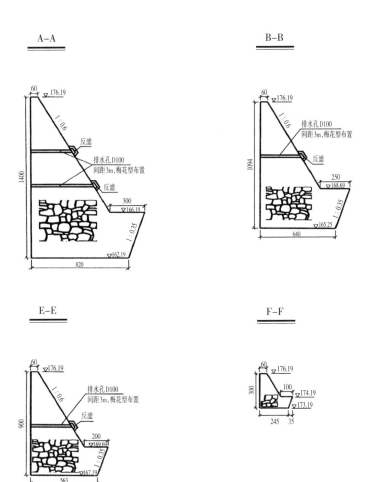

六三　右浆砌石挡墙结构图

基础平面图

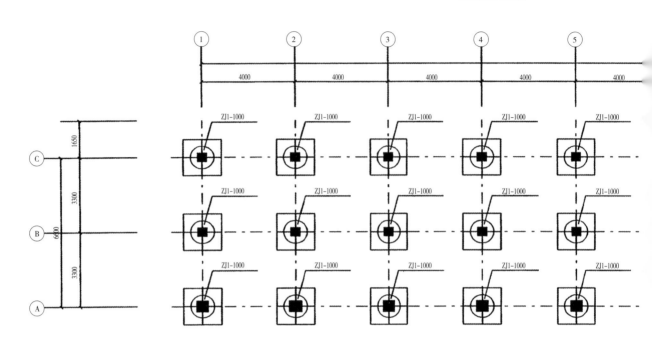

承台平面图

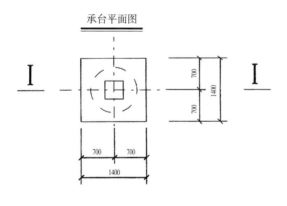

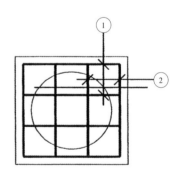

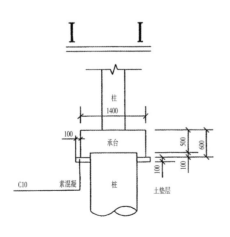

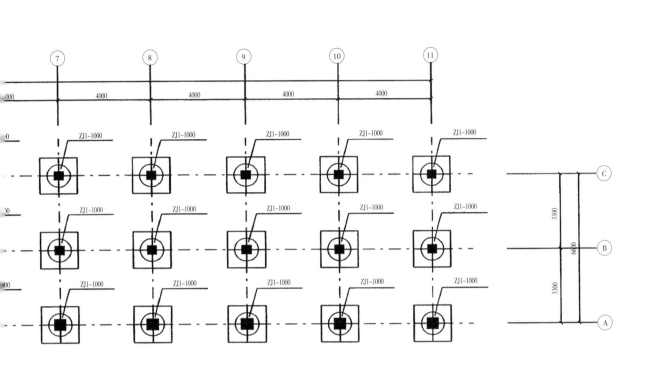

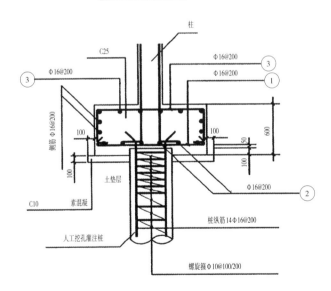

承台及桩钢筋图

六四 混凝土刚架码头桩基及承台图

仪器设备及工程量表

序号	项目名称	图例	代号	单位	数量	规格型号	备注
1	垂直位移测点	⊗	BM	个	10	不锈钢	
2	水准基准点	⊕		组	1	不锈钢	由三座水准标石组成
3	电子水准仪			套	1		含钢钢尺
4	测斜孔	⊘	IN	个	3		
4.1	测斜管			m	130	铝合金管	Φ71mm
4.2	测斜仪			台	1	CX-01A	
4.3	孔口保护装置			个	3	按图加工	配链条扳手1把
5	测压管		H	根	4		
5.1	测压管			m	5	Φ89mm	
5.2	测压管钻孔			m	20	Φ110~76mm	
5.3	测压管管口装置			套	4		见大样图
5.4	电测水位计			台	1	CS	电缆30m
6	水尺	E●	SC	m	20	搪瓷	20根
7	钢筋计		R	支	12	BGK-4911	Φ20,与钢筋匹配
						BGK-4911	Φ25,与钢筋匹配
8	锚杆应力计		MR	支	3	BGK-4911	Φ25,400MPa
9	渗压计	∋		支	5	BGK-4500S	1个0.5MPa,3个0.3MPa
10	电缆			m	580	BGK	配套
11	弦式读数仪			台	1	BGK408	
12	观测站		CZ	个	4	加工	铁箱

主要控制点坐标表

编号	X坐标(m)	Y坐标(m)
A2	17532.322	66884.345
A4	17573.589	66869.242
A6	17681.573	66928.146
A8	17706.634	66958.876
A10	17705.504	66997.380
A14	17656.090	66993.960
A15	17592.649	66966.784
A20	17561.219	66926.098
B4	17676.737	66930.549

注:各控制点坐标以土建图为准。

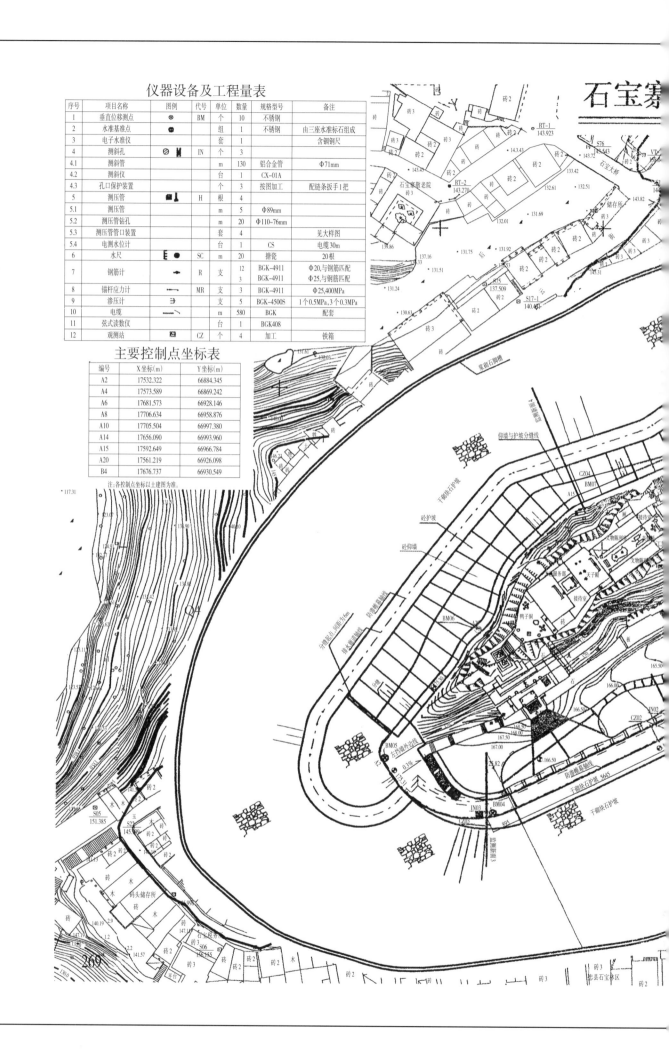

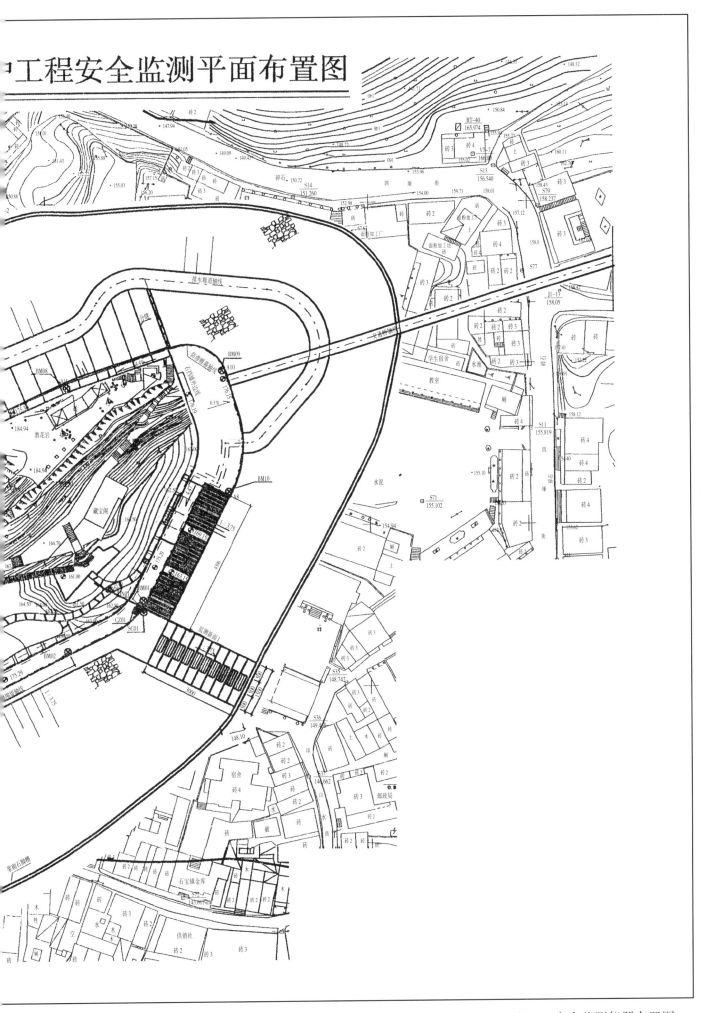

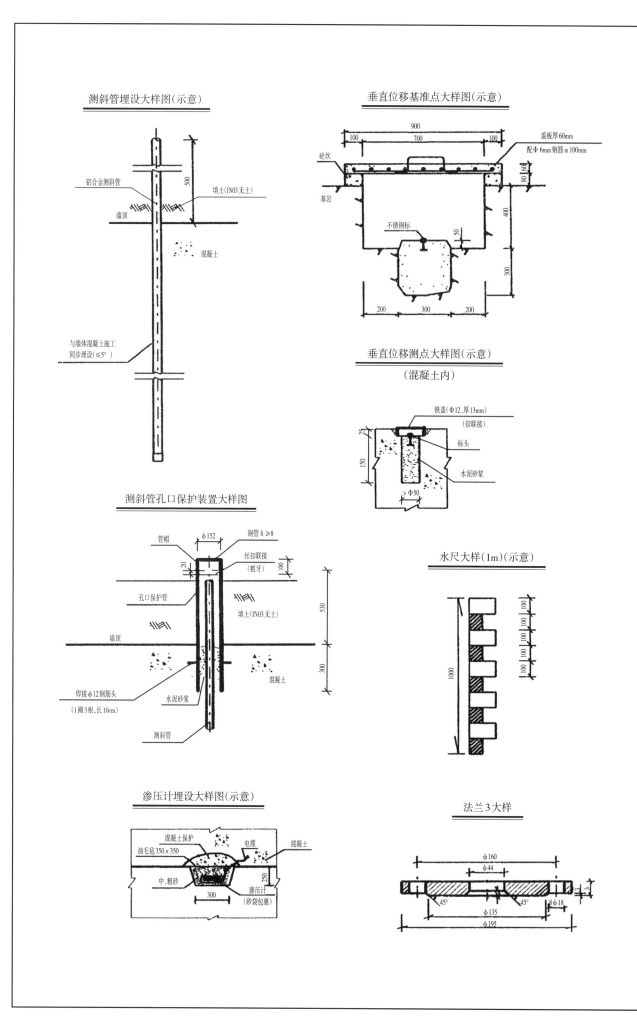

测斜管埋设大样图(示意)

垂直位移基准点大样图(示意)

垂直位移测点大样图(示意)
(混凝土内)

测斜管孔口保护装置大样图

水尺大样(1m)(示意)

渗压计埋设大样图(示意)

法兰3大样

斜孔测压管孔口装置

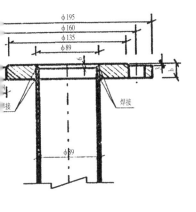

500
11
7 8 10
9 6
7 5
3 2
13 12
4 1
廊道底板
150
15
1000
开挖面

锚杆应力计埋设大样图(示意)

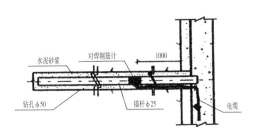

水泥砂浆 对焊钢筋计 1000
钻孔 φ50 锚杆 φ25 电缆

法兰2连接

φ195
φ160
φ135
φ89
6
b
焊接
φ89

单个测压管管口装置材料表

编1号	名称	型号规格	材料	单位	数量	备注
1	无缝钢管	D_H89,壁厚4mm	A_3	m	1.15	YB231-70,热轧无缝钢管
2	标准法兰	DN80,法兰厚b	A_3	个	1	
3	非标准法兰	DN80,法兰厚b	A_3	个	1	按图加工,b=24mm
4	法兰垫片	DN80	橡胶	个	1	
5	短管	DN32,L=100mm	镀锌钢管	根	1	一端带螺纹 M32
6	异径三通	DN32×20	锻铁	个	1	标准件
7	外螺纹短管	DN20,L=100mm	镀锌钢管	个	2	加工M20
8	广式球阀	DN20	不锈钢	个	1	
9	90° 弯头	DN20	锻铁	个	1	标准件
10	外方弯头	DN32	锻铁	个	1	标准件
11	压力表	Y-100,精度＞1.5级		个	1	弹簧管压力表
12	带帽螺栓	M16×60 GB5-76	A_3	套	4	标准件
13	垫圈	垫圈16 GB95-76	A_3	个	4	标准件

法兰3连接

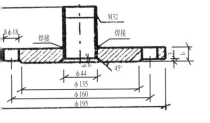

8 φ18
M32
焊接 焊接
6 φ18
45°
b
φ44
φ135
φ160
φ195

六六 安全监测仪器埋设大样示意图

交通桥立面布置图

桥轴线坐标表

编号	0号台前沿线	1号塔中心	2号塔中心	3号塔中心	4号塔中心	5号台前沿线
x	17706.2893	17720.9344	17770.7086	17820.4827	17870.2569	17884.9020
y	66994.7813	66999.2098	67014.2608	67029.3118	67044.3628	67048.7912

交通桥半平面布置图

1/2 I–I 剖面

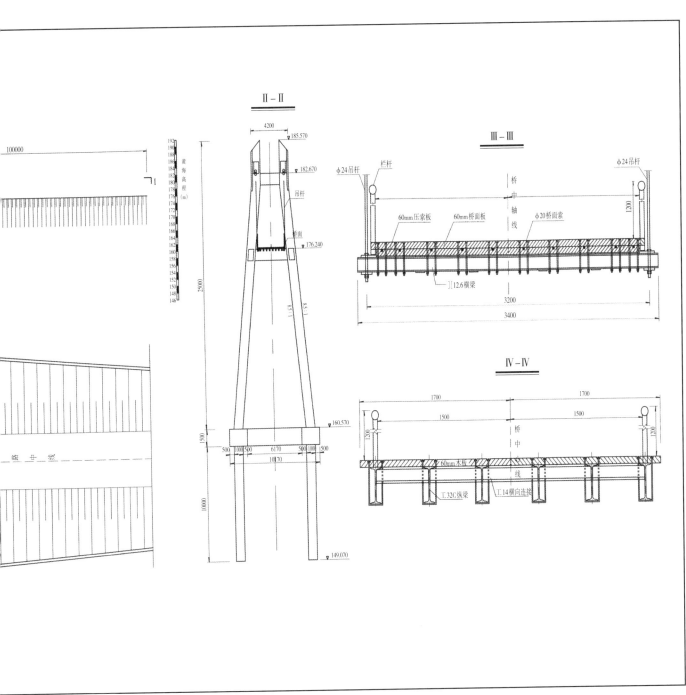

六七　交通桥总体布置图

259

②、③号塔立面图

②、③号塔侧视图

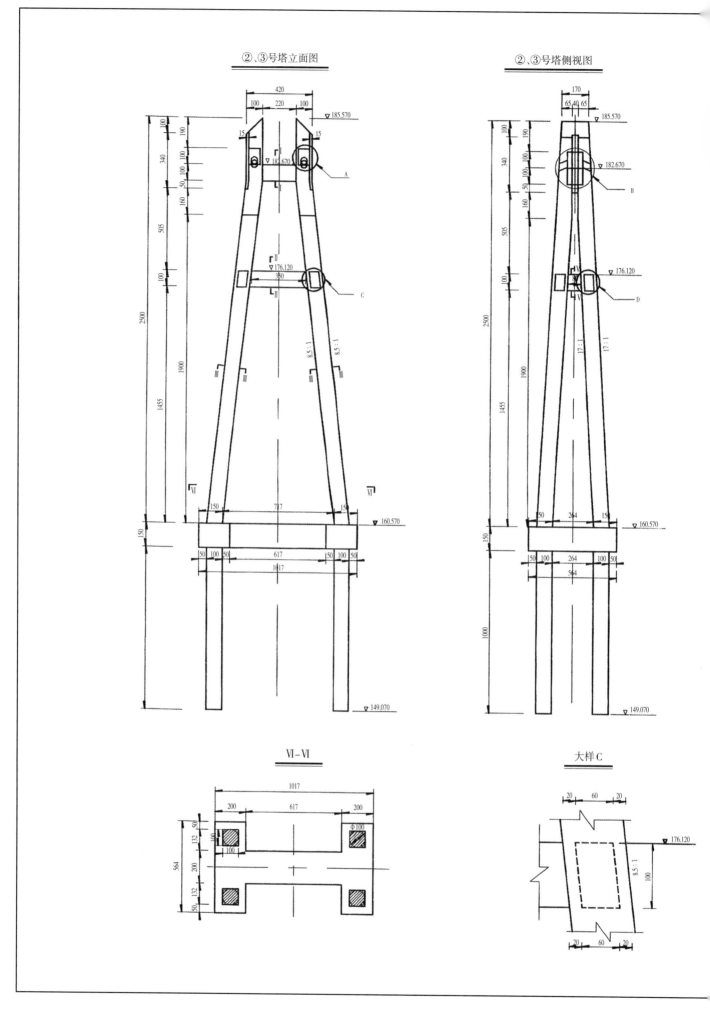

Ⅵ–Ⅵ

大样C

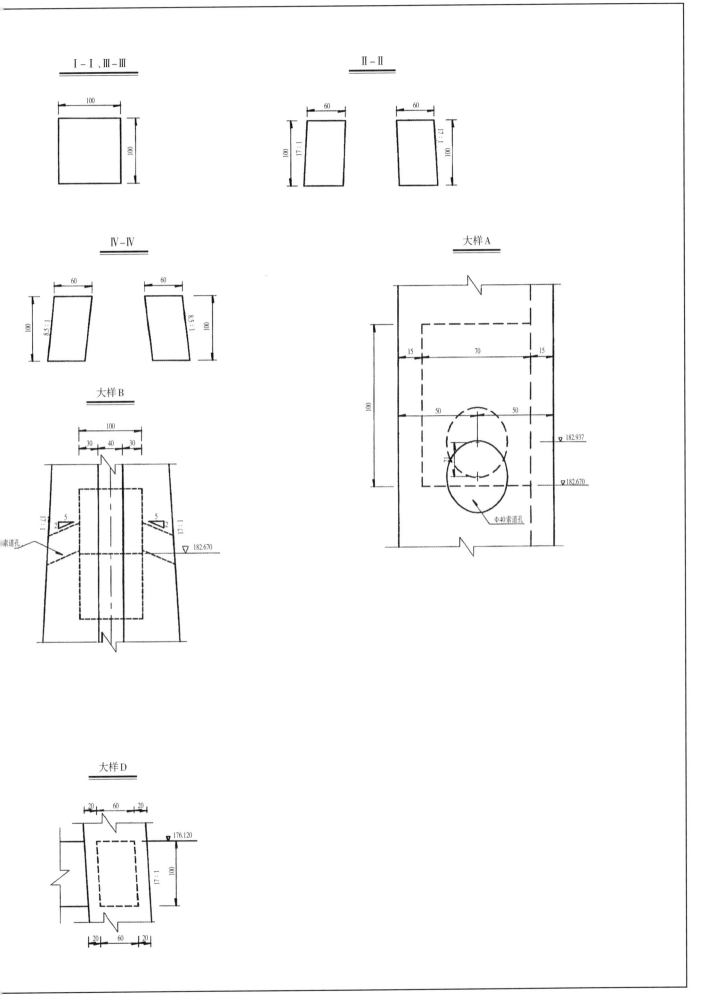

六八 主塔一般构造图(部分)

①、④号塔索鞍立面图

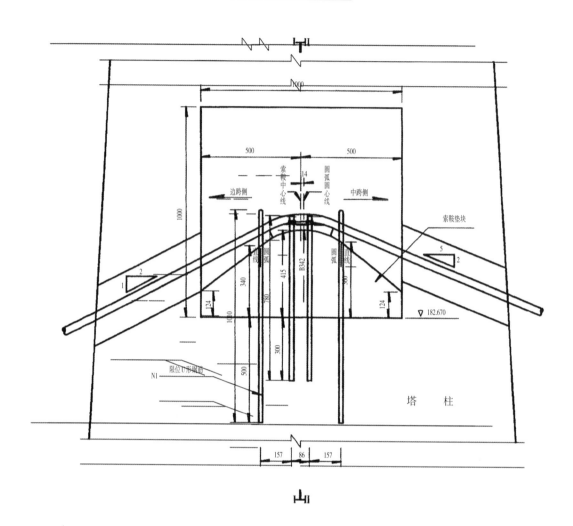

①、④号塔索鞍平面图

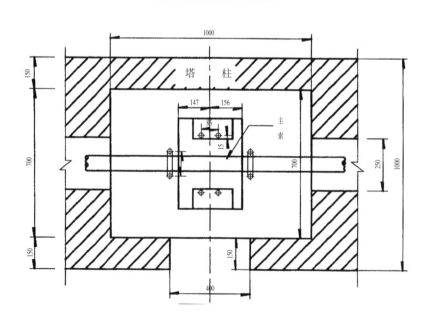

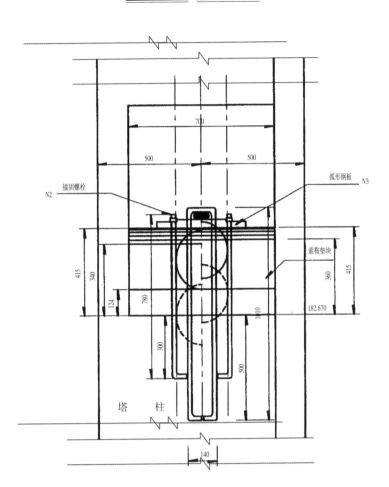

六九　主塔索鞍构造图(部分)

塔顶主索锚固立面图

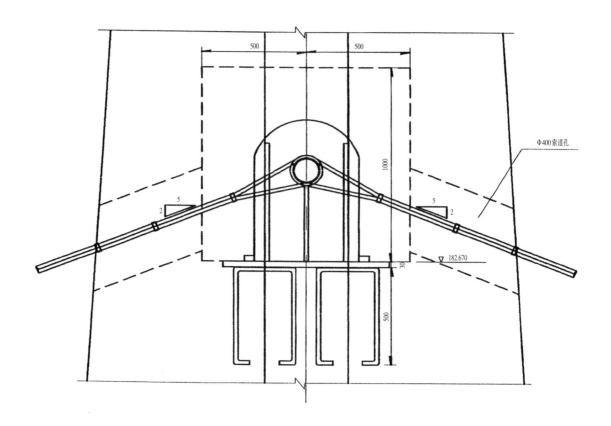

塔顶主索锚固平面图

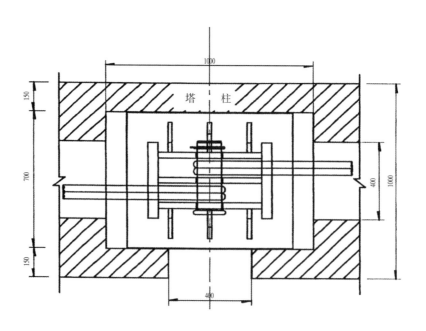

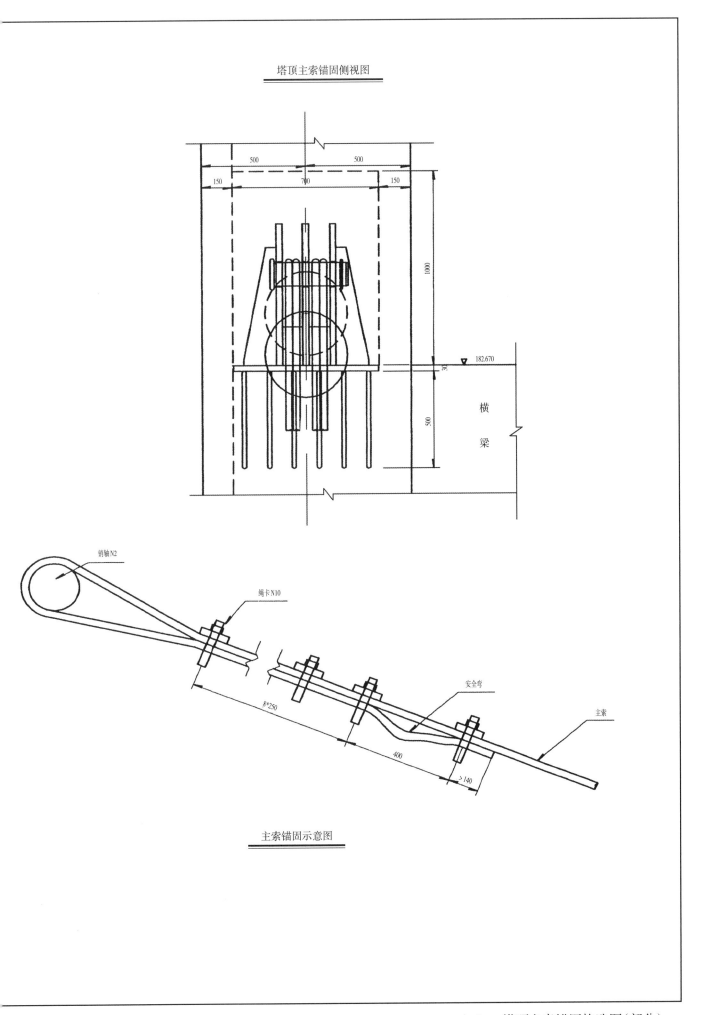

塔顶主索锚固侧视图

销轴N2

绳卡N10

安全弯

主索

8*250

400

≥140

主索锚固示意图

七〇　塔顶主索锚固构造图（部分）

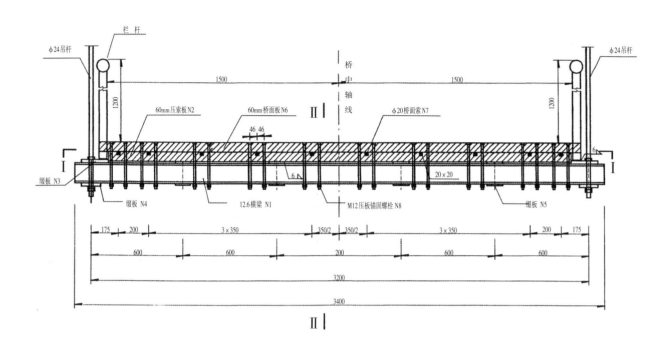

一般横断面图

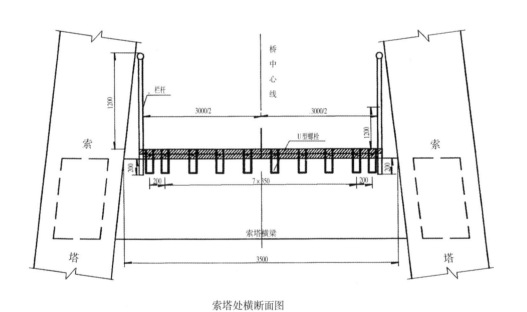

索塔处横断面图

桥面索(单股)规格及型号

种类	绳径(mm)	单索质量(Kg/100m)	公称抗强度(MPa)	单索破断力(KN)
6×19W+ⅠWR	20	162	1570	291.684

266

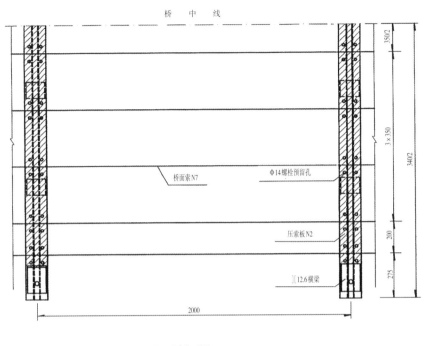

桥 中 线

350/2
3×350
340/2
200
275

桥面索N7
Φ14螺栓预留孔
压索板N2
[[12.6横梁

2000

Ⅰ-Ⅰ剖面图

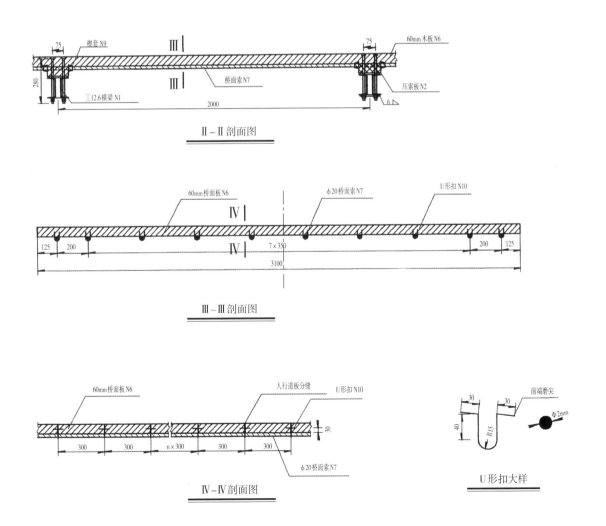

套筒 N9
Ⅲ
60mm木板N6
75
75
280
桥面索N7
[[12.6横梁 N1
压索板N2
2000
6

Ⅱ-Ⅱ剖面图

60mm桥面板N6
φ20桥面索N7
U形扣 N10
Ⅳ
Ⅳ
125 200
7×350
200 125
3100

Ⅲ-Ⅲ剖面图

60mm桥面板N6
人行道板分缝
U形扣 N10
30
300 300 n×300 300 300
φ20桥面索N7

Ⅳ-Ⅳ剖面图

前端磨尖
30   30
40
R15
Φ2mm

U形扣大样

七一 主桥跨道系构造图(部分)

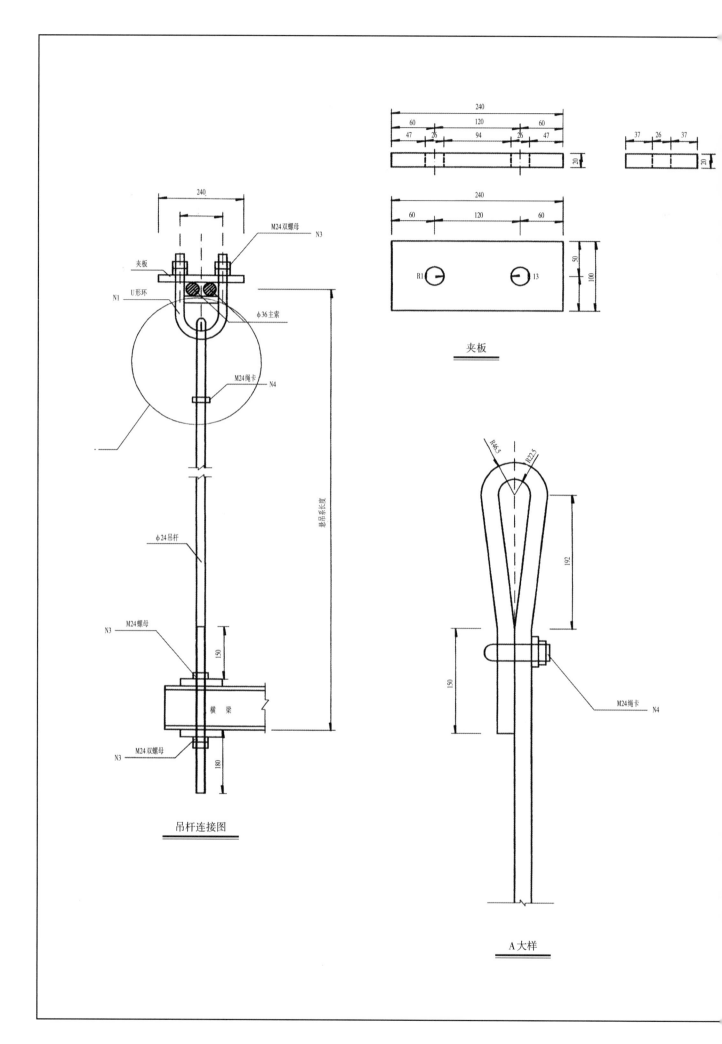

M24双螺母 — N3

夹板

N1 U形环

φ36主索

M24绳卡 — N4

悬吊系长度

φ24吊杆

N3 M24螺母

150

横 梁

N3 M24双螺母

180

吊杆连接图

240

60 120 60

47 26 94 26 47

20

37 26 37

20

240

60 120 60

夹板

R1 13

50

100

R46.5 R32.5

192

150

M24绳卡 N4

A大样

1个吊杆连接工程数量

编 号	规 格	材 质	件 数	长度(m)/体积(m³)	单位重	重 量(Kg)
N1	U形环(φ24圆钢)	R235	1个	0.636m	3.55Kg/m	2.26
N2	钢板240×100×20	Q235-C	1块	0.00048m³	7850Kg/m³	3.768
N3	M24螺母	Q235-C	7个		0.112kg/个	0.784
N4	M24绳卡		1套		1.205kg/套	1.205
N5	M24螺母垫圈	Q235-C	4个		0.031kg/个	0.124

全桥吊杆连接工程数量(共150根吊杆)

编 号	规 格	材 质	件 数	长度(m)/体积(m³)	单位重	重 量(Kg)
N1	U形环(φ24圆钢)	R235	150个	0.636m	3.55Kg/m	339
N2	钢板240×100×20	Q235-C	150块	0.00048m³	7850Kg/m³	565
N3	M24螺母	Q235-C	1050个		0.112kg/个	118
N4	M24绳卡		150套		1.205kg/套	181
N5	M24螺母垫圈	Q235-C	600个		0.031kg/个	18.6

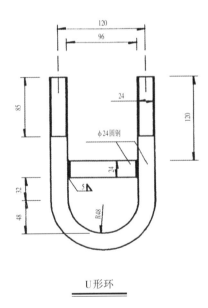

U形环

七二 吊杆连接构造图

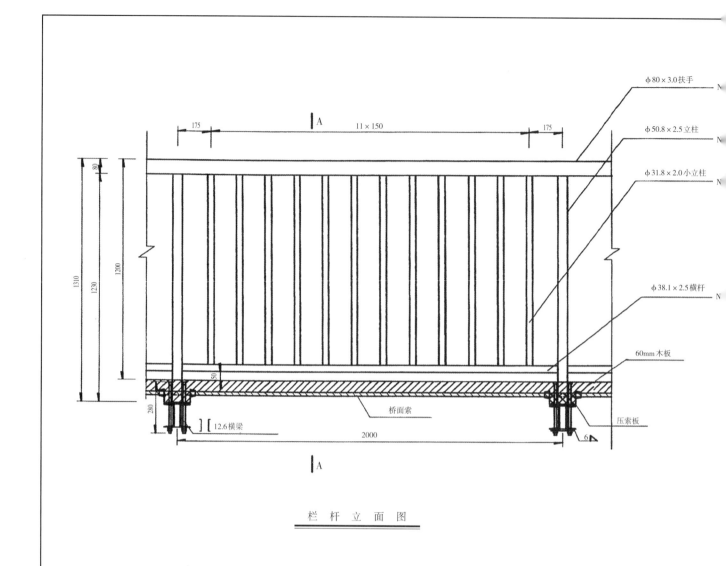

φ80×3.0扶手

φ50.8×2.5立柱

φ31.8×2.0小立柱

φ38.1×2.5横杆

60mm木板

175   11×150   175

80

1310
1230
1200

50

桥面索

280

[12.6横梁

2000

压索板

6

A

栏 杆 立 面 图

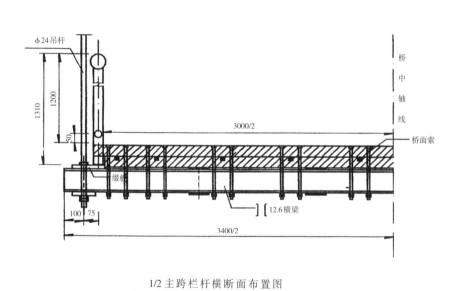

φ24吊杆

1310
1200

50

桥中轴线

3000/2

桥面索

缀板

[12.6横梁

100 75

3400/2

1/2主跨栏杆横断面布置图

270

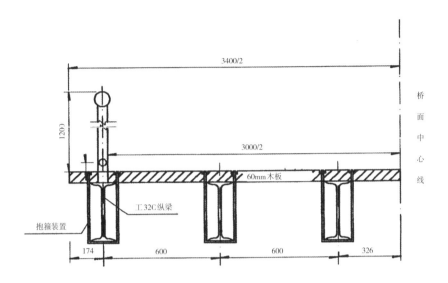

1/2 边跨栏杆横断面布置图

全 桥 工 程 数 量 表

编 号	规 格	材 料	总长度(m)	单位重(Kg/m)	重 量(Kg)
N1	φ80×2.0扶手	不锈钢复合管	413.2	11.62	4801
N2	φ50.8×2.5立柱	不锈钢复合管	225.8	6.11	1563
N3	φ31.8×2.0小立柱	不锈钢复合管	3267	3.04	9932
N4	φ38.1×2.5横杆	不锈钢复合管	402.6	4.54	1828

七三　全桥栏杆布置图

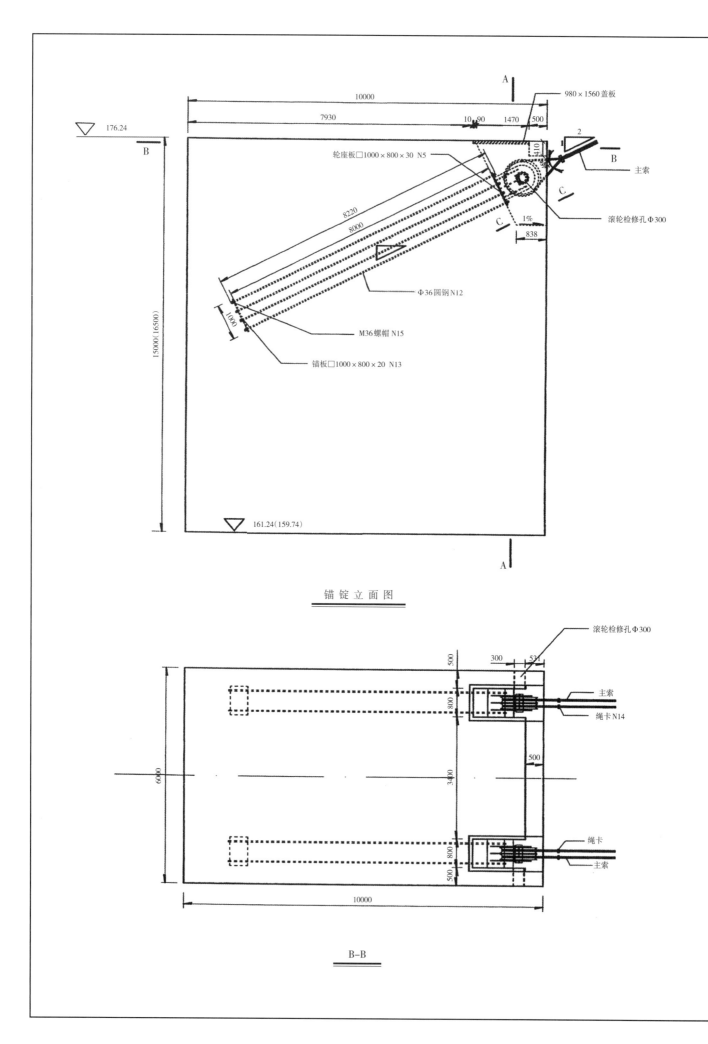

锚 锭 立 面 图

B–B

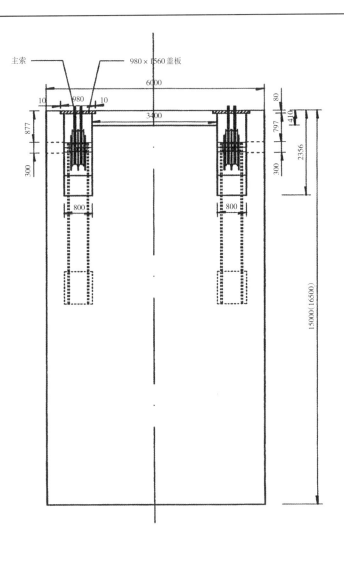

主索
980×1560 盖板
6000
10 980 10
3400
80
410
877
797
300
2356
300
15000(16500)
800
800

A–A

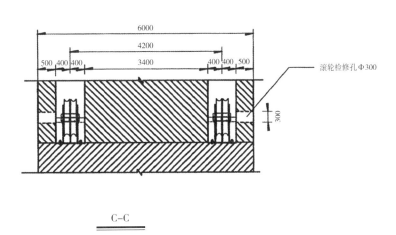

6000
4200
3400
500 400 400
400 400 500
滚轮检修孔Φ300
300

C–C

七四　锚块一般构造图

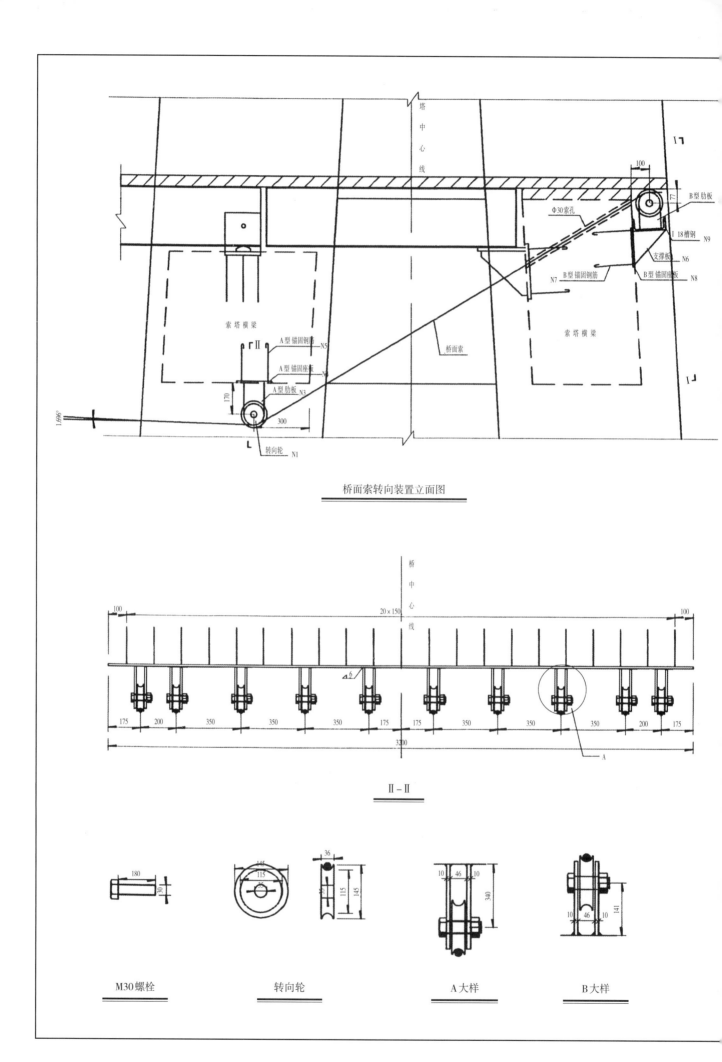

桥面索转向装置立面图

II – II

M30螺栓　　　　　　转向轮　　　　　　A大样　　　　　　B大样

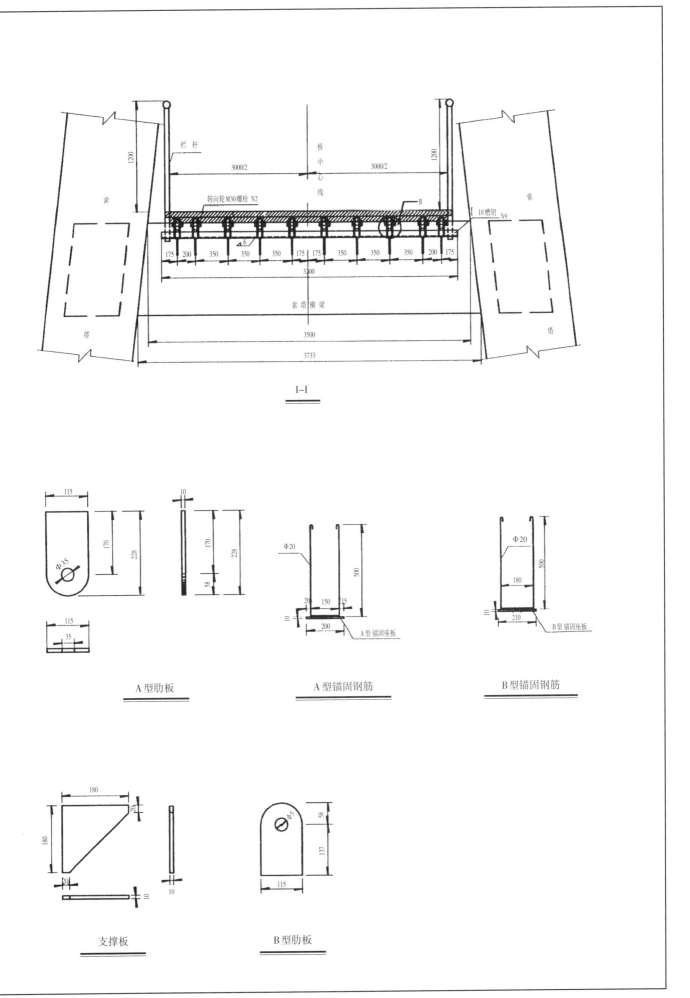

I−I

A 型肋板

A 型锚固钢筋

B 型锚固钢筋

支撑板

B 型肋板

七五 桥面索锚固装置构造图(部分)

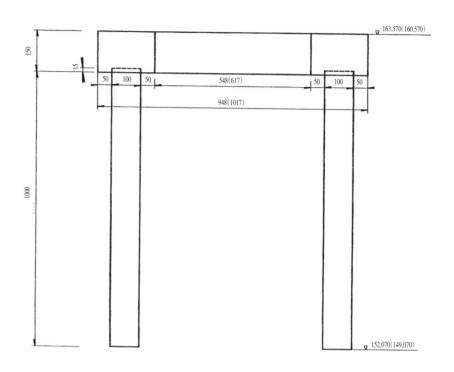

桩基承台立面图

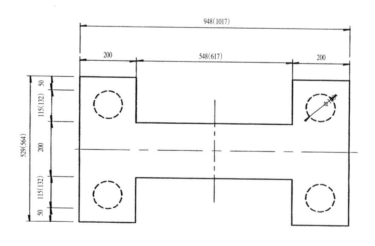

桩基承台平面图

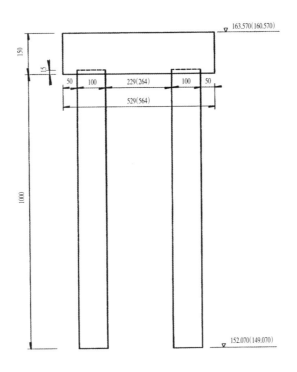

桩基承台侧视图

接路堤至石宝镇

1:2.5

176.24

10000

1000

I

10000

166.607

163.570

1560

承台

护脚

④

⑤

重力式锚锭

159.74

1:2

9480

5289

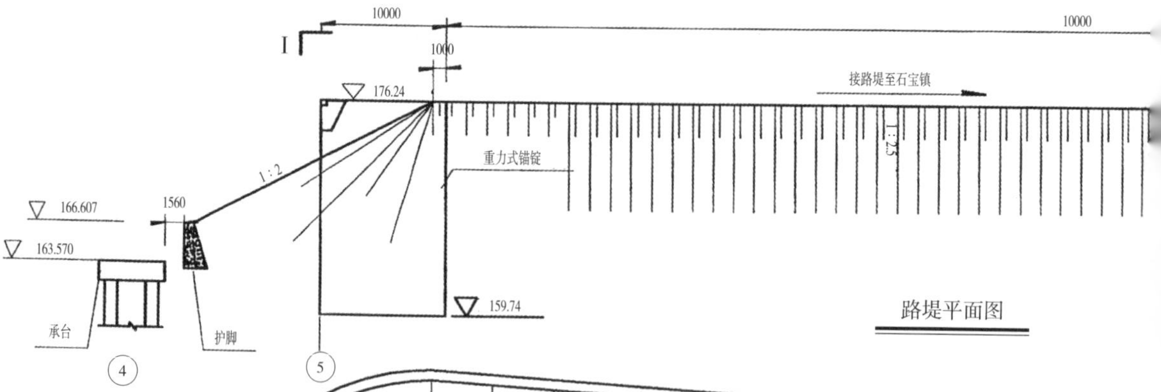

176.24

10000

600

接路堤至石宝镇

16000

路 中 线

1:2.5

1:2.5

1:2

1:2.5

1:2.5

8000

500

i=2%

30cm块石铺砌

15cm级配碎石

30cm干砌块石护坡

10cm砂砾石

土工布

1:2.5

填 土

浆砌片石护脚

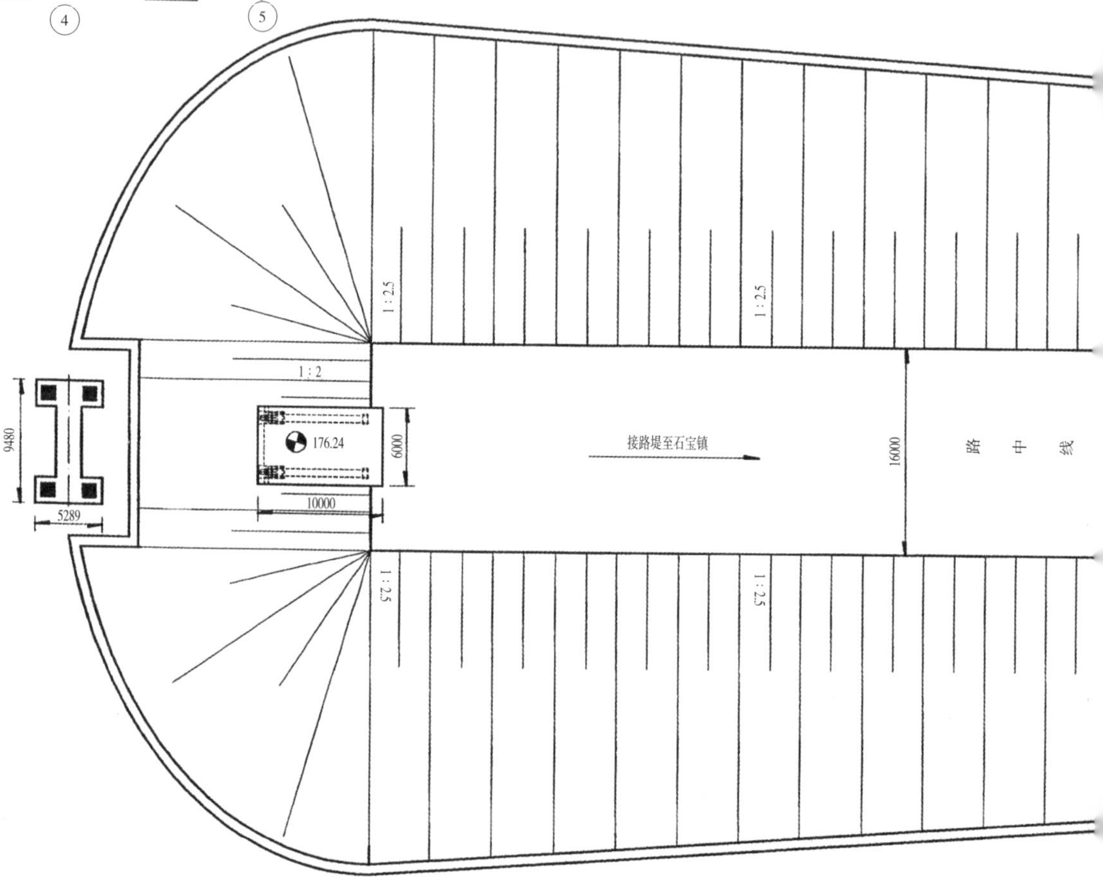

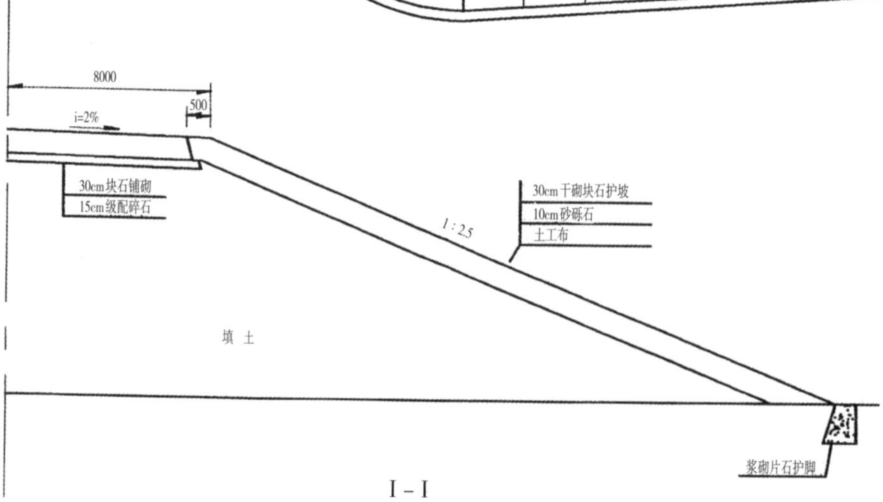

I－I

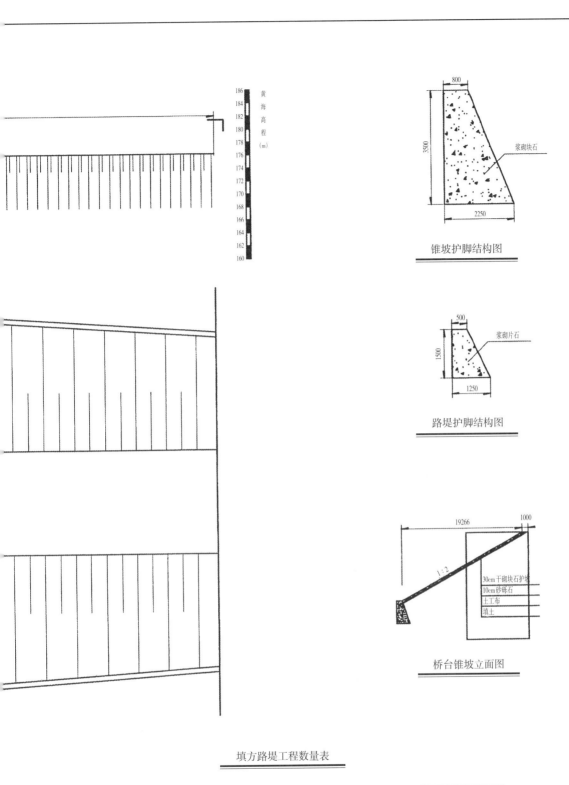

锥坡护脚结构图

路堤护脚结构图

桥台锥坡立面图

30cm干砌块石护坡
10cm砂砾石
土工布
填土

黄海高程 (m)

浆砌块石

浆砌片石

填方路堤工程数量表

项目	M10浆砌片石护脚	填土	土工布	砂砾石	干砌块石护坡	级配碎石	路面块石铺地
体积(m³)	315	38070		538.5	1615.6	264.6	480
面积(m²)			5385.2				

桥台锥坡工程数量表

项目	M10浆砌块石护脚	填土	土工布	砂砾石	干砌块石护坡
体积(m³)	430.4	3307		91.9	275.7
面积(m²)			919		

七七　填土路堤结构图

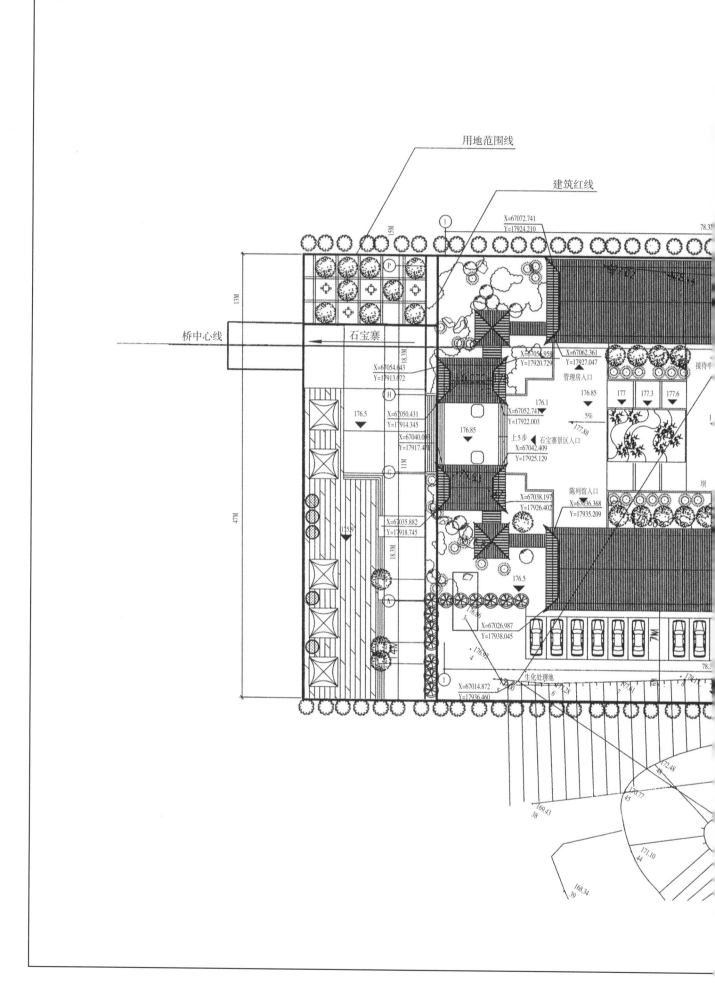

用地范围线

建筑红线

桥中心线

石宝寨

石宝寨景区入口

管理房入口

陈列馆入口

生化处理池

接待中

上5步

X=67072.741
Y=17924.210

X=67062.361
Y=17927.047

X=67056.958
Y=17920.729

X=67054.643
Y=17913.072

X=67052.741
Y=17922.003

X=67050.431
Y=17914.345

X=67042.409
Y=17925.129

X=67040.00
Y=17917.47

X=67038.197
Y=17926.402

X=67036.368
Y=17935.209

X=67035.882
Y=17918.745

X=67026.987
Y=17938.045

X=67014.872
Y=17936.460

176.5

176.85

176.1

176.85

177

177.3

177.6

177.88

5%

176.5

175.8

176.5

15M

13M

18.3M

11M

47M

18.3M

280

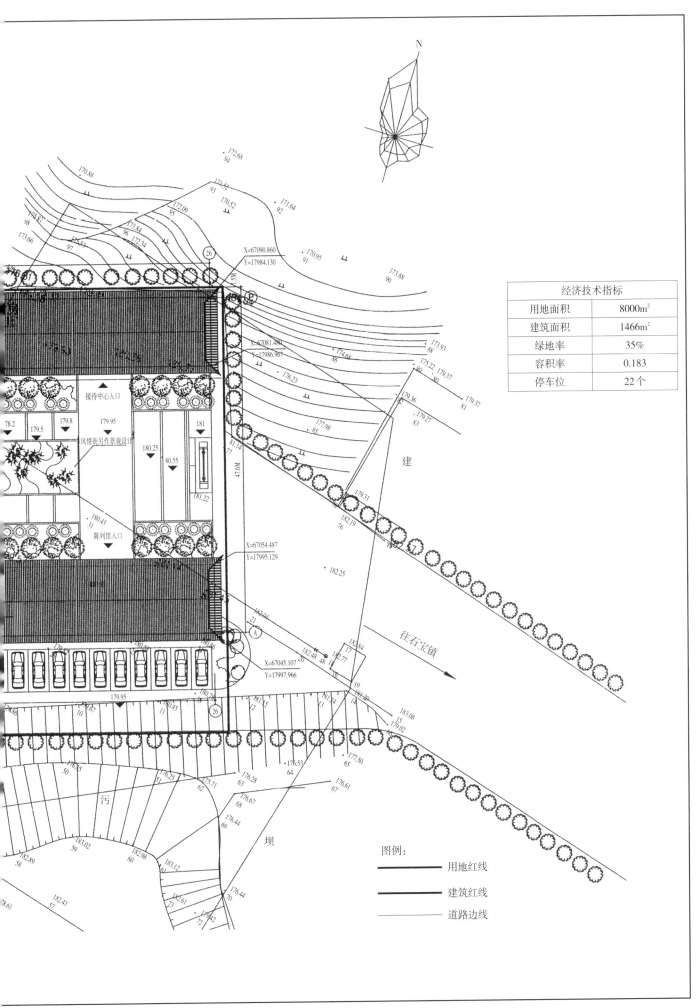

经济技术指标	
用地面积	8000m²
建筑面积	1466m²
绿地率	35%
容积率	0.183
停车位	22个

N

接待中心入口

风情街另作景观设计

陈列馆入口

建

往石宝镇

污

坝

图例：

———— 用地红线

———— 建筑红线

———— 道路边线

七八　配套管理用房总平面布置图

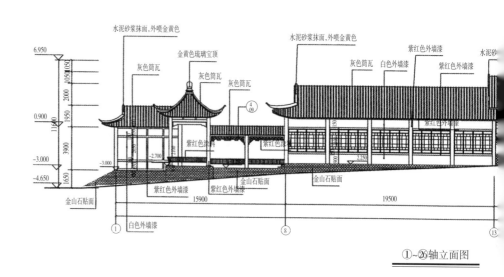

水泥砂浆抹面,外喷金黄色　　金黄色琉璃宝顶　　灰色筒瓦　　灰色筒瓦　　灰色筒瓦　　水泥砂浆抹面,外喷金黄色　　灰色筒瓦　　白色外墙漆　　紫红色外墙漆　　紫红色外墙漆　　水泥砂

6.950
0.900
-3.000
-4.650

紫红色漆料　　紫红色漆料　　紫红色涂料

金山石贴面　　紫红色外墙漆　　紫红色外墙漆　　金山石贴面　　金山石贴面

白色外墙漆

15900　　19500

①~㉖轴立面图

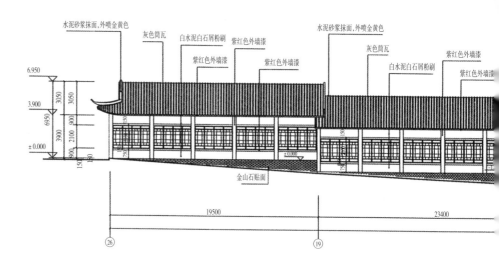

水泥砂浆抹面,外喷金黄色　　灰色筒瓦　　白水泥白石屑粉刷　　紫红色外墙漆　　紫红色外墙漆　　水泥砂浆抹面,外喷金黄色　　灰色筒瓦　　紫红色外墙漆

紫红色外墙漆　　白水泥白石屑粉刷　　紫红色外墙漆

6.950
3.900
±0.000

金山石贴面

19500　　23400

㉖　　⑲

㉖~①轴立面图

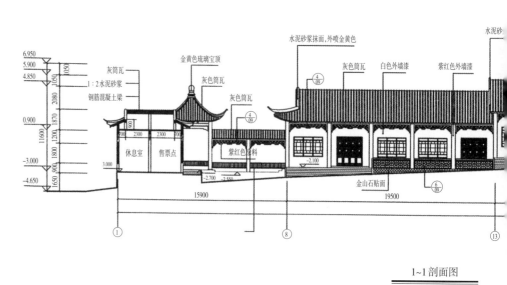

水泥砂浆抹面,外喷金黄色　　水泥砂

金黄色琉璃宝顶　　灰色筒瓦　　白色外墙漆　　紫红色外墙漆

6.950
5.900
4.850
0.900
-3.000
-4.650

灰筒瓦　　灰色筒瓦
1:2水泥砂浆　　灰色筒瓦
钢筋混凝土梁

休息室　　售票点　　紫红色涂料

金山石贴面

15900　　19500

①　　⑧　　⑬

1~1剖面图

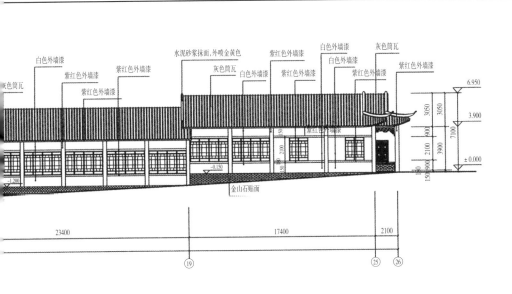

灰色筒瓦　白色外墙漆　紫红色外墙漆　紫红色外墙漆　水泥砂浆抹面,外喷金黄色　灰色筒瓦　白色外墙漆　紫红色外墙漆　白色外墙漆　紫红色外墙漆　灰色筒瓦　紫红色外墙漆

紫红色外墙漆

金山石贴面

23400　17400　2100

⑲　㉕　㉖

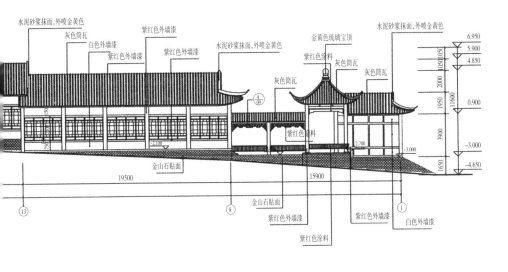

水泥砂浆抹面,外喷金黄色　灰色筒瓦　白色外墙漆　紫红色外墙漆　紫红色外墙漆　紫红色外墙漆　水泥砂浆抹面,外喷金黄色　金黄色琉璃宝顶　紫红色涂料　灰色筒瓦　水泥砂浆抹面,外喷金黄色　灰色筒瓦

灰色筒瓦

紫红色涂料

金山石贴面　金山石贴面　紫红色外墙漆　紫红色外墙漆　白色外墙漆

紫红色涂料

19500　15900

⑬　⑧　①

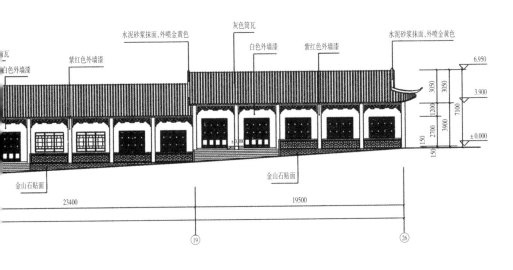

灰色筒瓦　白色外墙漆　紫红色外墙漆　水泥砂浆抹面,外喷金黄色　灰色筒瓦　白色外墙漆　紫红色外墙漆　水泥砂浆抹面,外喷金黄色

金山石贴面　金山石贴面

23400　19500

⑲　㉖

七九　管理用房剖面图

283

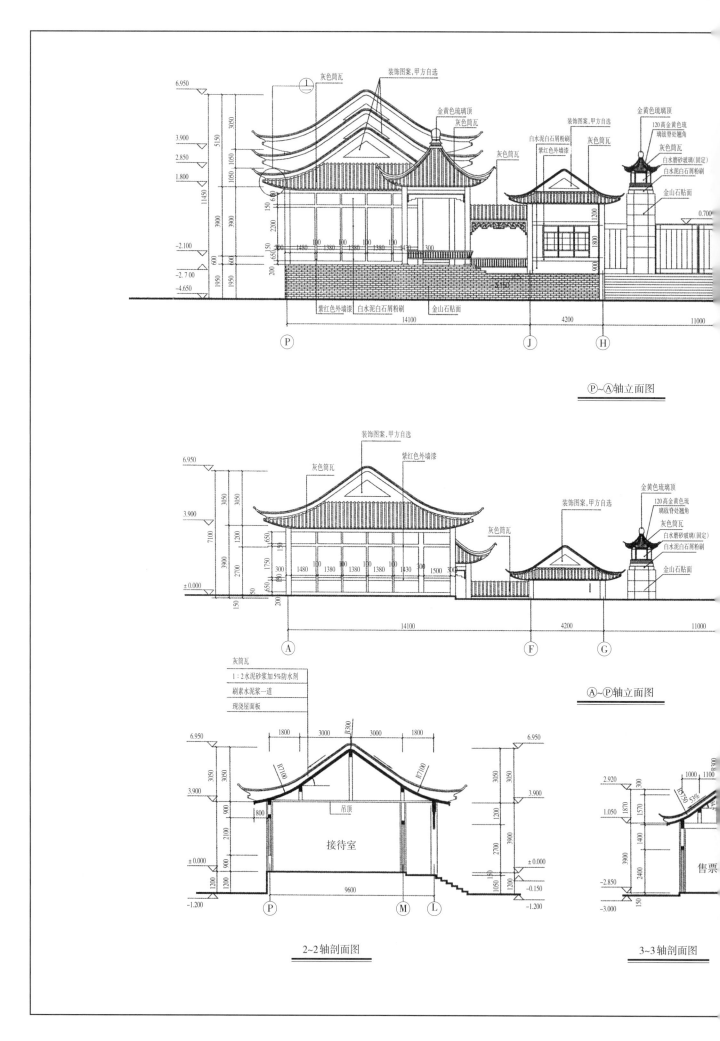

P~Ⓐ轴立面图

Ⓐ~Ⓟ轴立面图

2~2轴剖面图

3~3轴剖面图

接待室

售票

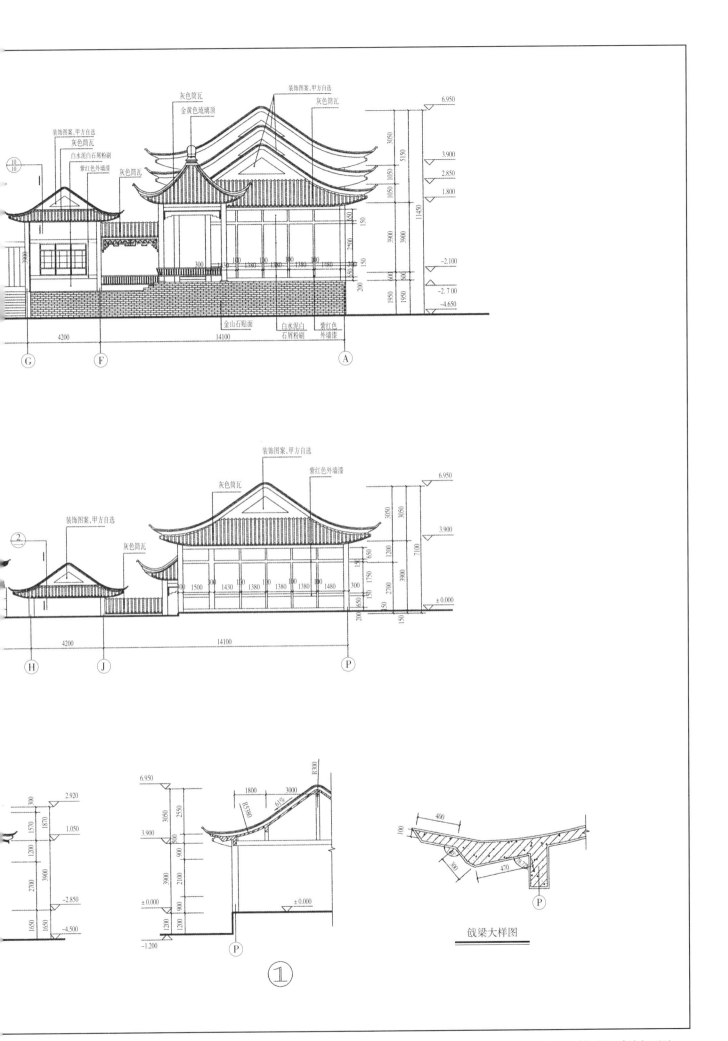

戗梁大样图

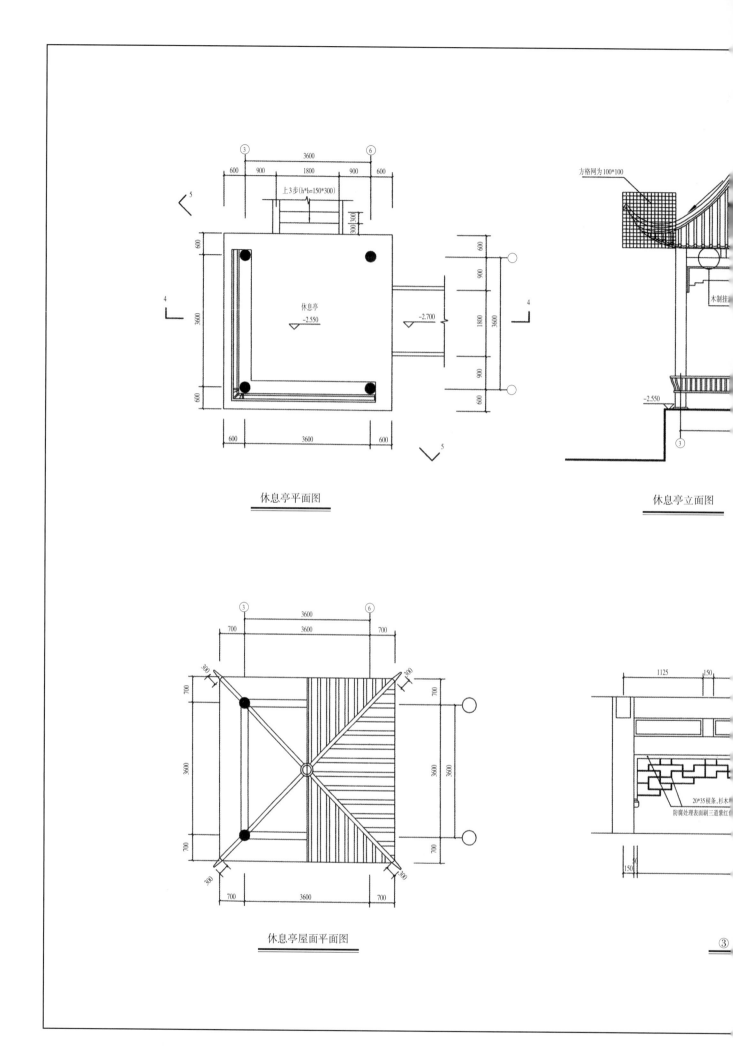

休息亭平面图

休息亭立面图

休息亭屋面平面图

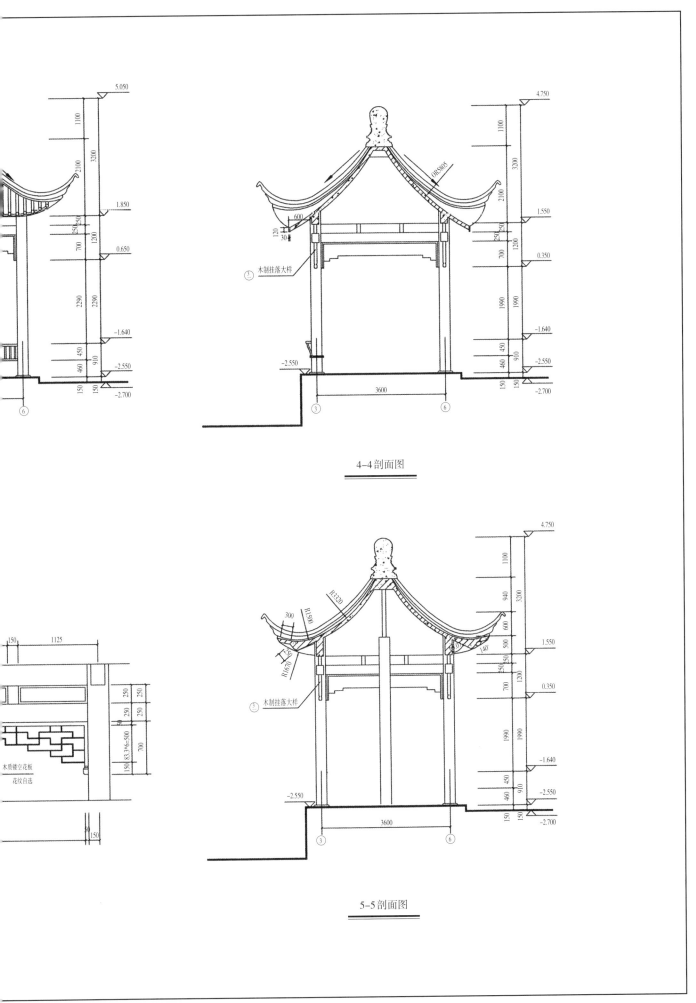

4-4剖面图

5-5剖面图

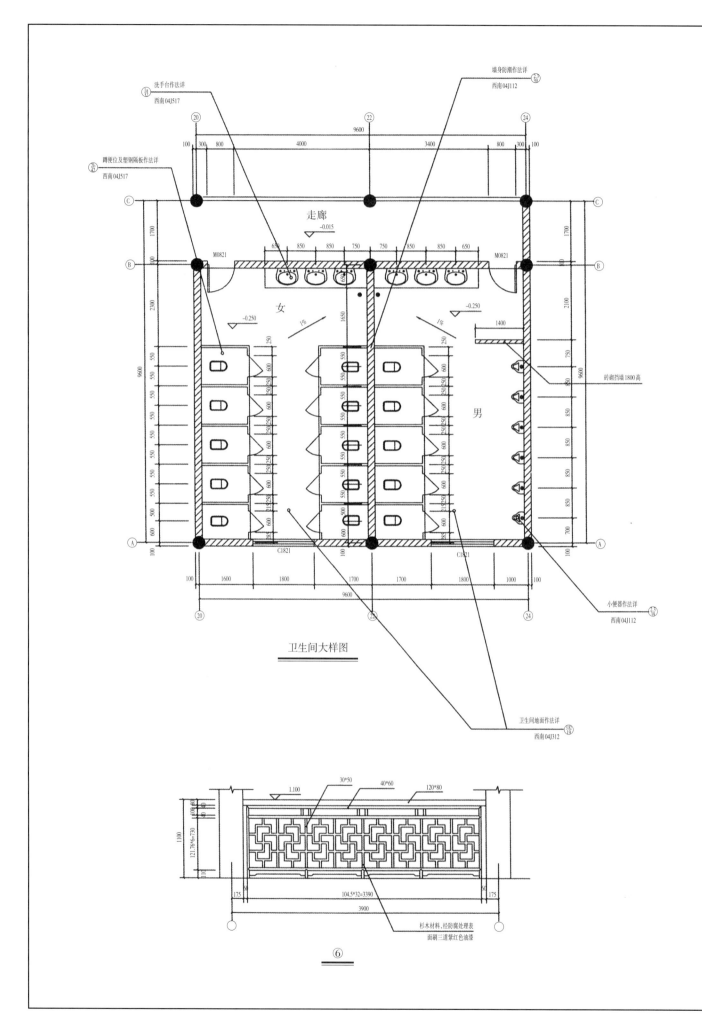

洗手台作法详
西南04J517

墙身防潮作法详
西南04J112

蹲便位及塑钢隔板作法详
西南04J517

走廊
-0.015

M0821   M0821

女   男

-0.250   -0.250

1400
砖砌挡墙1800高

卫生间大样图

小便器作法详
西南04J112

卫生间地面作法详
西南04J312

30*50   40*60   120*80

1.100

1100

175   104.5*32=3390   175

3900

杉木材料,经防腐处理表
面刷三道紫红色油漆

⑥

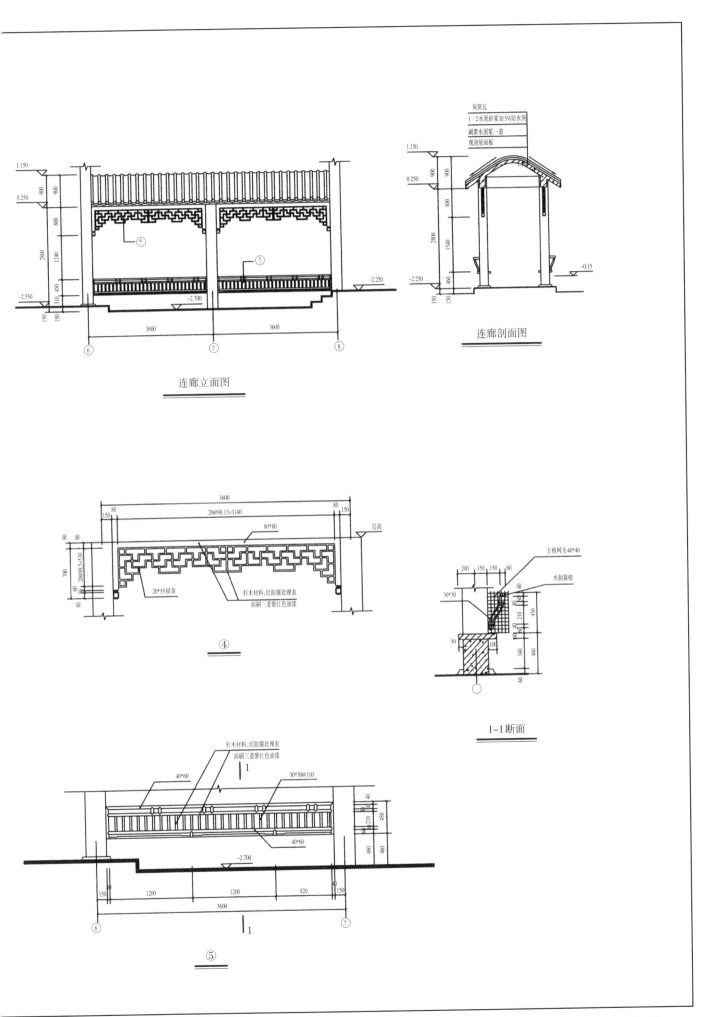

灰筒瓦
1:2水泥砂浆加5%防水剂
刷素水泥浆一道
现浇屋面板

连廊剖面图

连廊立面图

④

⑤

80*80

20*35椽条

杉木材料,经防腐处理表
面刷三道紫红色油漆

方格网为40*40

木制靠椅

30*30

1-1断面

杉木材料,经防腐处理表
面刷三道紫红色油漆

40*60

30*30@110

40*60

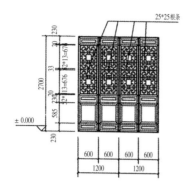

M1227立面大样图

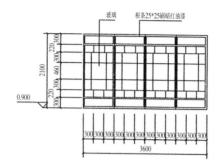

C3621立面大样图

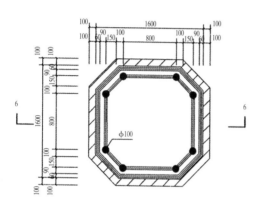

门墩平面图

门墩立面图

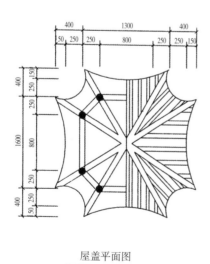

屋盖平面图

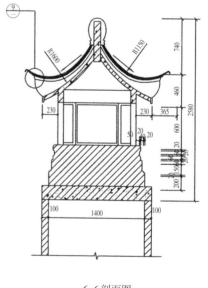

6-6剖面图

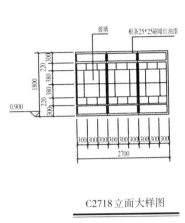

玻璃 根条25*25刷暗红油漆

C2718立面大样图

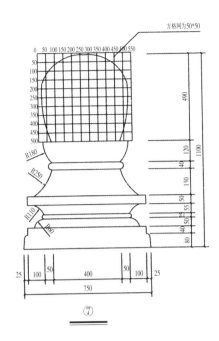

方格网为50*50

⑦

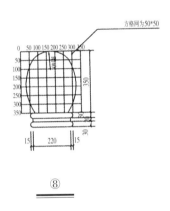

方格网为50*50

⑧

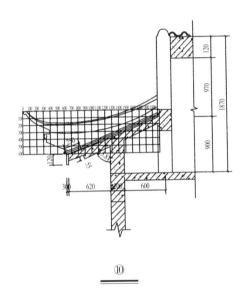

⑩

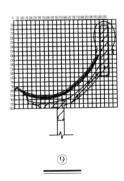

⑨

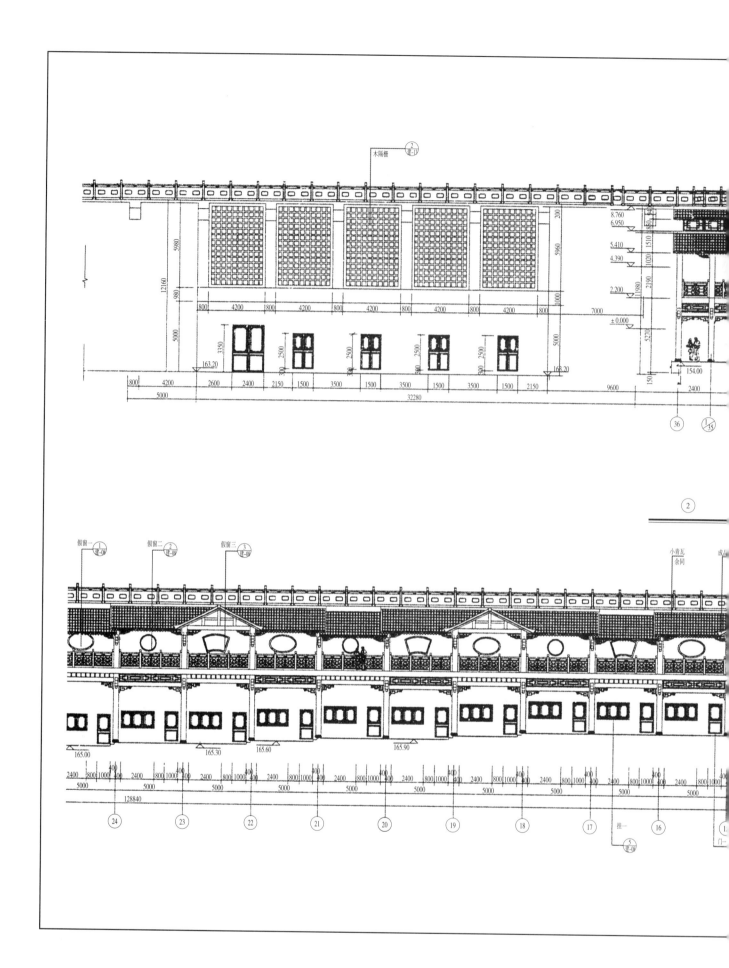

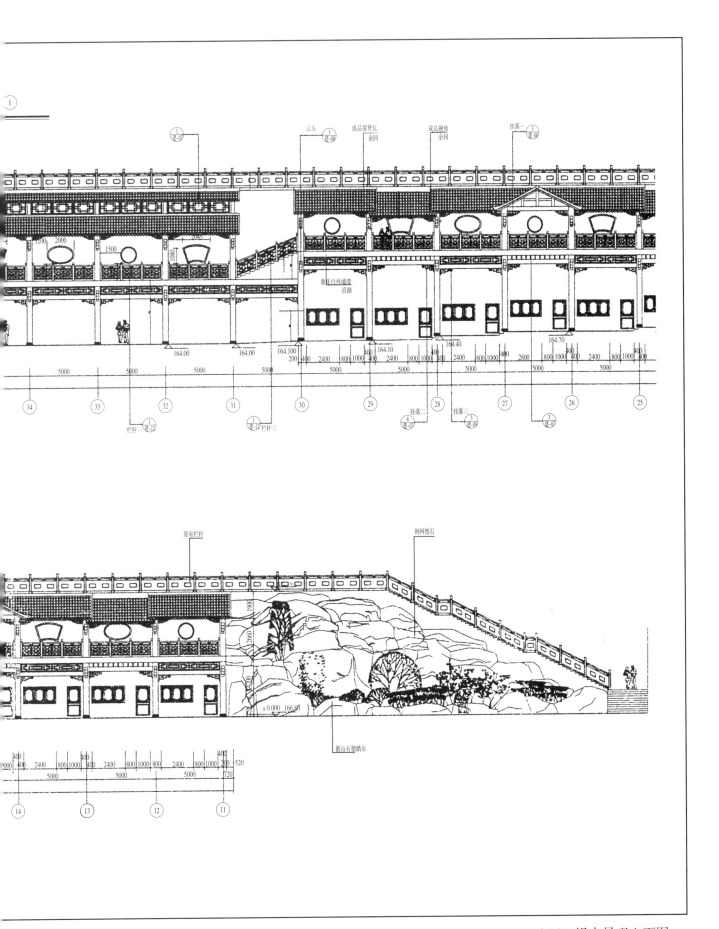

八四　堤内景观立面图

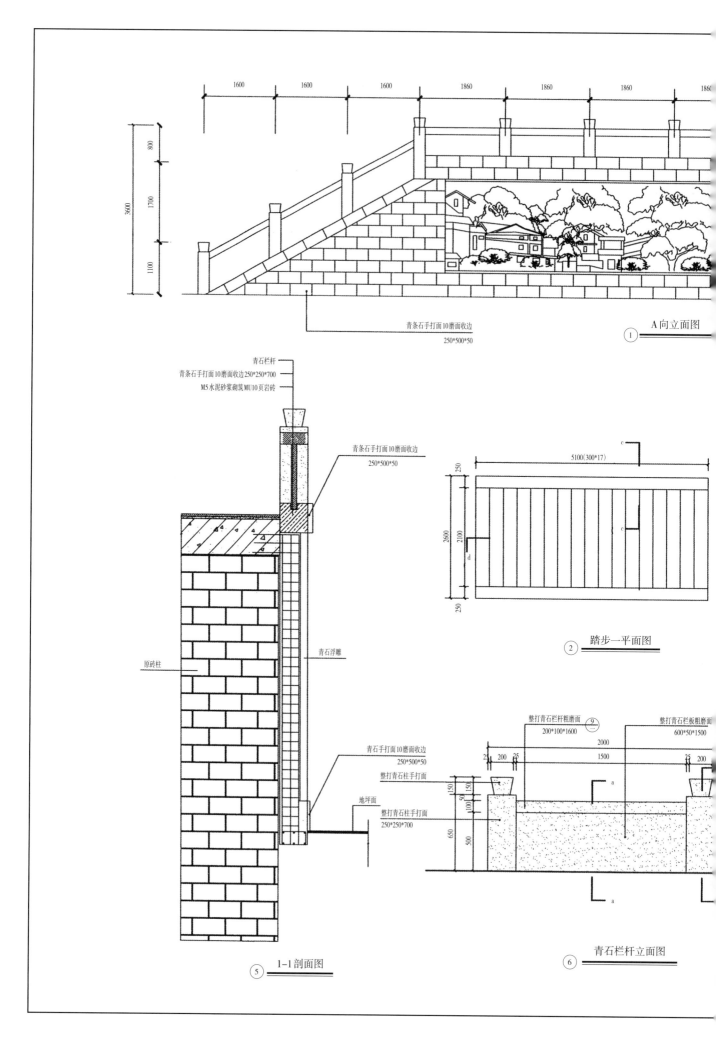

1600   1600   1600   1860   1860   1860   1860

800

3600   1700

1100

青条石手打面10磨面收边
250*500*50

① A向立面图

青石栏杆
青条石手打面10磨面收边 250*250*700
M5水泥砂浆砌筑MU10页岩砖

青条石手打面10磨面收边
250*500*50

原砖柱

青石浮雕

青石手打面10磨面收边
250*500*50

整打青石柱手打面

地坪面

整打青石柱手打面
250*250*700

⑤ 1-1剖面图

c

5100(300*17)

250   2600   2100   250

d   c

② 踏步一平面图

整打青石栏杆粗磨面 ⑨   整打青石栏板粗磨面
200*100*1600   600*50*1500

2000

25 200 25   1500   25 200

150 50 150   a

100 100

650 500

a

⑥ 青石栏杆立面图

294

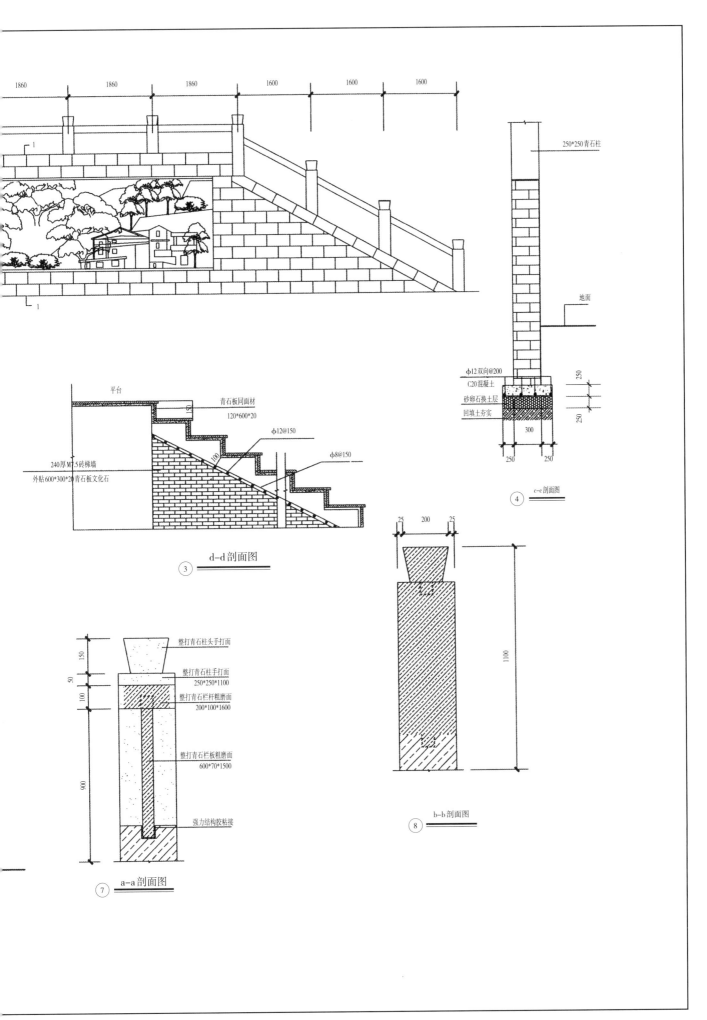

1860 ┆ 1860 ┆ 1860 ┆ 1600 ┆ 1600 ┆ 1600

250*250青石柱

地面

φ12双向@200
C20混凝土
砂卵石换土层
回填土夯实

250

250

300

250 · 250

④ c-e剖面图

平台

青石板同面材
120*600*20

φ12@150

φ8@150

240厚M7.5砖梯墙

外贴600*300*20青石板文化石

③ d-d剖面图

25 · 200 · 25

1100

⑧ b-b剖面图

150

50

100

整打青石柱头手打面

整打青石柱手打面
250*250*1100

整打青石栏杆粗磨面
200*100*1600

整打青石栏板粗磨面
600*70*1500

强力结构胶粘接

900

⑦ a-a剖面图

八五　A向立面图、浮雕详图

黑白图版

一　1909年的石宝寨

二 1932年的石宝寨

三　20世纪60年代的石宝寨

四　20世纪70年代的石宝寨

五　20世纪80年代的石宝寨

六　20世纪90年代的石宝寨

七　石宝寨的东北侧面

八　石宝寨旧貌

九　石宝寨大门旧貌

一〇　寨门背面旧貌

一一 寨楼旧貌

一二　天子殿大门旧貌

一三 "瞻之在前"石牌坊旧貌

一四　石牌坊抱鼓雕刻旧貌

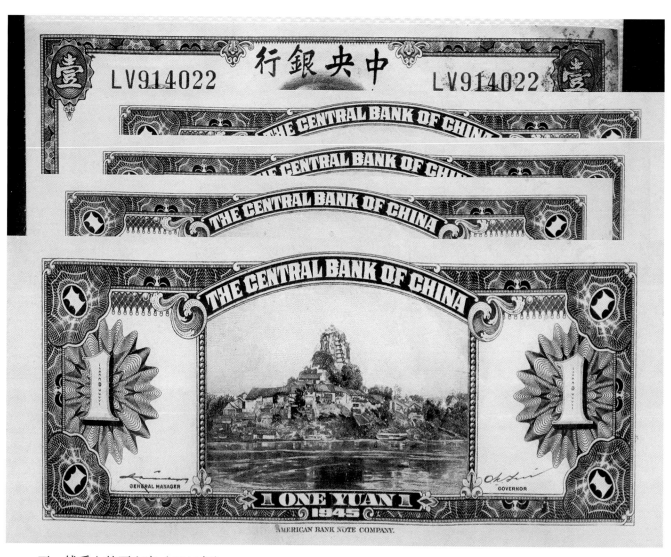

一五 钱币上的石宝寨（1945年）

一六　邮票上的石宝寨（2007年发行）

一七　危岩治理施工

二〇 危岩治理施工

一九 危岩锚固灌浆施工

二一　单筋锚固施工

二三　三筋锚固施工

二四　防渗墙上部人工减载施工

二五　人工清理护坡表面浮土施工

二六　护坡锚杆施工

二七　码头桩基施工

二九　集水井人工开凿基岩施工

三〇　排水廊道基础钻孔岩心

三一 挡墙基础机械钻孔

三二　背江侧排水廊道基础施工

三三　背江侧排水廊道基础垫层施工

三四　防渗墙开挖施工

三五 护坡脚槽施工

三六　护坡条石脚槽安砌施工

三七　混凝土护坡施工

三八　护坡基层碾压施工

三九　防渗墙开挖施工

四〇　干砌条石护坡施工

四一　背江侧仰墙内回填施工

四二　护坡锚杆钻孔施工

四三　护坡锚杆灌浆施工

四四　排水廊道钢筋施工

四五 挡墙基础支撑施工

四六　排水廊道模板施工

四七　排水廊道伸缩缝止水片安装施工

四八　钢筋安装施工

四九　钢筋安装施工

五一　排水箱涵洞施工

五三 钢筋安装施工

五四 挡墙钢筋施工

五六　混凝土拌和塔

五五　挡墙施工监测

五七　混凝土护坡施工

五九　排水廊道止水片安装施工

六○　排水廊道钢筋安装施工

六一　排水廊道模板施工

六二　挡墙基础钻孔桩钢筋施工

六三　挡墙基础钻孔桩钢筋施工

六四　排水廊道模板施工

六六　背江侧条石护坡施工

六五　混凝土护坡、排水廊道施工

六七　背江侧条石护坡及平台施工

六八　背江侧条石护坡施工

六九　护坡基层碾压施工

七〇 156米水位蓄水后施工现场

七一 临江施工场地

七二　码头桩基础施工

七三　码头混凝土梯道施工

七四　混凝土码头施工

七五　混凝土码头梯步

七七　混凝土护坡施工

七八　挡墙施工脚手架

七九 挡墙施工

八〇　混凝土挡墙内回填施工

八一　交通桥基础施工

八二　交通桥索塔模板、钢筋施工

八三 交通桥钢筋混凝土索塔施工

八四　交通桥基础施工

八五　交通桥索塔施工

八六　交通桥施工场地

八七　交通桥主绳安装

八八　交通桥桥面铺装施工

八九　交通桥栏杆安装

九〇　交通桥横梁安装

九一　管理用房基础机械钻孔施工

九二　管理用房基础施工

九三　管理用房基础灌注桩钢筋制作

九四　管理用房屋面铺瓦施工

九五　石宝寨管理用房施工场面

九六　管理用房屋面混凝土结构施工

九七　天子殿连廊屋面维修施工

九八　天子殿后殿屋面维修施工

九九　天子殿后殿屋面维修施工

一〇〇　天子殿后殿厢房维修施工

一〇一　天子殿正殿屋脊宝顶维修施工

一〇二　天子殿连廊地面铺砌施工

一〇三　天子殿大门石柱更换施工

一〇五　石宝寨寨楼五层屋面维修施工

一○六 石宝寨寨楼维修施工

一〇七　石宝寨寨楼维修施工

一〇八　石宝寨寨门维修施工

一〇九　石宝寨寨楼木柱墩接加固施工

一一〇 石宝寨寨楼木柱挖补加固施工

一一二　石宝寨寨楼换柱施工

一一一　天子殿维修施工

一一三 寨楼油漆彩绘施工

一一五 "必自卑" 石牌坊修复施工

一一六　魁星阁灰塑狮子施工

一一七 天子殿灭治虫害施工

一一八　寨楼灭治虫害施工

一一九　天子殿木柱防腐施工

一二一　石宝寨围堤内、园林假山施工

一二二 石宝寨围堤内、廊屋施工

彩色图版

一　三峡水库蓄水后的石宝寨

二 蓄水后的石宝寨南侧正面

三 蓄水后的石宝寨西南侧面

四　蓄水后的石宝寨西侧面

五　蓄水后的石宝寨北侧背面

六　蓄水后的石宝寨东侧面

七　蓄水至三峡水库最高水位175米时的石宝寨

八　从东向西瞭望竣工后的石宝寨全景

一一　石宝寨东端入口的"江上明珠"牌坊

一〇　新建人行索桥东端入口

一二　新建人行索桥的桥面结构

一三　新建人行索桥的吊梁斜拉结构

433

一四 远眺新建的人行索桥

一五　石宝寨新建的码头

一六　石宝寨北侧中部新建的护坡与仰墙

一七　石宝寨北侧西端新建的护坡与围堤

一八 石宝寨北侧东端新建的护坡与仰墙

一九　石宝寨北侧东端护坡与仰墙局部结构

二〇　石宝寨东南角新建挡墙的人行通道

二一　石宝寨东南侧新建挡墙上的青石栏杆

二二 石宝寨北侧新建仰墙上的青石栏杆

二三 石宝寨北侧新建仰墙上的人行通道

二四　石宝寨南侧锚固治理后的危岩(一)

二五　石宝寨南侧锚固治理后的危岩(二)

二六　石宝寨南侧围堤内新建的廊屋园林（一）

二七　石宝寨南侧围堤内新建的廊屋园林（二）

二八　石宝寨的全国重点文物保护单位标牌

二九　石宝寨倚山而建的寨楼

447

三一　寨楼入口的"梯云直上"牌坊

三〇　石宝寨新建的石阶入口平台

三二 "梯云直上"牌坊背面的瓦顶装饰

三三　寨楼内的"直方大"石刻

三四　寨楼层间的梁架结构

三六　寨楼的楼梯结构

三七　寨楼的外檐结构

三八　寨楼上端西侧的登顶石阶小道

三九 耸立寨顶的魁星阁

四〇　登顶俯瞰宽阔浩荡的长江

四一　寨顶的鸭子洞

四二 位于寨顶的天子殿

四三　天子殿内景

四四　放置在天子殿背面平台上的清"同治元年"铁炮

四五　石宝寨北侧背面的出口通道

四六　石宝寨文物保护工程开工典礼

四七　石宝寨文物保护工程综合验收会

后记

后　记

　　《忠县石宝寨》一书是可行性研究、立项、方案设计、初步设计、施工图设计、施工、监理、验收、移交等全过程的真实记录。在石宝寨文物保护工程项目建设中，得到各部门的大力支持，特别是国务院三峡建设委员会、重庆市移民局、重庆市文物局三峡办公室、重庆市文物局文物处、忠县人民政府各职能部门的指导和帮助。

　　本书由重庆峡江文物工程有限责任公司殷礼建同志负责拟定全书的编写大纲，由吴丹飞和龚廷万同志共同完成具体编撰工作。吴丹飞执笔编撰工程施工部分并负责全书的统稿；龚廷万同志负责"前言"与古建筑维修部分的编撰、"附录"图片的编选和书稿的编务工作。

　　本书内容中选录了参建单位的资料，如长江委设计研究院、陕西省古建设计研究所、四川省地质工程勘察院、深圳市华蓝设计有限公司重庆分公司、重庆大学建筑工程设计研究院的设计图，重庆南江地质工程勘察院的地勘成果，重庆市政建设工程监理有限公司及河南东方文物建筑监理有限公司的监理报告和文物出版社编审周成拍摄的封面以及彩色图版中的二十七幅照片等资料。除本书有注明外，若有未注明者敬请谅解，并表示衷心的感谢。

编　者

2012年10月